Die Geschichte der Raumfahrt

Wolfgang Osterhage •
Christian Gritzner

Die Geschichte der Raumfahrt

3. Auflage

Springer

Wolfgang Osterhage
Wachtberg-Niederbachem,
Deutschland

Christian Gritzner
Wachtberg-Niederbachem,
Deutschland

ISBN 978-3-662-72500-9 ISBN 978-3-662-72501-6 (eBook)
https://doi.org/10.1007/978-3-662-72501-6

Die Deutsche Nationalbibliothek verzeichnet diese Publikation in der Deutschen Nationalbibliografie; detaillierte bibliografische Daten sind im Internet über https://portal.dnb.de abrufbar.

Planung/Lektorat: Caroline Strunz
Springer ist ein Imprint der eingetragenen Gesellschaft Springer-Verlag GmbH, DE und ist ein Teil von Springer Nature.
Die Anschrift der Gesellschaft ist: Heidelberger Platz 3, 14197 Berlin, Germany

Wolfgang Osterhage •
Christian Gritzner

Die Geschichte der Raumfahrt

3. Auflage

Springer

Wolfgang Osterhage
Wachtberg-Niederbachem,
Deutschland

Christian Gritzner
Wachtberg-Niederbachem,
Deutschland

ISBN 978-3-662-72500-9 ISBN 978-3-662-72501-6 (eBook)
https://doi.org/10.1007/978-3-662-72501-6

Die Deutsche Nationalbibliothek verzeichnet diese Publikation in der Deutschen Nationalbibliografie; detaillierte bibliografische Daten sind im Internet über https://portal.dnb.de abrufbar.

Planung/Lektorat: Caroline Strunz
Springer ist ein Imprint der eingetragenen Gesellschaft Springer-Verlag GmbH, DE und ist ein Teil von Springer Nature.
Die Anschrift der Gesellschaft ist: Heidelberger Platz 3, 14197 Berlin, Germany

Vorwort zur 3. Auflage

Nachdem die Raumfahrt-Euphorie nach der ersten Mondlandung im Jahre 1969 abgeklungen war, ist in den letzten Jahrzehnten wieder eine Zunahme des Interesses an der Raumfahrt zu verzeichnen. Projekte wie Rosetta und insbesondere die internationale Raumstation ISS, die zeitweise von dem Deutschen Alexander Gerst kommandiert wurde, begeisterten und stießen die Diskussion wieder an. Mittlerweile wurde sozusagen im Hintergrund eine Weltraumbasierte Infrastruktur geschaffen, ohne die unser tägliches Leben nicht oder zumindest ganz anders funktionieren würde: Navigationssysteme (GPS) und Kommunikationssatelliten (Fernsehen, Mobilfunk) bestimmen unser Leben. Eine ganze Flotte von Satelliten beobachtet das Wetter, sucht nach Veränderungen in der Umwelt und erforscht das Universum.

Dieses Buch zeichnet die Entwicklung der Raumfahrt, wie wir sie bis heute kennen, nach. Wegen der rasanten Entwicklung von Technologien und Projekten ist es notwendig geworden, bereits eine 3. Auflage zu erstellen. Dabei wurden die kosmologischen Hintergründe im 1. Kapitel gekürzt, neue Abschnitte über private Raumfahrtorganisationen und Trägersysteme eingefügt und Aktualisierungen zu laufenden Missionen durchgeführt (Starliner, OSIRIS-Rex, Webb Telescope, ISS, Artemis, Mars Simulation etc.). Neue Projekte werden vorgestellt (GOES, Odysseus, Europa Clipper, Psyche, DRACO, Euclid, Dragonfly, SLIM u. a.) und insbesondere wurden die Kap. 13 und 14 aktualisiert.

Die Autoren danken dem Springer-Verlag für die Möglichkeit, diese aufregende Geschichte erzählen zu dürfen. Besonderer Dank geht an die Mitglieder des Redaktionsteams von Caroline Strunz für die geduldige Unterstützung.

Wachtberg-Niederbachem, Deutschland
Juli 2025

Wolfgang Osterhage
Christian Gritzner

Interessenkonflikt

Die Autor*innen haben keine für den Inhalt dieses Manuskripts relevanten Interessenkonflikte.

Inhaltsverzeichnis

1 Einleitung

Zusammenfassung Zuerst kamen das Sehen und Staunen: der Himmel, die Sterne, die Sonne und der Mond – dann das Spekulieren und die Weltbilder – und die ersten exakten Beobachtungen im Rahmen des technisch Möglichen. Und irgendwann stellte sich die Sehnsucht danach ein, die fremden Welten da draußen besser kennenzulernen. Und wie kann man das „Besserkennenlernen" am besten erreichen? – Indem man dorthin fährt und sich die Sache aus der Nähe anschaut.

Zuerst kamen das Sehen und Staunen: der Himmel, die Sterne, die Sonne und der Mond – dann das Spekulieren und die Weltbilder – und die ersten exakten Beobachtungen im Rahmen des technisch Möglichen. Und irgendwann stellte sich die Sehnsucht danach ein, die fremden Welten da draußen besser kennenzulernen. Und wie kann man das „Besserkennenlernen" am besten erreichen? – Indem man

W. Osterhage, C. Gritzner, *Die Geschichte der Raumfahrt*,
https://doi.org/10.1007/978-3-662-72501-6_1

dorthin fährt und sich die Sache aus der Nähe anschaut. Die ersten Reisen fanden allerdings zunächst in der Fantasie und in Romanen statt. Schon Johannes Kepler, der große Weltharmoniker, schrieb – neben einem riesigen Konvolut von wissenschaftlichen Büchern und Artikeln – die Science-Fiction-Geschichte „Somnium seu opus posthumum Astronomia lunaris", veröffentlicht 1634 durch seinen Sohn Ludwig, über eine Reise zum Mond. Schon im Jahre 1610 hatte Kepler in seiner Stellungnahme „Dissertatio cum Sidereo" zu Galileis Veröffentlichung „Sidereus Nuncius" darüber spekuliert, dass Mond und Jupiter bewohnte Himmelskörper seien und man eines Tages dorthin reisen würde, um das zu überprüfen.

Und so ging es weiter bis hin zu Jules Vernes *Reise zum Mond.* Je weiter jedoch die wissenschaftlichen Erkenntnisse den Weltraum und das Planetensystem zu entschlüsseln begannen, desto mehr traten auch Skeptiker auf den Plan. So behauptete noch 1835 Auguste Compte, dass es sinnlos sei, sich über die Zusammensetzung von Fixsternen Gedanken zu machen, da man ohnehin nie in der Lage sein würde, diese jemals zu verifizieren.

Schließlich waren es zwei Motivationen, die die Weltraumfahrt von der Theorie in die Praxis umsetzen halfen: militärische Überlegungen und der Pioniergeist einzelner Männer, die sich auch vor Fehlschlägen und öffentlicher Häme nicht scheuten.

Heute können wir sagen, dass der Traum von der Reise in den Weltraum und zu den Sternen zu einem großen Teil wahr geworden ist. In den 1950er- und bis in die 1960er-Jahre hinein war die Technologiebegeisterung bei vielen, besonders jungen Menschen noch ungebrochen. Man sprach abwechselnd vom Raketen- oder Atomzeitalter. Die Nachfrage nach Science-Fiction-Literatur wuchs (Issac Asimov, Stanislaw Lem, Hans Dominik, „Perry Rhodan", „Meteor", „Nick, der Weltraumfahrer"). In Zeitungen,

Radio und später auch im Fernsehen wurden die Meilensteine der Weltraumfahrt im Wettlauf zwischen den USA und der UdSSR mit Begeisterung verfolgt: Sputnik I, Affen in Weltraumkapseln, Juri Gagarin, die erste Frau im Weltraum, der erste „Weltraumspaziergang", die Mondlandung von Apollo 11 usw. Das Fernsehen brachte regelmäßig Sondersendungen, in denen Modelle von Raumfahrzeugen gezeigt wurden.

Ende der 1960er-Jahre kamen dann die ersten kritischen Stimmen. Angesichts der Nachrichten über Hungerkatastrophen in Afrika (Biafra) stellten sie die Frage, ob man das Geld, das für die Raumfahrt, deren unmittelbare Vorteile für die Menschheit nicht offensichtlich waren, ausgegeben wurde, nicht besser in globale oder nationale soziale Projekte investieren sollte. Diese Frage stellt sich natürlich immer, wenn es um technologische Großprojekte geht. Sie kann nicht beantwortet werden, da man nicht weiß, was passiert wäre, wenn man umgekehrt gehandelt hätte. Es ist die Grundsatzfrage nach dem „Warum?" von Wissenschaft und technischem Fortschritt überhaupt – auf allen Gebieten. Wenn es überhaupt eine Antwort darauf gibt, dann muss man sie in den Ergebnissen suchen.

Neben dem Kostenargument entwickelte sich in den folgenden Jahrzehnten eine zunehmende Technologieskepsis in Teilen der Bevölkerung, die bis heute anhält. Über die Ursachen soll an dieser Stelle nicht weiter eingegangen werden. Tatsache ist, dass damit einher auch das bis dahin rege Interesse an der Raumfahrt erkaltete. Trotz mancher Budgetkürzungen in den nationalen Raumfahrtorganisationen gingen die Bemühungen von Wissenschaftlern und Technikern aber weiter.

Im letzten Jahrzehnt jedoch ist wiederum eine Zunahme des Interesses an der Raumfahrt zu verzeichnen. Projekte wie Rosetta und insbesondere die internationale Raumstation ISS, die zeitweise von dem Deutschen Alexander Gerst kommandiert wurde, stießen die Diskussion im positiven Sinne wieder an. Mittlerweile wurde sozusagen im Hintergrund eine weltraumbasierte Infrastruktur geschaffen, ohne die unser tägliches Leben nicht oder zumindest ganz anders funktionieren würde: Navigationssysteme (GPS) und Kommunikationssatelliten (Fernsehen, Mobilfunk) bestimmen unser Leben. Wo früher im mittleren Westen der USA ein Farmer am Rande seiner riesigen Felder durch eigene Inspektion entscheiden musste, ob sein Getreide erntereif wäre, genügt ihm heute eine Nachricht im Radio oder über das Internet über den günstigsten Zeitpunkt nach Auswertung von Satellitenbildern. Eine ganze Armee von Satelliten beobachtet das Wetter und Veränderungen in der Umwelt. Die Frage nach dem Sinn der Raumfahrt ist damit wohl beantwortet – unabhängig von den Forschungen in der Schwerelosigkeit, die auf der ISS durchgeführt werden.

Möglicherweise werden sich in Zukunft noch ganz andere Perspektiven durch die weitere Erforschung des Mondes und des Mars ergeben. Die natürlichen Ressourcen auf der Erde sind endlich, aber die Nachfrage durch weiteres Bevölkerungswachstum steigt kontinuierlich. Die Erschließung von Bodenschätzen z. B. auf dem Mars mag heute als technologisch schwierig und wirtschaftlich uninteressant erscheinen, aber in Zukunft ganz anders zu bewerten sein. Niemand hat die Flut von Auswanderern und die Entstehung einer Nation mit über 300 Mio. Menschen (USA) vorhergesehen, als Amerika entdeckt wurde. Es braucht nicht einzutreffen, aber ein Außenposten auf dem Mars könnte eines Tages vielleicht einen ähnlichen Sog ausüben. Die Erde ist und war die Wiege der Menschheit mit all ihrer Intelligenz und ihrem Erfindungsreichtum. Vielleicht wird sie in Zukunft tatsächlich auch ein Ausgangspunkt für die Weiterverbreitung dieser Intelligenz über ihre engen Grenzen hinaus sein – vielleicht sogar notwendigerweise, wenn Ressourcen erschöpft und Lebensbedingungen weniger erträglich geworden sein werden.

***

Dieses Buch zeichnet die Entwicklung der Raumfahrt, wie wir sie bis heute kennen, nach. Teilweise folgt es dabei der historischen Entwicklung, andererseits sind bestimmte Projekte thematisch zusammengefasst. Innerhalb der thematischen Kapitel wurde dann wieder die historische Reihenfolge beachtet.

Und natürlich kann dieses kleine Büchlein keinesfalls die Geschichte der Raumfahrt vollständig darstellen – es ist als Einstieg in die Thematik gedacht und soll das Interesse an der Raumfahrt, am Weltall und seiner Erforschung wecken und fördern.

Damit überhaupt eine Einschätzung der bisherig begrenzten Bemühungen zur Erforschung des Weltraumes möglich ist, wird zu Anfang der kosmische und planetarische Bezugsrahmen erläutert. Die Erforschung unseres Planetensystems erschöpft sich nicht nur in der Aufnahme des Status quo, sondern versucht immer auch, die Entstehungsgeschichte des Sonnensystems und damit auch unserer Erde zu entschlüsseln. Wir beginnen also mit der Klassifikation der großen Himmelskörper im Sonnensystem innerhalb der Milchstraße im großen weiten Kosmos.

Die spätere Erforschung des erdnahen und interplanetaren Raumes sowie die Installation von Teleskopen, die bis in die fernsten Winkel des Universums blicken, sind nur möglich geworden durch den Pioniergeist von Theoretikern und den Mut von Praktikern, die an ihre Ideen geglaubt haben. Dazu gehören Persönlichkeiten wie Konstantin Ziolkowski, Hermann Oberth, Robert Goddard und Wernher von Braun. Eng verbunden mit diesen Pionierleistungen ist die Entwicklung von Raketenantrieben als elementare Voraussetzung für den Sprung in den Weltraum überhaupt.

Nach diesen Grundlagen geht die Geschichte dann los mit Sputnik I und dem Kapitel über Satelliten und welche Rolle sie bis heute spielen. Streng genommen ist alles, was irgendwie die Erde umkreist, ein Satellit – auch die ISS und auch jedes Stückchen Weltraumschrott. Wir beschränken uns an dieser Stelle allerdings auf Raumsonden im erdnahen Orbit, die besondere wissenschaftliche und technische Aufgaben erfüllen, wenn auch mit begrenzter Lebensdauer.

Der nächste entscheidende Schritt für alles Weitere war der bemannte Raumflug mit Juri Gagarin als Vorreiter, gefolgt von Mehrfachumrundungen der Erde, Parallelflügen mit mehreren Kapseln, der ersten Frau im Weltraum, Ausstieg eines Kosmonauten aus seiner Kapsel und manuellen Rendezvousmanövern. In einem gesonderten Kapitel werden diverse Typen von Raumfahrzeugen, wie sie von unterschiedlichen Nationen entwickelt wurden, bis hin zum Space Shuttle und privater Raketentechnologie (Crew Dragon) vorgestellt.

Es folgt dann ein Kapitel über die Erforschung des Mondes – zuerst durch unbemannte Sonden und dann das erfolgreiche APOLLO-Programm durch die NASA.

All die Erfolge der Raumfahrt wären nicht denkbar ohne die nationalen und internationalen Weltraumorganisationen, die diese Projekte initialisiert und gesteuert haben, wenn auch in letzter Zeit verstärkt private Unternehmen in dieses Geschäft eingestiegen sind. Es folgt also ein Kapitel über die wichtigsten Raumfahrtbehörden, zu denen in neuerer Zeit auch Institutionen aus Schwellenländern gestoßen sind.

Große internationale Kooperationen werden am deutlichsten sichtbar beim Aufbau und der Nutzung von quasipermanenten Raumstationen, denen ebenfalls ein eigenes Kapitel gewidmet ist.

Neben der Erforschung des Mondes erwachte schon früh das Interesse, die zunächst fremden Welten anderer Planeten durch unbemannte Raumsonden zu erkunden. Alle Planeten des Sonnensystems und deren größte Monde bis hin zu Asteroiden und Kometen sind mit immer wieder verbesserten Sonden erforscht worden. Dabei erhielt der Mars bisher die höchste Aufmerksamkeit. Grund dafür sind u. a. konkrete Pläne, diesen Planeten in naher Zukunft durch Menschen besuchen zu lassen. Deshalb ist ihm in diesem Zusammenhang auch ein eigenes Kapitel gewidmet.

Neben Missionen zu individuellen Planeten ist die Menschheit dazu übergegangen, Sonden innerhalb des Sonnensystems auf unterschiedlichen Orbits zu parken, um astronomische Beobachtungen durchzuführen. Dazu gehören u. a. Teleskope, die Beobachtungen in verschiedenen Spektralbereichen durchführen, und z. B. Sonden, die nach Exoplaneten suchen.

Kein Geschichtsbuch ohne Ausblick: Weltraumfahrten durch Menschen und Erkundungen des Raumes gehen weiter. Deshalb erfolgt am Schluss des Buches eine kurze Bestandsaufnahme aktueller Zukunftsprojekte. Hierbei handelt es sich natürlich um ein schwimmendes Ziel, denn während diese Zeilen geschrieben und mit Zeitverzug umgesetzt werden, schreitet die Forschung voran, und hinter dem Horizont warten neue, noch ungeahnte Entwicklungen.

2

Das Sonnensystem und kosmische Entfernungen

Zusammenfassung In diesem Kapitel geben wir eine kurze Einführung in dasjenige Umfeld, welches ja das eigentliche Ziel all der wissenschaftlichen und technischen Anstrengungen ist, es zu erforschen und zu bereisen: unser Sonnensystem, Planeten und Monde.

In diesem Kapitel geben wir eine kurze Einführung in dasjenige Umfeld, welches ja das eigentliche Ziel all der wissenschaftlichen und technischen Anstrengungen ist, es zu erforschen und zu bereisen: unser Sonnensystem, Planeten und Monde. Dabei müssen wir uns allerdings zunächst beschränken. Wir bereisen noch nicht den ganz großen Kosmos. Stattdessen sind die bisherigen Anstrengungen der Menschheit im Vergleich zu den kosmischen Dimensionen im Grunde genommen ja nicht mehr als kleine Sprünge statt weiter Flüge. Es folgt ein Abschnitt, der ein Gespür für kosmische Entfernungen vermittelt, danach wird auf die

W. Osterhage, C. Gritzner, *Die Geschichte der Raumfahrt*,
https://doi.org/10.1007/978-3-662-72501-6_2

Gestalt unserer Milchstraße und den neusten Stand der Kenntnisse über unser Planetensystem und dessen Entstehung eingegangen.

2.1 Sonnensystem

Die Frage, wie unser Sonnensystem entstanden ist, ist immer noch nicht endgültig beantwortet. Das wird schon daran ersichtlich, dass weiterhin Sonden zu anderen Planeten geschickt werden, um Hinweise auf die Entstehungsgeschichte zu erhalten. Spekuliert über die Entstehung wurde allerdings schon in frühen Zeiten. Bereits Immanuel Kant entwickelte im Jahre 1755 eine Theorie dazu, genannt Meteoritenhypothese. Er stellte sich eine riesige Wolke aus Teilchen in ungeordneter Bewegung vor. Die Wolke selbst hätte sich in einer Drehbewegung befunden. Durch die Stöße untereinander hätten die Teilchen Bewegungsenergie abgegeben und damit letztendlich zum Zentrum dieser Wolke migriert, woraus sich die Sonne gebildet hätte. Weiterhin hätten sich an den Rändern der Wolke Materieverdichtungen ergeben, aus denen dann die Planeten entstanden wären. Dieses Modell wirft jedoch Fragen auf: Weshalb kommt es zu einem Verdichtungsprozess an den Rändern durch Zusammenstöße? Warum ist die Masseverteilung so, dass die Sonne den Hauptanteil trägt, aber der Drehimpuls fast ausschließlich von den Planeten getragen wird?

Trotz aller Fragen ist die Grundidee Kants auch in modernen Erklärungsversuchen geblieben. Der allgemeine Konsens heute ist, dass unser Planetensystem aus einer Urwolke entstanden ist. Gerard Peter Kuiper, ein niederländisch-amerikanischer Astronom, entwickelte die Theorie weiter. Er nahm an, dass die Urwolke, aus der später die Sonne entstand, sich zu einer Dicke von 3 Mio. km abgeflacht hätte.

Auch Carl Friedrich von Weizsäcker beschäftigte sich im Jahre 1944 mit einer Theorie zur Entstehung des Planetensystems. Seine Vermutung war, dass sich innerhalb der Urwolke Wirbel bildeten, die sich ringartig um das Zentrum – die spätere Sonne – gruppierten. In der weiteren Entwicklung verdichtete sich die Materie in diesen Wirbelzonen zu den späteren Planeten. Es wird angenommen, dass diese Protoplaneten erheblich größer und massereicher gewesen sind als heute.

Nach heutigen Erkenntnissen kann man sich die Entstehung des Sonnensystems etwa folgendermaßen vorstellen:

Vor ungefähr 4,6 Mrd. Jahren befand sich anstelle unseres Sonnensystems die unstrittige Urwolke, bestehend aus einzelnen Molekülen: zu 99 % Wasserstoff und Helium mit eingestreuten Staubteilchen, einige schwerere Elemente, sonst hauptsächlich Wasserstoff- und Kohlenstoffverbindungen. Infolge der Gravitation verdichteten sich Teile dieser Wolke. Der Anstoß dazu kann von einer Supernova in der Nachbarschaft gekommen sein.

Wichtig bei der Entstehung der Planeten war natürlich auch ihr Abstand zur Sonne. Während die sonnennahen Planeten ihre Gase verloren, behielten die Planeten in den entfernteren, kälteren Regionen ihre leichtflüchtigen Materieanteile. Man unterscheidet deshalb erdähnliche und jupiterähnliche Planeten.

Erdähnliche Planeten in unserem Sonnensystem haben einen kleinen Sonnenabstand (58–228 Mio. km). Ihr Durchmesser ist ebenfalls klein (4840–12.757 km). Ihre Masse beträgt 0,01–1 der Erdmasse, wogegen ihre Dichte groß ist: 3,9–5,6 g/m^3. Sie besitzen eine schwache bis mäßige Atmosphäre, bestehend aus Stickstoff, Sauerstoff, Kohlendioxid und einigen Edelgasen. Die Rotationszeiten sind lang (24 h–243 Tage). Sie besitzen gar keine oder höchstens zwei Monde. Ihr innerer Aufbau besteht aus Gestein und Metallen.

Bei den jupiterähnlichen Planeten sieht es anders aus. Ihr Sonnenabstand ist groß (778–4498 Mio. km), ebenso ihr Durchmesser (44.600–142.800 km) sowie ihre Masse (17–318 Erdmassen), während ihre Dichte klein ist (0,7–2,3 g/cm^3). Ihre Atmosphäre beinhaltet starke Bestandteile von Wasserstoff, Helium, Methan und Ammoniak. Sie besitzen viele Monde. Ihr innerer Aufbau besteht aus gefrorenen Gasen. Vielleicht gibt es einen inneren Kern aus Metall oder Gestein.

Weitere Unterscheidungsmerkmale bei unseren Planeten finden sich in Tab. 2.1 im Appendix.

Die gängige Entstehungstheorie des Sonnensystems lässt allerdings einige Fragen unbeantwortet:

- Das Drehimpulsproblem: Warum besitzt die Sonne, die ja fast 99,9 % der Masse hält, nur 0,5 % des Gesamtdrehimpulses?
- Wie kam es zu der Neigung der Äquatorebene der Sonne gegenüber der mittleren Bahnebene der Planeten (7 %)?
- Hat die Theorie Allgemeingültigkeit auch für andere Sonnensysteme (die Beobachtungen von Exoplaneten haben zur Entdeckung von Abweichungen dieser und anderer Parameter geführt, z. B. Gegenläufigkeit von Planetenbahnen im selben Sonnensystem, extreme Bahnneigungen etc.)?

Tab. 2.1 Mittlere kosmische Entfernungen in [m]

Bezugsgröße	Entfernung
Durchmesser der Erde	10^7
Durchmesser der Sonne	10^9
Entfernung des Saturn	10^{11}
Nächste Fixsterne	10^{15}
Entfernung offener Sternhaufen	10^{17}
Entfernung von Milchstraßenwolken	10^{19}
Entfernung von Kugelhaufen	10^{21}
Entfernung von Galaxien	10^{23}
Entfernung von Quasaren	10^{25}

2.2 Merkur

Der Merkur ist der kleinste, sonnennächste Planet mit der kürzesten Umlaufzeit. Wie Mars und Venus gehört er zu den Erdähnlichen. Auch er wird von keinem Mond begleitet. Seine Oberflächentemperatur schwankt zwischen 430 und –170 C. Er besitzt keine Atmosphäre. Seine Oberfläche gleicht derjenigen des Erdmondes. Sie ist von Einschlagkratern durchsetzt. Merkur hat einen großen Eisen-Nickel-Kern, der von einer dünnen Silikatschicht umgeben ist, und ein globales Magnetfeld.

2.3 Venus

Venus besitzt keinen Mond. Ihre Atmosphäre ist komplett undurchsichtig. Sie setzt sich im Wesentlich aus Kohlendioxid zusammen. Hinzu kommen geringe Anteile von Stickstoff, Schwefeldioxid, Argon und Wasser. Auf der Venusoberfläche herrscht ein Druck von 92 bar bei einer Dichte, die etwa 50-mal so groß ist wie die auf der Erde. Die Wolkenschicht, die die Undurchsichtigkeit der Venusatmosphäre bewirkt, besteht hauptsächlich aus Tröpfchen von Schwefelsäure. Durch den durch Kohlendioxid verursachten Treibhauseffekt beträgt die Temperatur in Bodennähe 464 °C.

Auf der Venus gibt es wegen der hohen Temperaturen keine Seen oder Meere. Ihre Oberfläche, die etwa 90 % der Erdoberfläche entspricht, besteht aus Gestein mit Hochländern und Talstrukturen sowie etwa doppelt so vielen größeren Einschlagkratern wie auf der Erde. Die Anzahl von Vulkanen entspricht etwa der der Erde. Obwohl man davon ausgeht, dass der Planet einen Eisen-Nickel-Kern besitzt, ist sein Magnetfeld nur schwach ausgeprägt. Das liegt an seiner extrem langen Rotationszeit.

2.4 Mars

Mars ist der zweitkleinste Planet im Sonnensystem. Er ist gleichzeitig der erdähnlichste, obwohl seine Masse nur etwa ein Zehntel der Erdmasse beträgt. Seine Fallbeschleunigung beträgt 3,69 m/s^2. Dadurch, dass seine Rotationsachse eine ähnliche Neigung wie die Erde besitzt, gibt es auf dem Mars auch Jahreszeiten. Die Höchsttemperatur beträgt angenehme 27 °C, allerdings liegt das Mittel bei -55 °C. Die Atmosphäre besteht zu 96 % aus Kohlendioxid mit geringen Anteilen von Stickstoff, Argon und Sauerstoff. Bei der bisherigen Erforschung ist auch eingelagertes Wassereis an den Polkappen entdeckt worden. Insgesamt machen die genannten Eigenschaften den Mars – im Gegensatz zu allen anderen Planeten – zu einem realistischen Kandidaten für eine Reise und Erforschung durch den Menschen vor Ort. Den bisherigen Forschungen und Vorarbeiten dazu ist ein ganzes Kapitel dieses Buches gewidmet (Kap. 12).

Die Oberfläche des Mars hat seit den ersten Beobachtungen mittels Fernrohren die Menschen fasziniert. So hat man grabenartige Strukturen und Vulkane, Stromtäler, die auf vergangene Wasserfluten hinweisen, und wüstenartige Gebiete ausgemacht. Mars besitzt zwei kleine Monde: Phobos mit einem Durchmesser von etwa 27 km und Deimos mit einem Durchmesser von knapp 18 km – beides unregelmäßig geformte Gesteinsbrocken.

2.5 Asteroiden

Als Asteroiden werden gesteinhaltige Himmelskörper bezeichnet, die kleiner sind als Kleinplaneten (wie z. B. jetzt Pluto). Asteroiden bewegen sich hauptsächlich auf elliptischen Bahnen im sog. Asteroidengürtel zwischen Mars und Jupiter um die Sonne. Einige dieser Körper kreuzen allerdings auch die Umlaufbahn der Erde. Asteroiden haben meistens keine runde, sondern eine unregelmäßige Gestalt. Mittlerweile hat man über 1,4 Millionen dieser Kleinkörper entdeckt.

2.6 Jupiter

Auf Abb. 2.1 sind die Wolkenstrukturen des Jupiters deutlich erkennbar. Sie ändern sich jedoch ständig. Auffallend sind die beiden Bänder in Äquatornähe. Und besonders auffällig ist der berühmte rote Fleck. Seine Position bezogen auf den Äquator ist ziemlich stabil, während er sich aber in west-östlicher Richtung bewegt.

Abb. 2.1 Jupiter, fotografiert von Cassini-Huygens. (© NASA)

Jupiter besitzt eine Unmenge von Trabanten. Die vier größten wurden bekanntlich von Galileo Galilei im Jahre 1610 entdeckt und sind nach ihm als Galileische Monde benannt (Ganymed, Kallisto, Io und Europa). Gegenwärtig (2025) sind mittlerweile 95 Monde registriert worden, die meisten davon allerdings sehr klein mit teilweise sehr exzentrischen Bahnen mit starker Neigung zur Äquatorebene des Planeten.

2.7 Saturn

Saturn ist der zweitgrößte Planet unseres Sonnensystems und ist dem Jupiter sehr ähnlich, vgl. hierzu Abb. 2.2. Das betrifft insbesondere auf seine Atmosphäre zu, in der es allerdings weniger turbulent zugeht. Die gelegentlich sichtbaren hellen Flecken führt man auf Eruptionen in tieferen Schichten zurück. Das signifikanteste Merkmal dieses Planeten sind seine Ringe in der Äquatorebene. Sie wurden als solche zuerst von

Abb. 2.2 Saturn, fotografiert von Cassini-Huygens. (© NASA)

Christiaan Huygens entdeckt. Bis zu den jetzigen verfeinerten Beobachtungsmethoden wusste man, dass das Ringsystem mindestens drei unterschiedliche Zonen besitzt, heute kennt man mehr als 100.000 einzelne Ringe, die aus größeren Brocken bis hin zu sehr kleinen Staubteilchen bestehen. Die Durchmesser der Ringe variieren zwischen 134.000 und 960.000 km. Die Dicke des Ringsystems wird auf höchstens 15 km geschätzt mit einer Gesamtmasse, die etwa 1/27.000 der Saturnmasse beträgt. Mittlerweile kennt man 274 Monde, von denen 63 einen Namen tragen, die um den Saturn kreisen und sich untereinander und das Ringsystem beeinflussen. Der bekannteste unter ihnen ist Titan mit einer Atmosphäre und einem Durchmesser von ca. 5150 km.

2.8 Uranus

Wilhelm Herschel entdeckte den Planeten Uranus am 13. März 1781. Er bewegt sich auf einer fast kreisförmigen Bahn zwischen Saturn und Neptun mit einer im Vergleich zu den anderen Planeten sehr geringen Bahnneigung gegenüber der Ekliptik. Seine Rotationsebene liegt annähernd in seiner Bahnebene. Seine obere Atmosphäre besteht überwiegend aus Wasserstoff mit Anteilen von Helium und Methan. Auch Uranus ist von einem Ringsystem umgeben, das allerdings erheblich schwächer ausgeprägt ist als das des Saturns. Bisher sind 29 Monde bekannt. Die fünf Hauptmonde sind Miranda, Ariel, Umbriel, Titania und Oberon.

Nach der Entdeckung des Uranus versuchte man, unter Anwendung der Newton'schen Himmelsmechanik eine Bahnberechnung. Die berechneten Werte kamen aber mit den beobachteten Positionen nicht zur Deckung, sodass man vermutete, dass die Uranusbahn durch die Wechselwirkung mit einem anderen, damals noch nicht entdeckten weiteren Planeten unseres Sonnensystems beeinflusst würde.

2.9 Neptun

Am 23. September 1846 fand Johann Gottfried Galle den Planeten Neptun unter Berücksichtigung der Bahnberechnungen von Urbain Le Verrier. Neptun ist der äußerste bekannte Planet des Sonnensystems. Auch seine Umlaufbahn ist fast kreisförmig. Erst im Jahre 2011 ist er an den Punkt zur Zeit seiner Entdeckung zurückgekehrt. Neptun gehört ebenfalls zu den sog. Gasriesen. Die Gaszusammensetzung in den oberen Atmosphärenschichten ähnelt der des Uranus. Man nimmt an, dass sich in seinem Inneren ein fester Kern etwa von der Größe der Erde befindet. Trotz der weiten Entfernung zur Sonne und der damit verbundenen geringen Wärmeaufnahme wurden extreme Wetterphänomene wie Stürme mit hoher Windgeschwindigkeit festgestellt. Der Planet ist ebenfalls von einem sehr feinen Ringsystem umgeben. Bekannt sind außerdem 16 Monde, der größte von ihnen Triton mit einem Durchmesser von ca. 2700 km.

2.10 Pluto

Seit Kurzem ist Pluto kein Planet mehr, sondern ein Zwergplanet. Das war eine Entscheidung der Internationalen Astronomischen Union im Jahre 2006. Da er aber im Kapitel über Sonden (Kap. 13) eine wichtige Rolle spielt, soll er auch hier Erwähnung finden. Pluto befindet sich am äußersten Rand des Sonnensystems und benötigt 248 Erdenjahre, um die Sonne einmal zu umkreisen. Er wurde durch systematisches Suchen entdeckt, nachdem man die Störungen der Uranusbahn durch den Einfluss des Neptuns allein nicht erklären konnte. Aber auch Pluto erwies sich als nicht massereich genug, um den beobachteten Effekt der Uranusbahn vollständig zu erklären. Sein Volumen beträgt etwa ein Drittel dessen des Erdmondes. Man vermutete daher noch einen oder mehrere weitere Himmelskörper am Rande des Sonnensystems. Mittlerweile hat man Hunderte von ihnen im sog. Kuipergürtel am Rande des Sonnensystems jenseits der Neptunbahn entdeckt.

Plutos dünne Atmosphäre besteht aus Stickstoff mit Anteilen von Kohlenstoffmonoxid und Methan. Er besitzt einen Gesteinskern, umgeben von Wassereis. Um den ehemaligen Planeten kreisen fünf Monde (Abb. 2.3).

Abb. 2.3 Ansicht des Nordpolargebiets und der charonfernen Seite von Pluto in natürlichen Farben, aufgenommen von der Raumsonde New Horizons am 14. Juli 2015 aus einer Entfernung von rund 450.000 km. (©NASA)

Plutos dünne Atmosphäre besteht aus Stickstoff mit Anteilen von Kohlenstoffmonoxid und Methan. Er besitzt einen Gesteinskern, umgeben von Wassereis. Um den ehemaligen Planeten kreisen fünf Monde.

2.11 Kosmische Entfernungen

Um eine Vorstellung zu bekommen, wie klein die „Sprünge" ins Weltall sind, die unter die Kategorie „Raumfahrt" fallen, sind in Tab. 2.1 einige kosmische Entfernungen aufgelistet. Die Entfernungsangaben verhundertfachen sich dabei in jeder Zeile mit Ausnahme des Sprungs vom Saturn zu den nächsten Fixsternen (Faktor 10^4). Kosmische Entfernungen erscheinen uns deshalb sehr bald „astronomisch" hoch, weil wir historisch als primären Maßstab unsere eigene Körpergröße genommen haben bzw. noch nehmen. Aber gerade diese Tatsache relativiert letzten Endes auch unsere Bemühungen der technologisch großartigen Unternehmungen, die wir unter dem Sammelbegriff „Raumfahrt" kennen: Es sind große Sprünge, gemessen an den Dimensionen, mit denen wir sonst in unserem Alltag umgehen, aber doch recht kleine, gemessen am ganz großen Weltraum selbst.

3

Von den Anfängen der Raketentechnik

Zusammenfassung Es gibt keine naturwissenschaftlich definierte Grenze, von der man behaupten kann: Hier endet die Erdatmosphäre, und jenseits davon beginnt der Weltraum. Dennoch sind solche Grenzwerte eingeführt worden, ursprünglich mit dem Ziel festzulegen, wann man beim Aufstieg einer bemannten oder auch unbemannten Rakete davon reden darf, dass diese den „Weltraum" erreicht hat und damit ein Weltraumflug tatsächlich stattgefunden hatte.

Es gibt keine naturwissenschaftlich definierte Grenze, von der man behaupten kann: Hier endet die Erdatmosphäre, und jenseits davon beginnt der Weltraum. Dennoch sind solche Grenzwerte eingeführt worden, ursprünglich mit dem Ziel festzulegen, wann man beim Aufstieg einer bemannten oder auch unbemannten Rakete davon reden darf, dass diese den „Weltraum" erreicht hat und damit ein

W. Osterhage, C. Gritzner, *Die Geschichte der Raumfahrt*,
https://doi.org/10.1007/978-3-662-72501-6_3

Weltraumflug tatsächlich stattgefunden hatte. Die US Air Force definierte diese Grenze bei einer Höhe von 50 Meilen oder ungefähr 80 km, während die FAI (Fédération Aéronautique Internationale) sie auf 100 km festlegte.

Noch in der ersten Hälfte des 20. Jahrhunderts in der Zeit vor dem Zweiten Weltkrieg erzählten Physiklehrer an den Gymnasien ihren Schülern, dass das Verlassen des Schwerefeldes der Erde über eine solche Grenze hinaus für einen von Menschen gebauten Flugkörper nicht möglich sei – geschweige denn eine Reise zum Mond. Der Grund dafür läge in der Tatsache, dass für das Erreichen einer immer größeren Höhe eine immer größere Menge an Treibstoff benötigt würde und dadurch das Gewicht einer solchen Rakete so gesteigert würde, dass der gewonnene Schub durch diese Gewichtszunahme ständig kompensiert würde und damit die erforderliche Fluchtgeschwindigkeit niemals erreicht werden könnte.

Nun gab es aber Menschen, die sich mit solchen Spekulationen nicht abfinden wollten. Wissenschaftliche Neugier und ingenieurtechnische Herausforderung waren die Triebfedern, die diese Wissenschaftler motivierten, die geschilderten Schwierigkeiten zu überwinden. Ein weiterer Aspekt, der den Erfindergeist vorantrieb, war – wie auch in vielen anderen Fällen der wissenschaftlichen Forschung – der potenzielle militärische Nutzen möglicher Anwendungen.

Wenn von Weltraumfahrt oder Raumfahrt die Rede ist, folgt als erste Assoziation der Begriff der „Rakete“. Das bedeutet, dass die Anfänge der Raumfahrt gekoppelt sind mit den Anfängen der Entwicklung des Raketenantriebs. Nach allen vorhandenen Quellen waren es die Chinesen, die als Erste damit experimentierten, aber es gab auch frühe Entwicklungen im Orient, auf die Leonardo da Vinci mit seinen Konzepten zurückgreifen konnte.

Im Einzelnen wollen wir diese Entwicklung geschichtlich nachvollziehen. In neuerer Zeit treffen wir dann auf die Pioniere Konstantin Ziolkowski, Hermann Oberth, Robert Goddard und Auguste Piccard. Es folgt eine Zusammenfassung wichtiger Ereignisse aus der Zeit von 1920 bis 1954 in Deutschland und Europa. Ein gesonderter Abschnitt ist Wernher von Braun gewidmet. Das Kapitel wird abgeschlossen durch einen Bericht über den ersten bemannten Raketenstart 1945 („Natter").

3.1 Ältere militärische Anwendungen

Die Chinesen gelten allgemein als Erfinder des Schwarzpulvers. Es wird erstmals in einem Text von 1044 n. Chr. erwähnt. Bei diesem Text handelt es sich um ein Kompendium der wichtigsten Militärtechniken der damaligen Zeit (Song-Dynastie 960–1279). Schwarzpulver besteht aus einer Mischung aus Kaliumnitrat, Holzkohle und Schwefel. Es war diese Substanz, mit deren Hilfe erstmalig eine größere Anzahl von Flugkörpern – kleine Raketen – in der Schlacht von Kaifeng gegen die Mongolen im Jahre 1232 eingesetzt wurde. Ziel der Raketenattacke war es, die Pferde des Gegners zu erschrecken und damit Verwirrung zu stiften.

Einer der ersten europäischen Raketentheoretiker war Conrad Haas (1509–1576) aus Hermannstadt in Siebenbürgen. In seinem *Kunstbuch* erweiterte er das damals bekannte *Feuerwerksbuch* von 1420 um einen fast 300 Seiten langen Passus über Raketentechnik und deren Einsatz. Er beschrieb darin im Detail die Wirkungsweise von Raketen, unterschiedliche Raketentypen, darunter mehrstufige, Stabilisatoren und Treibstofftypen, inklusive Flüssigtreibstoffe. Von ihm stammt übrigens das Wort „Rakete", zunächst „Rackette", abgeleitet aus dem Italienischen „rocchetta" für Spindel.

Aus dem Orient wird im 17. Jahrhundert von einem bemannten Raketenflug von 20 s Dauer in den Chroniken von Süleyman Celebi berichtet. Der Pilot, Lagari Hasan Celebi, soll dabei im heutigen Istanbul gestartet und dann im Bosporus gelandet sein.

3.2 Leonardo da Vinci

Im Codex Madrid I findet sich der Entwurf einer Rakete von Leonardo da Vinci (Abb. 3.1). Auf der Rückseite von Folio 81 schreibt er dazu:

> „Um eine Rakete in große Höhe zu schießen, könntest du es so machen: Stelle deine Feldschlange aufrecht, wie du hier siehst. Dann lege die Kugel, durch eine Kette mit der Rakete verbunden, in die Feldschlange, wobei die Rakete draußen bleibt, wie du [auf] der Zeichnung siehst. Dann mache ein Brettchen mit Pulver auf der Höhe des Zündloches der Feldschlange zurecht. Ist das getan, zünde die Rakete. [Sobald] das Feuer auf das Brettchen und das Pulverloch fällt, zündet es [die Ladung]. Die Rakete wird von der Kugel mehr als 3 Meilen gezogen. Man sähe ständig hinter der Rakete eine Flamme von mehr als einer halben Meile.“ (Heydenreich et al. 1987).

Der Kommentar bezieht sich auf die Darstellung in Abb. 3.1 – und zwar auf die rechte Seite des Folio. Man sieht ein aufrecht stehendes Kanonenrohr (Leonardo nennt es „Feldschlange“), welches eine Kugel, an der eine Rakete mit einer Kette befestigt ist, senkrecht nach oben schießt. Daneben hat Leonardo ein geladenes Rohr mit einer gezündeten Rakete dargestellt. Im Grunde handelt es sich dabei um einen mehrstufigen Antrieb, bei dem die abgefeuerte Kugel eine Art Boosterfunktion übernimmt. Der Ablauf ist dann folgender: Rakete und Kanonenrohr stehen

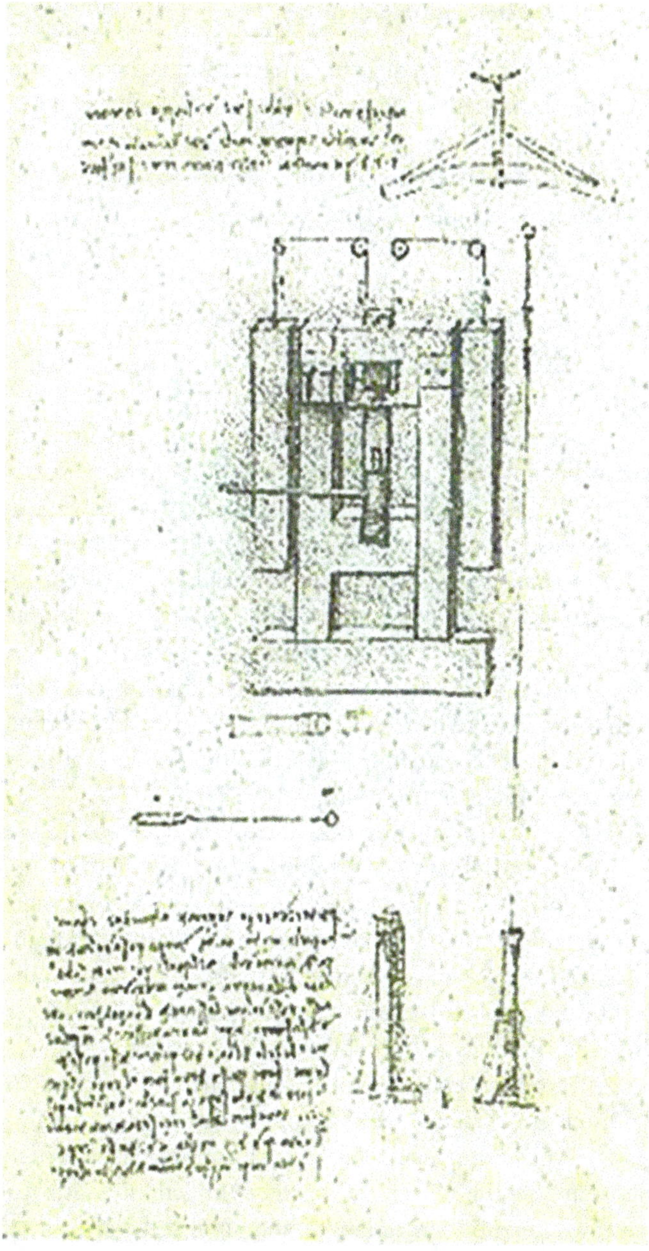

Abb. 3.1 Rakete: Entwurf von Leokete: Entwurf von Leonardo da Vinci (rechts unten auf dem Folio). (Quelle: Codex Madrid, Folio 81; Images property of the Biblioteca Nacional de España)

nebeneinander. Durch die Zündung der Rakete wird gleichzeitig die Kanonenladung gezündet. Die Kugel schießt an der Rakete vorbei und reißt sie mit. Irgendwann überholt dann die Rakete das Geschoss und zieht es so lange mit, bis der Raketentreibstoff aufgebraucht ist.

3.3 Konstantin Eduardowitsch Ziolkowski

Die neuzeitliche Entwicklung von Raketen wurde im Wesentlichen durch militärische Bedürfnisse vorangetrieben. Der Engländer William Congreve entwickelte Anfang des 19. Jahrhunderts eine Brandraketenwaffe, die in diversen Schlachten, unter anderem auch in den Befreiungskriegen und der Völkerschlacht bei Leipzig, zum Einsatz kamen. Weiterentwicklungen wurden betrieben von Vincenz von Augustin, dem Chef des Raketenkorps der österreichischen Artillerie. Der Engländer William Hale erfand schließlich eine Rakete mit Eigenrotation, die die Stabilisierung seines Raketentyps ermöglichte.

Als Konstantin Eduardowitsch Ziolkowski (Abb. 3.2) im Jahre 1857 in Ischewskoje geboren wurde, beschäftigte sich die „verfasste“ Physik noch nicht mit den theoretischen Hintergründen der Weltraumfahrt. Der Sohn eines polnischen Priesters (spätere sowjetische Medien geben den Beruf des Vaters als Förster an) und einer russischen Mutter würde in dieser Beziehung bis zum Ende seines Lebens seiner Zeit und der etablierten Wissenschaft weit voraus sein.

Durch eine Scharlacherkrankung verlor er als Zehnjähriger fast vollständig sein Gehör und konnte deshalb nicht mehr zur Schule gehen. Er war gezwungen, sich zuhause privat weiterzubilden, erlangte aber mit sechzehn Jahren dennoch später einen Studienplatz in Moskau, wo er Phy-

Abb. 3.2 Konstantin Eduardowitsch Ziolkowski. (© Ria Novosti/ Sputnik/dpa/picture alliance)

sik und Mathematik studierte. Nach seinem Studium war er als Lehrer in diesen Fächern tätig – zunächst in seinem alten Heimatort, später in einer Kreisschule zuerst in dem Dorf Borowsk, danach in der Kleinstadt Kaluga, wo er dann Zeit seines Lebens blieb.

Neben seiner hauptberuflichen Aktivität entwickelte sich Ziolkowskis Interesse an der Raumfahrt – allerdings auf dem Umwege über die Science-Fiction-Literatur, die ihn begeisterte, an der er sich zunächst selbst auch versuchte. Im Rahmen dieser Leidenschaft war er gezwungen, sich mit der Plausibilität seiner Geschichten auseinanderzusetzen. Letztendlich führte ihn das zu konkreten wissenschaftlichen Überlegungen. So schreibt er selbst im Vorwort eines Artikels in den „Luftfahrtnachrichten" im Jahre 1911:

> „Am Anfang stehen unweigerlich Gedanken, Phantasien und Märchen. Darauf folgt die wissenschaftliche Berechnung. Jedoch zuletzt wird die Verwirklichung den Gedanken krönen. Meine Arbeiten über kosmische Reisen gehören der mittleren Phase dieser Entwicklung. (Arlasorow 1957)."

Zu den Ergebnissen seiner Arbeiten, die er sukzessive in mehr als 35 Büchern und Fachartikeln bis zum Ende des 19. Jahrhunderts veröffentlichte, gehört unter anderem die Theorie eines lenkbaren Ganzmetall-Luftschiffes, von ihm Aerostat genannt. Dieses Luftschiff bestand aus einem Blocksystem, mit dessen Hilfe der Apparat an sich verändernde Flugbedingungen angepasst werden konnte. In großer Höhe bei niedrigem Luftdruck kann das Volumen ohne große Mühe vergrößert und beim Abstieg wieder verkleinert werden. Das tragende Gas nimmt die bei der Verbrennung des Treibstoffs im Motor entstehende Wärme auf.

Es folgten Arbeiten zur Konstruktion von Flugzeugen und über Aerodynamik. Dazu dienten Experimente in einem selbstgebauten Windkanal. Ziolkowskis Ideen kannten keine Grenzen. Er beschäftigte sich mit Entwürfen zu einem Weltraumturm und zu einem Weltraumlift. Entscheidend waren seine konkreten Vorschläge für einen Raketenantrieb mit Flüssigtreibstoff (Wasserstoff und Sauerstoff) sowie mehrstufige Raketenkonzepte und Detailüberlegungen zu Brennkammern und Steuerungen.

Sein wichtigster Beitrag allerdings war die Herleitung der sog. Raketengleichung im Jahre 1903. Sie wird auch als Grundgleichung der Raumfahrttechnik bezeichnet. Diese Bewegungsgleichung beschreibt eine Rakete, die durch kontinuierlichen Ausstoß von Treibstoff beschleunigt wird. Wir werden sie im folgenden Kap. 4 ausführlicher behandeln.

Ziolkowski teilte das Schicksal anderer Wissenschaftspioniere, indem er Zeit seines Lebens wenig oder gar keine Beachtung fand. Erst gegen Ende seines Lebens und nach den Veröffentlichungen Hermann Oberths auf demselben Gebiet wurde man in seiner nunmehr sowjetischen Heimat auf ihn aufmerksam und würdigte ihn.

In einem Interview mit dem ersten Menschen im Weltraum, Juri Gagarin, am 13. April 1961 stellte der Reporter der Iswestija irgendwann die Frage:

„Wann hörten Sie das erste Mal von Ziolkowski?“

Antwort: „In der Schule. In der Fach- und in der Fliegerschule war der Name Konstantin Eduardowitsch Ziolkowski uns allen teuer, wir studierten seine Werke. Ich kann sagen, dass Ziolkowski in seinem Buch ‚Außerhalb der Erde‘ sehr klar alles vorausgesehen hat, was ich selber bei meinem Flug zu sehen bekam. Konstantin Eduardowitsch stellte sich besser als sonst jemand den Anblick vor, den die Welt einem Menschen bietet, der in den Kosmos aufgestiegen ist. (Kosmonaut Nr. 1 Juri Gagarin 1961).“

Ziolkowski starb am 19. September 1935. Auf seiner Grabstelle in Kaluga steht als Inschrift ein Zitat von ihm selbst:

„Es stimmt, die Erde ist die Wiege der Menschheit, aber der Mensch kann nicht ewig in der Wiege bleiben. Das Sonnensystem wird unser Kindergarten.“

3.4 Hermann Oberth

Ziolkowskis Theorien, insbesondere seine Raketengleichung, fand eine unabhängige Bestätigung durch einen anderen Pionier der Weltraumforschung: Hermann Oberth. Oberth wurde am 25. Juni 1894 in Hermannstadt (Sibiu) in Siebenbürgen, Rumänien, geboren. Die Familie siedelt zwei Jahre später über nach Schäßburg (Sighisoara), in dem heute noch ein Denkmal des Wissenschaftlers steht.

Bereits als Gymnasiast stellt Oberth nach der Lektüre von Jules Vernes „Eine Reise zum Mond“ theoretische Berechnungen über Raketenbeschleunigungen auf. Noch vor seinem Abitur entwirft er die Idee für ein Flüssigkeitstriebwerk mit Alkohol oder flüssigem Wasserstoff und flüssigem Sauerstoff.

Obwohl sein Vater gerne einen Mediziner aus ihm gemacht hätte, nimmt Hermann Oberth nach dem Ersten Weltkrieg ein Studium der Physik in Klausenburg auf. Er setzt sein Studium in Göttingen und Heidelberg fort. Seine privaten Forschungen konzentrieren sich auf technische Fragen des Raketenantriebs und der Weltraumfahrt im Allgemeinen. Im Jahre 1923 erscheint sein Buch *Die Rakete zu den Planetenräumen,* das bis zu den ersten tatsächlichen Realisierungen zum Standardwerk der Weltraumfahrt wurde, obwohl – ähnlich wie bei Ziolkowski – ihm zunächst eine unmittelbare Anerkennung verwehrt blieb. In diesem Buch veröffentlichte Oberth auch seine „Raketengleichung", die mit derjenigen von Ziolkowski übereinstimmte.

Ein Jahr später wird Oberth Professor in Schäßburg und tritt erstmalig in Kontakt mit Ziolkowski, dem er sein Buch schickt. Es entspann sich ein Briefwechsel zwischen den beiden Pionieren. So schrieb Oberth an Ziolkowski am 24. Oktober 1929:

> „Sehr geehrter Herr Kollege!
>
> Vielen Dank für das mir zugesandte Material. Ich bin selbstverständlich der Letzte, der Ihre Priorität und Ihre Verdienste auf dem Gebiet der Raketentechnik bestreiten würde, und ich bedaure nur, dass ich nicht vor 1925 von Ihnen hörte. Hätte ich Ihre hervorragenden Arbeiten früher gekannt, wäre ich jetzt mit meinen eigenen Arbeiten weiter fortgeschritten und hätte mir viel unnötige Arbeit erspart.
>
> Die Mitteilung, dass es mir endlich gelungen ist, eine solche Benzin-Brennkammer zu bauen, mit der ich in allen Beziehungen zufrieden bin, wird Sie sicher interessieren. Der etwa 1 kg schwere Ofen brennt ausgezeichnet und verbraucht ungefähr 10 bis 40 ccm Benzin und 80 bis 90 ccm Flüssigsauerstoff in der Sekunde. Bis jetzt führten meine Bemühungen, eine brauchbare Rakete zu bauen, zu keinem Ergebnis, eben der Notwendigkeit wegen, eine brauchbare

Brennkammer herzustellen. Nun aber scheint der Weg zur Erforschung der Weltenräume durch Rückstoßgeräte geöffnet zu sein.

Mit vorzüglicher Hochachtung“ (Barth 1974)

Inzwischen war Oberth als Gymnasiallehrer in Mediasch tätig. Im Jahre 1929 erschien eine dritte, erweiterte Fassung seines ersten Buches unter dem Titel *Wege zur Raumfahrt.* In den folgenden Jahren experimentierte er in den Werkstätten der Mediaschen Fliegerschule an verschiedenen Raketenmodellen. Nach Forschungsprojekten in Dresden und Wien wird Oberth 1941 nach Peenemünde abkommandiert. Dort war er mit Wernher von Braun beteiligt an der Entwicklung der ersten funktionierenden Fernrakete A-4. Auf eigenen Wunsch verlässt er Peenemünde aber bereits 1943.

Nach dem Zweiten Weltkrieg lässt er sich in Feucht bei Nürnberg nieder, führt aber zwischen 1950 und 1960 ein wechselvolles Beraterleben u. a. für die italienische Marine. Es folgen Arbeitsaufenthalte in den USA, wo er zusammen mit von Braun am amerikanischen Raketenprogramm mitwirkt. 1962 geht er in den Ruhestand, schreibt aber weiterhin Bücher über Weltraumfahrt.

Oberth stirbt am 28. Dezember 1989 in Nürnberg, hat also die wichtigsten Erfolge der Raumfahrt und damit die Realisierung seiner Träume und die Umsetzung seiner Konzepte miterleben können.

3.5 Robert Hutchings Goddard, ein amerikanischer Pionier

Der dritte Pionier im Bunde, der die Raketengleichung fand und dessen Lebenswerk auch erst nach seinem Tode gewürdigt wurde, war Robert Hutchings Goddard, ein

Amerikaner, nach dem heute das Goddard Space Flight Center in Greenbelt in Maryland benannt ist. Goddard wurde am 5. Oktober 1882 in Worcester, Massachusetts, geboren. Er starb am 10. August 1945, hat also die großen Ereignisse der Raumfahrt nicht mehr erleben können. Auch bei ihm weckte die Science-Fiction-Schiene sein Interesse an Weltall und Raketen. Inspiriert wurde er durch den Roman *Krieg der Welten* von H. G. Wells. Nach einem ersten Abschluss am Worcester Polytechnikum studierte er an der dortigen Universität Physik und promovierte in dem Fach im Jahre 1911, bevor er nach Princeton wechselte. Später ging er zurück nach Worcester, wo er die Leitung des physikalischen Labors an der Universität übernahm. Ab 1930 bekam er die Gelegenheit, in Roswell, New Mexico, zu arbeiten.

Goddards Beiträge zur Entwicklung der Raumfahrt lassen sich wie folgt zusammenfassen:

Goddard meldete bis zum Jahre 1914 eine Reihe von Patenten für Raketen mit Flüssigtreibstoff und mehrstufige Raketen an. Ab 1916 arbeitete er an der Entwicklung von Flüssigkeitsraketen. Dabei wurde er finanziell vom Smithsonian Institute unterstützt. Seine Beiträge zur Entwicklung militärischer Feststoffraketen mündeten 1918 in die Bazooka. Im Jahre 1920 schrieb er eine Abhandlung über „Methoden, um extreme Höhen zu erreichen“ (Methods for Reaching Extreme Altitudes). Darin fand sich auch wiederum die Herleitung der Raketengleichung. Ein erster Start seines Raketenmodells fand im Jahre 1926 statt. Im Jahre 1929 erfolgte ein Raketenstart mit Nutzlast. An Bord befanden sich ein Barometer und ein Thermometer. Die erreichte Höhe betrug 27 m. Bei Raketenexperimenten in Roswell ab 1930 wurden Höhen von über 600 m und Geschwindigkeiten von bis zu 800 km/h erreicht. Und schließlich wurde 1935 die Schallmauer bei 1125 km/h durch eine seiner Flüssigkeitstreibstoff-Raketen durchbrochen.

3.6 Auguste Piccard: in große Höhen und tiefste Tiefen

Auguste Piccard war kein Raketenmann. Sein Interesse galt der Erforschung extremer Höhen und Tiefen, den Herausforderungen an die dazu erforderliche Technik und gleichzeitig der Leistungsfähigkeit des menschlichen Organismus. Der Experimentalphysiker Piccard wurde am 28. Januar 1884 in Basel geboren und starb am 24. März 1962 in Lausanne. Nach seiner Promotion an der ETH in Zürich lehrte er bis zu seiner Emeritierung an der Universität in Brüssel.

Sein Hauptinteresse galt zunächst der Stratosphärenforschung. Hintergrund war der Versuch, anhand von Messungen der Höhenstrahlung Einsteins Spezielle Relativitätstheorie zu beweisen. Bestandteile der Höhenstrahlung sind Myonen, die in der Erdatmosphäre in einer Höhe von etwa 20 km entstehen. Die Hälfte von ihnen ist nach durchschnittlich $1{,}5 \times 10^{-6}$ s zerfallen. Ihre Geschwindigkeit beträgt 0,995 c (c ist die Lichtgeschwindigkeit). Bei Geschwindigkeiten nahe c gelten die Gesetze der Speziellen Relativitätstheorie. Nach der klassischen Mechanik dürfte ein Myon wegen seiner kurzen Halbwertszeit nie die Erdoberfläche erreichen, weil es vorher zerfällt. Dennoch werden diese Teilchen in der Nähe des Erdbodens registriert. Die Erklärung liefert die Spezielle Relativitätstheorie:

1. Durch die Zeitdilatation dehnt sich die Halbwertszeit entsprechend und der Zerfall verzögert sich.
2. Die Längenkontraktion sorgt dafür, dass die Strecke für das Myon kürzer ist, sodass es diese entsprechend schneller passieren kann.

Wann greift (1) und wann (2)? – Alles kommt auf den Standpunkt an: Ist das Myon das bewegte System, greift die Zeitdilatation. Die Erde ist in Ruhe. Definieren wir das

Myon als ruhendes System und die Erde als relativ dazu bewegtes, greift die Längenkontraktion.

Piccard führte seine Messungen in der Stratosphäre im Zuge von Ballonflügen in einer Kapsel durch. Obwohl es sich hier nicht um Vorläufer späterer Raketentechnik handelt, waren diese Experiment aufschlussreich, weil sie bewiesen, dass der menschliche Organismus auch in großen Höhen mit entsprechender technischer Unterstützung überleben kann. Dabei stellten er und sein Begleiter, der belgische Physiker Max Cosyns, diverse Höhenrekorde auf, zunächst am 18. August 1932 mit 16.940 m, später dann 23.000 m. Nach den Höhenrekorden zog es Piccard später in die Tiefe. Mit seinem Sohn Jacques stellte er 1953 einen Tiefenrekord im Tyrrhenischen Meer von 3150 m in seinem Bathyskaph auf.

3.7 Die Zeit von 1920 bis 1954 in Deutschland und Europa

Neben den bisher gewürdigten Pionieren, deren Beiträge wegweisend für die spätere Entwicklung der Raumfahrt waren, taten sich noch andere Männer auf diesem Gebiet hervor, deren Leben hier nicht im Detail beschrieben wird. Dazu gehören: Eugen Sänger, Rudolf Nebel und Klaus Riedel. Wir werden über Wernher von Braun in einem gesonderten Abschnitt berichten.

Am 10. Januar 1920 trat der Versailler Vertrag in Kraft. Da Raketentechnologie zu der damaligen Zeit keine Rolle spielte, gab es in dem Vertrag keine Provisorien, Forschungen auf diesem Gebiet zu verhindern. Oberth veröffentlichte, und Max Valier, Fritz von Opel und Rudolf Nebel stellten erste Versuche in den 20er-Jahren an. Im Jahre 1927 wurde der „Verein für Raumschiffahrt" durch Johannes Winkler gegründet. Am 14. März 1931 gelang Winkler der erste Start einer Flüssigkeitsrakete in Europa. Die „Astris" erreichte eine Höhe von 60 m.

Auf einem ehemaligen Schießplatz in Reinickendorf in Berlin stellte Nebel im Jahre 1930 Versuche mit Raketenmodellen an, die durch einen Treibstoff angetrieben wurden, den Oberth vorgeschlagen hatte. Die Fluggeräte waren drei Meter lang und nannten sich Minimumraketen oder „Mirak". Der Schießplatz erhielt im Zuge der Erprobungen den Spitznamen „Berliner Raketenflugplatz". Im Juni 1932 wurde auf dem Truppenübungsplatz in Kummersdorf südwestlich von Berlin ein Raketenforschungsprogramm vom Heereswaffenamt in die Wege geleitet. Einer der damaligen Mitarbeiter war ein gewisser von Braun. Er war damals zwanzig Jahre alt. Ein Jahr später veröffentlichte Eugen Sänger in seinem Buch *Raketenflugtechnik* ein erstes Konzept für einen wiederverwendbaren Raumgleiter.

Nach der Machtergreifung der Nationalsozialisten wird Raketenforschung zur Geheimsache, und Veröffentlichungen zu diesem Thema werden verboten. Gleichzeitig kann Wernher von Braun im Jahre 1934 ein Raketenforschungsprogramm zur Entwicklung von A1 (Aggregat 1) und A2 ins Leben rufen. Ab 1936 entsteht in Peenemünde ein Forschungszentrum (Heeresversuchsanstalt (HVA)) mit dem Ziel, eine Rakete mit einem 25 t Triebwerk zu entwickeln. Das Ergebnis ist die A4, die am 3. Oktober 1942 eine Höhe von 100 km und damit den Weltraum erreicht. Etwa 3200 solcher später in V2 umbenannten Geschosse werden im Zweiten Weltkrieg gegen feindliches Gebiet eingesetzt. Administrativer Leiter der HVA war Walter Dornberger, technischer Leiter Wernher von Braun. Für die Montage der Flugkörper wurden u. a. ca. 600 Zwangsarbeiter vor Ort eingesetzt, von denen viele nicht überlebten. Ihr Schicksal und die Frage nach der Verantwortung ist eingehend erörtert worden und in einschlägiger historischer Literatur nachzulesen.

Nach Kriegsende werden die Betriebsstätten in Peenemünde demontiert und verbliebene Raketen und technische Komponenten in die USA und UdSSR verbracht. Raketenforscher und Ingenieure werden deportiert. In Deutschland wird die Raketenforschung verboten. Trotz allem bildet sich bereits im Jahre 1947 eine „Arbeitsgemeinschaft Weltraumfahrt" an der Universität in Stuttgart. Aus dieser Arbeitsgemeinschaft ging am 5. August 1948 die „Gesellschaft für Weltraumforschung" (GfW) hervor. Die GfW wurde 1949 initiativ bei der Etablierung der Internationalen Astronautischen Föderation (IAF). Die IAF wurde von Eugen Sänger und Alexandre Ananoff im Jahre 1951 gegründet. Sänger wurde ihr erster Präsident. Am 21. September 1952 entstand in Bremen die „Arbeitsgemeinschaft für Raketentechnik", später „Deutsche Raketen-Gesellschaft", die 1956 Mitglied der IAF wurde. Im Jahre 1954 rief Sänger in Stuttgart das „Institut für Physik der Strahlantriebe" ins Leben. Es war das Erste seiner Art in Europa.

3.8 Wernher von Braun

Wernher Magnus Maximilian Freiherr von Braun wurde am 23. März 1912 in Wirsitz, damals Deutsches Reich, geboren. Schon als Jugendlicher interessierte er sich für die Naturwissenschaften und bald für die Weltraumfahrt, nachdem er Oberths Buch gelesen hatte. Er studierte an der ETH Zürich und an der TH Berlin-Charlottenburg, wo er sein Diplom als Maschinenbau-Ingenieur erwarb. Über seine Beteiligung an den ersten Raketenversuchen und dem V2-Projekt hatten wir bereits weiter oben berichtet.

Von Braun gehörte zu den Wissenschaftlern und Technikern, die nach dem Ende des Zweiten Weltkrieges von den Amerikanern in Garmisch-Partenkirchen interniert worden

waren. Später wurde er, zusammen mit über einhundert anderen Raketenexperten, nach Fort Bliss verlegt. Im Jahre 1946 wurde die V2 als Testaggregat in White Sands wiederbelebt. Die Raketenentwicklung in den USA ging zunächst nur zögerlich voran. 1950 etablierte sich von Braun in Huntsville, um die Redstone zu entwickeln, deren erster Testflug im Jahre 1953 stattfand. Von Braun hatte damals bereits mehr als eintausend Mitarbeiter. Die Nachfolgerakete der Redstone wurde die Jupiter. Inzwischen warb von Braun öffentlich in den USA, deren Staatsbürgerschaft er inzwischen besaß, für ein ambitioniertes Raketen- und Weltraumprogramm durch Konferenzen, Vorträge und Veröffentlichungen. Dann kam der Sputnik-Schock der Sowjets im Jahre 1957 (Kap. 5). Dieser Weckruf führte zu einer signifikanten Aufstockung der Finanzen für das amerikanische Raumfahrtprogramm. Schließlich gelang es, auch einen ersten amerikanischen Satelliten, Explorer 1, durch eine Jupiter-C-Variante ins All zu befördern. Ein Jahr später wurde die NASA gegründet, und mit einer Verzögerung wegen budgetärer Engpässe wurde das Team von von Braun (fünftausend Mitarbeiter) übernommen.

Die Geschichte der NASA und von Brauns Rolle bei der Mondlandung werden in anderen Kapiteln dieses Buches ausführlicher behandelt (Kap. 8 und 9).

Wernher von Braun starb am 16. Juni 1977 in Alexandria, Virginia, USA.

3.9 Erster bemannter Raketenstart 1945 („Natter")

Sechzehn Jahre vor Juri Gagarin, am 1. März 1945, gab es einen deutschen Versuch, einen Menschen mit einer Rakete in große Höhen zu befördern. Es handelte sich um das Geheimprojekt „Natter“ im Auftrage der SS. Beauftragt wurde der Privatunternehmer Erich Bachem in Waldsee. Bachem hatte über Luftfahrt publiziert, war Flugzeugbaumeister und Technischer Direktor bei Fieseler gewesen. Man beauftragte ihn mit Entwicklung, Bau und Testphase für ein Raketenflugzeug BP-20, genannt Natter. Das Raketentriebwerk wurde von der Fa. Walter entwickelt.

Sein Testpilot war Lothar Sieger, ein Luftwaffenleutnant, der sich mit jedem Flugzeugtyp auskannte.

Das Raketenflugzeug war für Einmaleinsätze konzipiert. An seiner Spitze sollte sich ein Pilot befinden, der in der Lage war, feindliche Flugzeuge von seiner Position aus abzuschießen. Der Pilot sollte sich anschließend per Fallschirm retten, das Fluggerät unkontrolliert abstürzen. Wegen dieser „Wegwerf-Philosophie" sollte die Rakete sparsam nur mit den nötigsten Materialien ausgestattet sein. Aus diesem Grunde bestand sie zum größten Teil aus Sperrholz. Sie sollte zunächst vermittels eines 4-Booster-Triebwerks auf große Höhe und dann in eine waagerechte Flugbahn gebracht werden.

Vor dem ersten (und letzten) Versuch mit einem Menschen, Lothar Sieger, hatte es zwei unbemannte Starts gegeben. Der erste diente dazu, das Funktionieren des Triebwerks zu testen, beim zweiten wurde eine Puppe ins Cockpit gesetzt worden, die auch sicher mit dem Fallschirm gelandet war.

Beim Versuch mit Sieger ging alles schief, was man sich denken konnte: Die Booster lösten sich in großer Höhe nur zum Teil, das Kabinendach flog ab, die Steuerung versagte, sodass die Rakete senkrecht nach unten auf den Boden zuraste. Später fand man die Raketenteile in einigen Kilometern Entfernung. Der tote Pilot hing in einem Baum. Sein Fallschirm hatte sich nicht gelöst.

Das Programm wurde danach eingestellt.

Literatur

Arlasorow MS (1957) 60 Jahre Weltraumfahrt. Urania, Leipzig

Barth H (1974) Hermann Oberth. Kriterion Verlag, Bukarest

Heydenreich LH et al (1987) Leonardo, der Erfinder. Belser, Stuttgart

Kosmonaut Nr. 1 Juri Gagarin (1961) Verlag für fremdsprachige Literatur, Moskau

4
Antriebe und Raketentechnik

Zusammenfassung In diesem Kapitel geben wir eine kurze Einführung in die Raketentechnik. Dann folgen Erläuterungen zum Raketenprinzip und zu Systemen mit veränderlicher Masse. Wir werden die Raketengrundgleichung kennenlernen und etwas über Flucht- bzw. Entweichgeschwindigkeit erfahren.

In diesem Kapitel geben wir eine kurze Einführung in die Raketentechnik. Dann folgen Erläuterungen zum Raketenprinzip und zu Systemen mit veränderlicher Masse. Wir werden die Raketengrundgleichung kennenlernen und etwas über Flucht- bzw. Entweichgeschwindigkeit erfahren.

Raketen funktionieren ähnlich wie Düsenflugzeuge. Ein Treibgas als Verbrennungsprodukt, auch Stützmasse genannt, strömt durch die Düse eines Triebwerks in Richtung -x aus. Dadurch erhält die Rakete einen Rückstoß, der sie in Richtung x treibt. Allen Raketenantrieben ist gemeinsam, dass sie

W. Osterhage, C. Gritzner, *Die Geschichte der Raumfahrt*,
https://doi.org/10.1007/978-3-662-72501-6_4

dieses Newtonsche Reaktionsprinzip anwenden: Die ausgeübte Kraft, Schub genannt, wirkt entgegen der Bewegungsrichtung des Apparates. Je höher die Ausstoßgeschwindigkeit der Stützmasse ist, desto höher die Geschwindigkeitsänderung des Flugkörpers. Durch Aufbrauchen des verwendeten Brennstoffs verringert sich gleichzeitig die Masse der Rakete. Eine weitere Bedingung für die Brauchbarkeit dieses Antriebs ist, dass der Verbrennungsprozess sowohl im Vakuum als auch innerhalb einer Atmosphäre gleich welcher Beschaffenheit chemisch funktionieren muss.

Im Zuge der Entwicklung haben sich unterschiedliche technische Lösungen für Raketentriebwerke herausgebildet. Die Wahl des Antriebs richtet sich nach der Verwendung der Rakete (Trägerrakete für Nutzlasten und bemannten Raumflug, Booster, militärische Anwendungen, Steuerungstriebwerke für Raumsonden, etc.). Tatsache ist, dass – zumindest in den Anfängen, aber auch noch teileweise heute – die Raumfahrt von militärischen Überlegungen getrieben wurde. Viele Unternehmen, die Raumfahrttechnologie lieferten, waren gleichzeitig Rüstungskonzerne. Die Entwicklung leistungsfähiger Trägerraketen ging Hand in Hand mit derjenigen von Interkontinentalraketen. Das Gleiche gilt für Navigations- und Kommunikationssysteme.

Die beiden wichtigsten Antriebsarten sind Feststoff- und Flüssigkeitsraketen. Zum Einsatz gekommen sind außerdem Ionentriebwerke, neuerdings auch der Photonenantrieb in Form von Sonnensegeln. In der Konzeptionsphase befinden sich Raumfahrzeuge mit Nuklearantrieb. Wir werden diese Antriebe in dieser Reihenfolge näher betrachten. Aber zunächst einige Gemeinsamkeiten:

Der Brennstoff für Feststoff- und Flüssigkeitsantriebe wird in einer Brennkammer gezündet. Dadurch entsteht ein gasförmiges Verbrennungsprodukt bei sehr hohen Temperaturen unter gleichweise hohem Druck, welches durch eine Öffnung am unteren Ende der Brennkammer ausgestoßen wird. Die Öffnung am Ende der Brennkammer wird

Düse genannt. Durch ihre spezielle Ausformung werden gleichzeitig der Innendruck der Kammer und die Austrittsgeschwindigkeit erhöht. Durch Umwandlung der thermischen Energie durch die Verbrennung in Bewegungsenergie durch das Ausströmen der Verbrennungsgase durch die Düse entsteht nun der Schub. Dadurch, dass durch die Verbrennung die Brennstoffmasse abgebaut wird, erhöht sich die Antriebsbeschleunigung kontinuierlich bei gleichbleibendem Schub. Wir werden weiter unten die zugehörigen physikalischen Grundprinzipien kennenlernen.

4.1 Feststoffantriebe

Feststoffraketen besitzen gegenüber anderen Antriebsarten gewisse Vorteile: Da der Treibstofftank gleichzeitig als Brennkammer dient, kann auf technische Lösungen zur Brennstoffzufuhr verzichtet werden. Unterschieden werden sog. Stirnbrenner, bei denen der Treibstoff von unten her kontinuierlich abgebrannt wird. Einen höheren Wirkungsgrad besitzen die Zentralbrenner, die z. B. einen zentralen Brennkanal durch das gesamte Treibstoffvolumen besitzen. Letztere Antriebe kommen bei Boostern (z. B. bei den früheren Space Shuttles, s. Kap. 7) zum Einsatz. Es gibt zwei gravierende Nachteile bei Feststoffraketen: Zum einen lässt sich der Verbrennungsprozess nach der Zündung nicht mehr regulieren, also auch nicht beenden, zum anderen besitzen Raketen dieses Antriebstyps ein ungünstiges Verhältnis zwischen Gesamtmasse und Schub.

4.2 Flüssigkeitsantriebe

Bei den Flüssigkeitsantrieben werden der (flüssige) Brennstoff und das Oxidationsmittel der Brennkammer aus separaten Tanks zugeführt. Dadurch können sowohl Schub als auch Funktionszeit des Antriebs geregelt werden: Der Antrieb kann abgeschaltet und – wenn erforderlich – wieder neu gezündet werden. Gegenüber Feststoffraketen sind die technischen Einrichtungen komplexer. Neben separaten Tanks, Zuleitungen, Pumpen und Regelungen sind bei flüssigen Sauerstoff als Oxydator oder flüssigem Wasserstoff als Brennstoff Isolationsmaterialien erforderlich.

Eine Kombination aus Feststoff- und Flüssigkeitsantrieben ist der Hybridantrieb: Hierbei liegt eine Treibstoffkomponente als Feststoff und die andere als Flüssigkeit vor. Der Vorteil besteht in einer Regelbarkeit des Antriebs und einer vereinfachten Handhabung, da eine Komponente als Feststoff vorliegt.

4.3 Ionentriebwerke

Ionentriebwerke kommen vorzugsweise bei Raumsonden zum Einsatz (Beispiel: Deep Space, s. Kap. 13). Ein Ionentriebwerk funktioniert folgendermaßen:

Ein Edelgas wird in einer Kammer ionisiert, z. B. durch Elektronenbeschuss. Die positiv geladenen Ionen werden sodann durch ein elektrisches Feld beschleunigt und schließlich durch eine Düse in den Raum ausgestoßen, wodurch wiederum nach dem Newtonschen Reaktionsprinzip ein Rückstoß entsteht. Es ist offensichtlich, dass ein solches Triebwerk nur im Vakuum des Weltraums und nicht etwa in der Erdatmosphäre zum Einsatz kommen kann, also für den Start einer Rakete nicht infrage kommt. Die Beschleunigung von Ionentriebwerken ist gering, so dass das Erreichen der benötigten Geschwindigkeit lange dauert. Das Verlassen einer Umlaufbahn erfolgt somit durch langsames aufspiralen. Die benötigte elektrische Energie zum Aufbau des zur Beschleunigung erforderlichen elektrischen Feldes wird über mitgeführte Solarpaneele gewonnen, deren Masse und damit Leistung begrenzt ist.

4.4 Nuklearantrieb

Seit den 50er-Jahren des vergangenen Jahrhunderts haben Ingenieure darüber nachgedacht, wie man Kernenergie zum Antrieb von Raketen verwenden könnte. Man geht dabei davon aus, dass die Leistungsdichte eines Nuklearantriebs diejenige von klassischen – seien es Feststoff oder Flüssigkeit – um Größenordnungen übertrifft, dabei ein Vielfaches an Schub, gemessen an traditionellen Antrieben, und damit erheblich kürzere Reisezeiten zu planetaren oder gar interstellaren Zielen ermöglicht. Nuklearantriebe können allerdings wegen der radioaktiven Kontamination nicht innerhalb der Erdatmosphäre oder im erdnahen Raum gezündet und betrieben werden. Sie müssten zuerst mithilfe klassischer Raketentechnik in den Weltraum gebracht oder dort zusammengebaut werden.

Es gibt zwei Konzepte, die in die bisherigen Überlegungen eingeflossen sind: das sog. Orion-Konzept, bei dem der Antrieb durch eine Sukzession von nuklearen Explosionen erfolgt, also einer Abfolge von hintereinandergeschalteten Miniatombomben; und Konzepte, bei denen ein Kernreaktor ein Gas stark erhitzt, das dann durch eine klassische Düse den Rückstoß bewirkt. Nachdem das erste Konzept nie über das theoretische Stadium hinausgekommen ist und das zweite zwar am Boden getestet, aber wegen Kontaminationen wieder eingestellt wurde, sind sie in jüngster Zeit sowohl von der NASA als auch von Russland wieder aufgegriffen worden. Hintergrund sind Überlegungen für eine Reise zum Mars, aber auch militärische Gesichtspunkte.

Das Projekt DRACO (Demonstration Rocket for Agile Cislunar Operations) gehört zu der zuletzt genannten Technologie. Dabei geht es um die Demonstration einer NTR (Nuclear Thermal Rocket). Projetträger ist die DARPA (*Defense Advanced Research Projects Agency) in Zusammenarbeit mit der NASA. Die NTR soll einen Kernreaktor nutzen, um ein Treibgas auf hohe Temperaturen zu erhitzen, das dann über eine Düse ausgestossen wird und somit den Schub erzeugt. Man geht davon aus, dass die NTR ein Schub-zu-Last-Verhältnis produziert, dass eine 2–5-fache Treibgas-Leistung erbringt im Vergleich zu chemischen Antrieben.*

Das DRACO-Projekt gliedert sich in drei Phasen:

- *Phase 1: Entwicklung und Konstruktion*
  - *NTR-Reaktor-Gestaltung*
  - *Betriebssystem-Entwicklung*
- *Phase 2: Raketentest ohne Kernbrennstoff*
- *Phase 3: voll aufgeladenes System im erdnahen Raum, Umwelttests, experimentelle Konfigurationstests.*

Die Phasen 2 und 3 sind für das Jahr 2027 vorgesehen.

Ein Autor dieses Buches (Dr. Osterhage) hat im Jahre 1990 selbst ein Patent über einen nuklearen Raketenantrieb erhalten, der im Folgenden kurz skizziert wird (Abb. 4.1):

Der hier dargestellte nukleare Raketenantrieb nutzt die Kernspaltung zur Energiefreisetzung, die zur Umsetzung in angepasste Schübe eingesetzt wird.

Die Funktionsweise des nuklearen Raketenantriebes beruht auf dem Prinzip einer bedingt kontrollierten Kettenreaktion in einer Assembly von Spaltmaterial (Brennstoff), Moderator-, Absorber- und Reflektormaterial.

Die Kettenreaktion ist insofern kontrolliert, als sie mit einem bekannten Reaktivitätswert bei kritischer Masse (Spaltmaterial) beginnt, und – gegeben durch die Geometrie der Assembly und der zeitlichen Zusteuerung weiterer kritischer Massen (Spaltmaterial) – dann exponentiell in eine Run-away-Kettenreaktion degeneriert.

Anders ausgedrückt:

Ausgehend von einer Reaktorphase propagiert sich das System in die Nähe, aber noch weit unterhalb der Bomben-

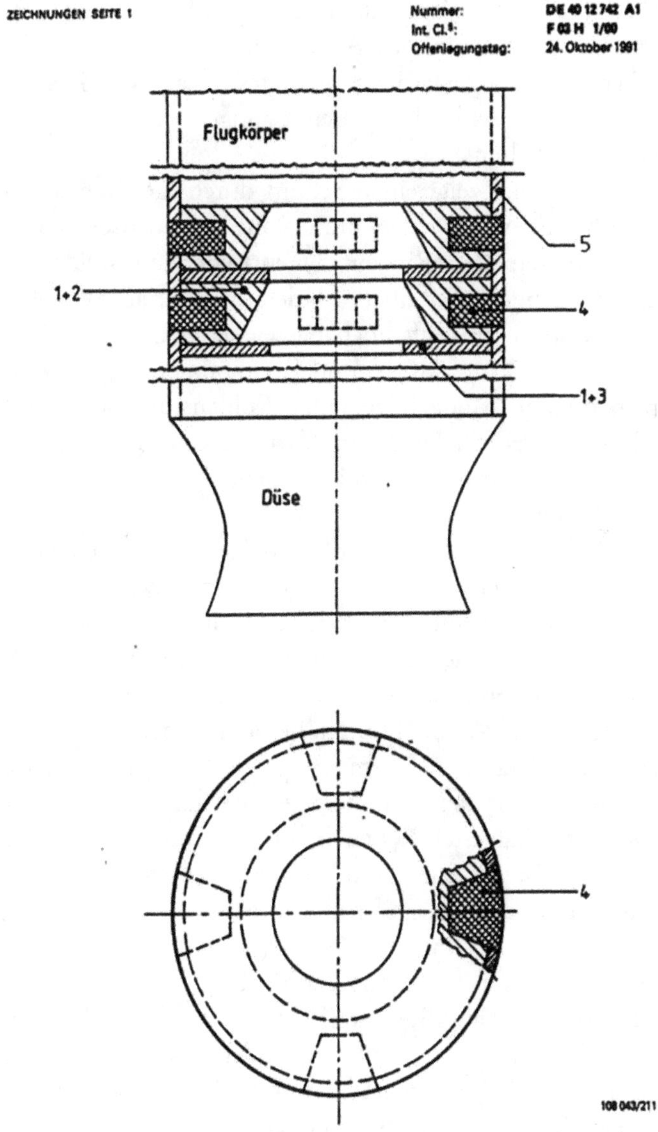

Abb. 4.1 Vorderansicht und Draufsicht einer nuklearen Brennstoff-Assembly. (Offenlegungsschrift DE 40 12 742 A1)

phase (Gesamtabbrandzeit je Brennstoffring > 1/100 s). Restriktiv auf die minimale Abbrandzeit (maximaler Schub) wirken hier lediglich die Materialfestigkeit der Gesamt-Assembly einschließlich Befestigungen sowie deren Schmelzverhalten.

Die Abb. 4.1 zeigt einen Schnitt durch die Brennstoff-Assembly. Sie setzt sich zusammen aus konzentrischen aufeinandergestapelten Ringen (1) entweder aus nuklearen Brennstoffen (2) oder einem Moderatormaterial (3), wobei als nukleare Brennstoffe hochangereichertes Uran, Pu-239, oder alle in Kernreaktoren und Kernbomben eingesetzten Spaltstoffe, als Moderatormaterial Kohlenstoff, Beryllium, Lithium in natürlicher Form, als Gemische, Legierungen wie auch chemische Verbindungen, Verwendung finden können.

In den Ringen aus Brennstoff sind Absorbersegmente (4), je nach technischer Notwendigkeit unterschiedlicher Geometrie, aus Bor, Cadmium oder Co-59 eingebettet. Die Absorbersegmente sind mit chemischen Sprengladungen ausgestattet. Die Brennstoff-Assembly ist mit einem Reflektormantel (5) aus U-238, Thorium, Beryllium oder Kohlenstoff umgeben. Der Reflektormantel weist Öffnungen zum Heraussprengen der Absorbersegmente auf (nicht in der Zeichnung dargestellt). Die Innenhöhe jedes Ringes aus Brennstoff ist um einen Winkel ϕ angeschrägt und sinusförmig nach innen ausgeformt, um eine schräg zum Zentrum parallele Abstrahlung des Neutronenflusses mit dem Profil einer Bessel-Funktion zu ermöglichen. Auf der Außenseite der Ringe aus Brennstoff, parallel zu diesen Ringen, sind jeweils an einer Stelle Neutronendetektoren angebracht, die als Impulsgeber einen Steuerungsrechner versorgen, der das Heraussprengen der Absorbersegmente auslöst.

Die Reaktionen laufen wie folgt ab:

Der unterste Ring wird kritisch, sobald mit der Initialzündung die Absorbersegmente abgesprengt werden. Darauf erfolgt Abbrand durch Kettenreaktion mit stark nach unten gerichteter Hitze- und Schubwelle sowie γ-Strahlungs- und Teilchenstrom (α, Neutronen, Spaltprodukte). Sobald die Detektorinformation am äußeren Rande des Ringes im Steuerungsrechner der Rakete die Unterschreitung eines vorgegebenen Reaktivitätswertes registriert, werden die Absorbersegmente in Ring B abgesprengt, und der Reaktivitätswert steigt wieder. Dieser Vorgang wiederholt sich zyklisch. Die Reaktivität resultiert also immer aus der verbleibenden Masse (n) des abbrennenden Ringes, zusätzlich der neu freigeschalteten Masse $(n+1)$ des im Abbrand folgenden Ringes. Der Schub ergibt sich aus der Geschwindigkeit des Abbrandes bei gegebener Nutz- und Brennstofflast und kann unter Berücksichtigung der oben genannten Reaktionen beliebig ausgelegt werden durch die entsprechende Assembly-Geometrie. Vorgaben sind Gesamt-Reisezeit für eine entsprechende Entfernung im Raum für eine gegebene Nutzlast. Ausgehend davon ergeben sich Anfangsgeschwindigkeit und Schub. Der Schub wird umgesetzt in Spaltvorgänge je Zeiteinheit (Spaltrate) unter Berücksichtigung der Energiebilanz je Spaltvorgang. Die Spaltrate ist wiederum abhängig von der Assembly-Geometrie.

4.5 Laserantrieb

Eine völlig andere Antriebstechnologie soll im Rahmen des Breakthrough-Starshot-Projektes zum Einsatz kommen (s. Kap. 14). Hierbei handelt es sich um den Versuch einer privaten Initiative unter der Leitung von Juri Milner, ein Miniraumschiff zu unserem nächsten Sternsystem Alpha Centauri zu schicken. Dieses Kleinstraumschiff soll dabei auf ein Fünftel der Lichtgeschwindigkeit beschleunigt werden. Dazu wird das Raumschiff mit einem Lichtsegel ausgestattet. Dieses Segel würde zwar einige Quadratmeter groß sein, aber nur wenige Atomschichten dick. Der Antrieb soll durch erdbasierte Laserstrahlen erfolgen, die das Segel über einen Zeitraum von ca. 10 min bestrahlen würde, in denen das Miniraumschiff (ein elektronischer Chip) eine Strecke von 2 Mio. km zurücklegen würde.

4.6 Fluchtgeschwindigkeit

Die Grundidee hinter allen Bemühungen der Weltraumfahrt ist der Wunsch, mittels eines Flugkörpers die Erde zu verlassen. Das bedeutet, die Gravitationskraft, die die Gegenstände an die Erde bindet, zu überwinden. Dazu ist eine entsprechende Anfangsgeschwindigkeit erforderlich. Es gibt also eine Minimalgeschwindigkeit – Fluchtgeschwindigkeit genannt –, die das ermöglicht. Die Berechnung der Fluchtgeschwindigkeit ergibt sich aus der Energiebilanz: Die kinetische Energie zum Entweichen muss mindestens gleich der Bindungsenergie im Gravitationsfeld sein; also:

$$\frac{1}{2}mv^2 = \frac{GMm}{r} \tag{4.1}$$

mit m der Masse des Flugkörpers, M der Masse des Himmelskörpers (Sonne, Planeten), G der jeweiligen Gravitationskonstanten und r dem Radius des Himmelskörpers. Daraus ergibt sich für die Fluchtgeschwindigkeit:

$$v = \sqrt{\frac{2GM}{r}}. \tag{4.2}$$

Für die Erde beträgt v 11,2 km/s.

4.7 Raketengrundgleichung

Sowohl Ziolkowski als auch Oberth hatten unabhängig voneinander die sog. Raketengleichung entwickelt. Auf eine detaillierte Herleitung soll an dieser Stelle verzichtet und die Gleichung lediglich präsentiert werden. Sie beruht im Wesentlichen auf dem Impulserhaltungssatz der klassischen Mechanik und dem zweiten Newtonschen Axiom mit veränderlicher Masse. Eine Besonderheit bei der Bewegung einer Rakete ist ja die Tatsache, dass sich die Masse (Strukturmaterialien + Nutzlast + Treibstoff) des Flugkörpers ändert, d. h., sie nimmt durch die Verbrennung ihres Treibstoffs und Ausstoßes der Verbrennungsgase kontinuierlich ab. Voraussetzung für die vereinfachten Betrachtungen ist, dass die Verbrennung des Treibstoffs mit konstanter Rate (die Brennrate ist die Abnahme des Treibstoffs über der Zeit) erfolgt, die Rakete sich senkrecht nach oben von der Erde wegbewegt und der Luftwiderstand dabei vernachlässigt wird. Raketen werden bei ihrem Flug also nicht aerodynamisch getragen, sondern arbeiten nach dem gleichen Prinzip wie Düsenflugzeuge: Durch den Ausstoß der Treibgase erhält das Gefährt einen Rückstoß, der es dann wiederum nach vorne treibt (3. Newtonsches Axiom: actio = reactio).

Dann lautet die Raketengleichung:

$$-mg - Rv_{rel} = m\frac{dv}{dt}. \tag{4.3}$$

Sie stellt eine Kräftebilanz dar: Auf der linken Seite wirken die Erdanziehung (veränderliche Masse multipliziert mit der Erdbeschleunigung) sowie die Rückstoßkraft (Brennrate multipliziert mit der relativen Geschwindigkeit des Strahls der Ausstoßgase durch die Verbrennung); auf der rechten Seite die Kraft, mit der sich die Rakete von der Erde fortbewegt (veränderliche Masse multipliziert mit der Beschleunigung dv/dt).

4.8 Trägerraketen

Als Trägerraketen werden solche Raketen bezeichnet, die dazu verwendet werden, bestimmte Nutzlasten, z. B. Satelliten, in den Weltraum zu bringen – in der Regel in Erdumlaufbahnen – und sonst keine weiteren technischen Aufgaben erfüllen. Erste Trägerraketen waren modifizierte Langstreckenraketen nach dem Beispiel der V2-Technologie oder mit Feststoffantrieb. Im Laufe der Jahre wurden diese Systeme weiterentwickelt. Herausragende Neuerungen waren

- Flüssigkeitsantrieb
- Mehrstufigkeit
- verbesserte Triebwerkstechnologien.

Da das Trägersystem Space Shuttle weiter unten (Kap. 7) behandelt wird, nehmen wir es an dieser Stelle aus.

In den beiden Tab. 4.1 und 4.2 (Stand 2025) werden die aktuellen für staatliche und kommerzielle Nutzlasten verfügbaren Trägerraketen sowie Raketen, die mit ausreichender Sicherheit in naher Zukunft ihre Erstflüge absolvieren werden und teilweise bereits über gebuchte Starts verfügen dokumentiert. Anschließend werden wir einige wichtige Beispiele näher betrachten.

Die folgende beispielhafte Auswahl folgt subjektiven Kriterien der Autoren, die möglicherweise nicht mit den Präferenzen aller Leser übereinstimmt:

- Saturn V
- Atlas
- Falcon 9
- Proton
- Langer Marsch
- Ariane 6

Tab. 4.1 Trägerraketen: Nutzlastkapazität (Low Earth Orbit (LEO)). (https://de.wikipedia.org/wiki/Trägerrakete)

Land	bis 2 t	2 bis 8 t	8 bis 20 t	20 bis 40 t	über 40 t
VR China	Kuaizhou-1A Hyperbola-1, Jielong-1, Ceres-1 CZ-6, CZ-11, Lijian-1, Kuaizhou-11, Jielong-3, Tianlong-2	CZ-2C/D, CZ-3A, CZ-4, CZ-6A/C, CZ-8, Zhuque 2, Yinli-1	CZ-2F, CZ-3B/C, CZ-7, CZ-12	CZ-5B	–
Europa	-	Vega-C	Ariane 62	-	–
Indien	SSLV	PSLV, GSLV 2	LVM3	–	–
Iran	Simorgh, Ghased, Soldschanah [1], Ghaem 100	–	–	–	–
Israel	Shavit	–	–	–	–
Japan	Epsilon	H3	H-2 A, H3	-	–
Neusseland	Electron				
Nordkorea	Chŏllima-1, Kerolox-Rakete	–	–	–	–
Russland		Sojus-2.1a, Angara 1.2	Sojus-2.1b	Proton, Angara A5	-
Südkorea	Feststoff-Rakete	Nuri	–	–	–
USA	Pegasus, Electron, Minotaur I, Minotaur IV, Minotaur-C, Firefly-alpha	-	Atlas V, Vulcan	Falcon 9, Falcon Heavy, Vulcan	Falcon Heavy, , SLS, Starship, New Glenn

Tab. 4.2 Trägerraketen: Nutzlastkapazität (*Geostationary Transfer Orbit* (GTO)). (https://de.wikipedia.org/wiki/Trägerrakete)

Land	bis 0,5 t	>0,5 bis 2 t	2 bis 4 t	4 bis 10 t	über 10 t
VR China	–	CZ-4	CZ-3 A/C, CZ-8	CZ-3B, CZ-7A	CZ-5
Europa	–	–	–	Ariane 62	-
Indien	-	PSLV	GSLV2, LVM3	–	–
Japan	–	–	–	H3	–
Neuseeland	Electron	-	-	-	-
Russland	–	-	Sojus-2.1	Proton, Angara A5	–
Südkorea	-	Nuri	-	-	-
USA	-	Minotaur V, Minotaur-C, Electron	Vulcan	Atlas V, Falcon 9, Vulcan	Falcon Heavy, Vulcan, New Glenn, SLS

4.8.1 Saturn V

Die Saturn V wurde unter der Leitung von Wernher von Braun unter Mitwirkung der Unternehmen Boing, Douglas Aircraft und einigen anderen Firmen entwickelt und diente als Arbeitspferd für sämtliche Mondflüge im Rahmen des Apollo-Programms. Es handelte sich um eine dreistufe Rakete, die ungefähr 110 m hoch war mit einem Durchmesser von etwa 10 m. Sie konnte in der Endphase mehr als 140 t Nutzlast in den LEO bzw. mehr als 50 t Nutzlast in einen Translunarkurs transportieren. Nachdem die Produktion der Saturn mit Ende des Apollo-Programms eingestellt wurde, wurde eine dritte Stufe zur Raumstation Skylab umgebaut.

4.8.2 Atlas

Die Atlas-Rakete wurde ursprünglich für das US-Militär als Interkontinentalrakete entwickelt. Die Version Atlas-D diente der Truppe von 1960–1965 und wurde danach durch andere Interkontinentalraketen abgelöst. In der Raumfahrt fand sie Verwendung im Rahmen des Mercury- und Gemini-Programms. Mit ihrer Hilfe wurde der Astronaut John Glenn als erster Amerikaner in eine Orbital-Umlaufbahn befördert. Ihre Agena-Oberstufe diente als Andockziel für die Gemini-Raumschiffe. Bis in die 1990er-Jahre kam die Atlas-Rakete noch für den Transport leichter Nutzlasten zum Einsatz.

4.8.3 Falcon 9

Im Rahmen des Commercial-Crew-Development-Programms (CCDev; Entwicklungsprogramm für kommerziellen bemannten Raumflug) beauftragte die NASA im

Jahre 2014 erstmalig ein Privatunternehmen, SpaceX von Elon Musk, für die Realisierung eines Trägersystems und einer entsprechenden Raumkapsel, die Crew Dragon (etwa: „Mannschaftsdrache"), um Menschen in den Weltraum zu transportieren, neben einem Frachttransporter Cargo Dragon. Ein wesentliches Kriterium war die Forderung nach der Wiederverwendbarkeit der Kapsel (bis zu fünf Einsätze). Nach der Fertigstellung erfolgte zunächst ein unbemannter Testflug Anfang März 2019 zur ISS. Die Kapsel blieb fünf Tage lang angedockt, währenddessen sie allerdings von drei ISS-Astronauten bzw. –Kosmonauten zur Erprobung besetzt wurde. Das Gerät kehrte danach – wiederum unbemannt – zur Erde zurück. Nach technischen Rückschlägen und einer halbjährigen Verlängerung des Testprogramms, fand der erste bemannte Testflug am 30. Mai 2020 mit den Piloten Robert Behnken und Douglas Hurley statt. Er war ein voller Erfolg. Das Raumschiff selbst besteht aus einer bemannten Kapsel, in der bis zu vier Personen untergebracht werden können, und einem Servicemodul, das während des Wiedereintritts abgekoppelt wird und in der Atmosphäre verglüht. Die Bedienungskonsole entspricht dem modernsten Stand der Computertechnologie. Das Raumschiff ist 8 m hoch und hat einen Durchmesse von 4 m bei einer Startmasse von 12 t. Trägerrakete ist eine Falcon 9 (Abb. 4.2).

Am 16. November 2020 war es dann soweit. SpaceX Crew-1 hob vom Kennedy Space Center ab und koppelte an der ISS am 17. November an (27 h nach Start) (Abb. 4.2). Am 5. April wurde die Kapsel an einen anderen Andockstutzen desselben Modul umgeparkt, um so Platz für die nächste Crew zu schaffen. Crew-1 gehörten die Amerikanerin Shannon Walker, die Amerikaner Michael Hopkins und Victor Glover sowie der Japaner Soichi Noguchi an. Am 2. Mai 2021, nach über 165 Tagen, begann der Rückflug zur Erde. Er endet mit der Landung im Atlantik. Inzwi-

Abb. 4.2 Crew-1 im Anflug auf die ISS. (© NASA – https://www.flickr.com/photos/nasa2explore/50613902418/ (crop). https://commons.wikimedia.org/w/index.php?curid=97349108)

schen sind bereits fünf bemannte Einsätze mit den SpaceX Crew Dragon Raumschiffen absolviert worden, weiter Missionen sind in Planung.

4.8.4 Proton

Bei der Proton, ursprünglich als UR-500 Interkontinentalrakete konzipiert, handelt es sich um eine russische Trägerrakte zum Transport schwerer Nutzlasten. Dazu gehörten zur Zeit der Sowjetunion die Module der Raumstationen Saljut und Mir, sowie das Modul Sarja für die ISS, außerdem Mars-, Venus- und Mondsonden. Die Oberstufen der Proton Blok-DM und Bris-M wurden im Laufe der Jahre weiter entwickelt, sodass diese Rakete, jetzt Proton-M, heute nach wie vor zu den leistungsfähigsten Trägersystemen gehört.

Wegen der Nutzung eines hochgiftigen Treibstoffes 1,1Dimethylhydrazin/Distickstofftetroxid gilt sie jedoch als technisch veraltet und soll durch das Nachfolgemodell Angara A5 ersetzt werden. Der Betrieb von Proton-M soll im Jahre 2025 eingestellt werden.

4.8.5 Langer Marsch

Bei den chinesischen Trägersystemen Langer Marsch oder CZ (Chang Zheng) handelt es sich um mehrere Familien von unterschiedlichen Raketenversionen. Ursprünglich wurden auch diese Systeme von militärischen Anforderungen (Interkontinentalrakete) getrieben. Man unterscheidet heute folgende Familien:

- Chang Zheng 2: Familie für niedrige Orbits mit mittleren Bahnneigungen, für eigene Aufklärungssatelliten wie auch das bemannte Raumschiff Shenzhou. Nutzlasten von 3300 bis 9500 kg.
- Chang Zheng 3: Familie mit einer Wasserstoff/Sauerstoff Oberstufe für Starts in den geostationären Orbit 1400–5100 kg in den GTO Orbit
- Chang Zheng 4: Familie mit einer lagerfähigen Oberstufe in Starts in den sonnensynchronen Orbit für Erderkundungssatelliten. Nutzlast: 2800 kg in den SSO Orbit.

Für den ersten bemannten chinesischen Raumflug 2003 wurde das Modell 2F mit dem Raumschiff Shenzou 5 als Nutzlast eingesetzt.

4.8.6 Ariane 6

Ariane 6 ist die aktuellste Trägerrakete in der Ariane-Reihe. Auftraggeber ist die ESA, entwickelt wurde das System von der Airbus Group unter Beteiligung von Unternehmen aus 13 ESA-Mitgliedsstaaten. Startbahnhof ist Kourou in Französiche-Guayana. Ariane 6 wurde zum ersten Mal am 9. Juli 2024 gestartet, in der Version 62. Sie ist – je nach Nutzlast – zwischen 52 und 61 m hoch mit einem Durchmesser von 5,4 m. Es sind zwei Typen für den Einsatz geplant:

- Ariane 62
  - maximale Nutzlast 5,0 GTO und 10,35 LEO
- Ariane 64
  - maximale Nutzlast 11,5 GTO und 21,65 LEO.

Literatur

Leitenberger B (o.J.). https://www.raumfahrtbuecher.de/traeger-raketen.shtml

Reichl E (2025) Raketen – Die internationale Enzyklopädie. Motorbuch Verlag, Stuttgart

5

Erdsatelliten

Zusammenfassung In diesem Kapitel wollen wir uns mit dem Beginn der eigentlichen Raumfahrt im erdnahen Raum befassen. Dieser Beginn war geprägt durch die Sensationsmeldung, dass die damalige Sowjetunion den ersten künstlichen Erdsatelliten in eine Umlaufbahn brachte.

In diesem Kapitel wollen wir uns mit dem Beginn der eigentlichen Raumfahrt im erdnahen Raum befassen. Dieser Beginn war geprägt durch die Sensationsmeldung, dass die damalige Sowjetunion den ersten künstlichen Erdsatelliten in eine Umlaufbahn brachte. Wir werden nacheinander die Thematik folgendermaßen erschließen: Zunächst werden wir einen geschichtlichen Überblick über den Einsatz von Satelliten und deren technisch-wissenschaftliche Einsatzgebiete geben. Anschließend werden wir uns den physikalischen Grundlagen der Satellitenbewegung widmen, insbesondere der Berechnung von Satellitenbahnen sowie den Möglichkeiten der Beobachtung ihrer Bewegungen.

W. Osterhage, C. Gritzner, *Die Geschichte der Raumfahrt*,
https://doi.org/10.1007/978-3-662-72501-6_5

5.1 Geschichte

Es begann mit einem Paukenschlag: Am 4. Oktober 1957 brachte die Sowjetunion den ersten künstlichen Mond in eine Erdumlaufbahn: Sputnik 1 (russ. für „Begleiter", Abb. 5.1). Im Westen hatte niemand mit diesem Coup gerechnet. Die Sowjets hatten zwar angekündigt, dass sie an dem Projekt arbeiten würden, nachdem die Amerikaner ihres zuerst im Jahre 1955 annonciert hatten, aber da alle Vorbereitungen streng geheim gehalten worden waren, kam die Nachricht dennoch wie ein Schock – im Nachhinein wie ein heilsamer Schock im Sinne der weiteren Entwicklung der Weltraumfahrt. Denn Sputnik 1 erwies sich als Auslöser dessen, was später „Wettlauf im Weltraum" genannt wurde. Dieser Wettlauf führte zur Entwicklung immer neuerer Technologien in immer kürzeren Zeiten –

Abb. 5.1 Replika der NASA von Sputnik 1. (© NASA)

ausgestattet mit den entsprechenden Budgets. Angetrieben wurde dieser Wettbewerb zunächst im Wesentlichen aus militärischen Motiven.

Die Amerikaner konterten dann auch am 1. Februar 1958 mit ihrem ersten Satelliten, Explorer 1. Aber schon bald war das Absetzen von Satelliten in eine Erdumlaufbahn nichts Außergewöhnliches mehr für die allgemeine Öffentlichkeit. Es musste Buch geführt werden über deren Anzahl und Orbitaldaten. Die NASA verzeichnete im Jahre 1969 rund 400 Satelliten (neben mittlerweile anderen technischen Objekten, wie ausgebrannten Raketenstufen etc.), die von sechs Ländern ins All geschickt worden waren: Sowjetunion, USA, Kanada, Frankreich, das Vereinigte Königreich und dem Vorläufer der ESA, der ESRO (European Space Research Organisation). Im Jahre 2016 waren es dann über 1400 aktive Satelliten aus 38 Ländern – nicht gezählt ausgediente, die sich noch immer in Umlaufbahnen befinden. In der Statistik fehlen z. B. auch Spionagesatelliten von kurzer Operationsdauer, die punktuell aus Anlass militärischer Auseinandersetzungen eingesetzt wurden und nach Beendigung ihrer Missionen in der oberen Atmosphäre verglühten.

5.2 Aufgaben und Missionen

Sieht man von den ersten Versuchen ab, bei denen grundsätzliche Funktionen wie das Absetzen in Umlaufbahnen selbst sowie Kommunikationsmöglichkeiten getestet wurden, so unterscheidet man heute im Wesentlichen die folgenden zweckgebundenen Einsatzarten, wobei – je nach Aufgabe – besondere Anforderungen an die jeweiligen Satellitenbahnen gestellt werden.

Satelliten zur Erdbeobachtung: Diese können wiederum unterschiedliche Aufgaben wahrnehmen: das Sammeln von geografischen Daten, Fotografie der Erdoberfläche, Wetterbeobachtung, Spektroskopie in unterschiedlichen Wellenlängenbereichen. Will man einen Überblick über die gesamte Wetterlage der Erde bekommen, so geht das nur bei einer stark gegen den Äquator geneigten Bahn – also auf einer Bahn, die sich nahezu über die Pole bewegt. Allerdings „sieht" der Satellit dann die meisten Gegenden auf der Erde nur einmal täglich. Will man also ein dynamisches Bild von der Wetterentwicklung erhalten, so benötigt man ein Beobachtungssystem, das aus mehreren Wettersatelliten besteht. Solche Wettersatelliten fliegen sonnensynchron, sodass der Satellit an jedem Ort immer zur gleichen Zeit denselben Beobachtungsort überfliegt.

Zur wissenschaftlichen Erforschung der elektrischen und magnetischen Felder, der geladenen Teilchen und der Plasma-Magnetfeld-Wechselwirkung im erdnahen Weltraum wurde von der ESA das Programm GEOS (Geostationary Earth Orbit Satellite) aufgesetzt, in dessen Rahmen 1977 und 1978 je ein Satellit gestartet wurden. Dadurch konnten auch nachfolgende Satellitenmissionen besser an die dortigen Umweltbedingungen angepasst werden.

Nachrichtensatelliten zur kommerziellen und privaten Kommunikation sind heute für die Nutzung von Mobiltelefonen und Internetverbindungen von existenzieller Bedeutung.

Schon sehr früh wurden Satelliten eingesetzt, um Radio- und Fernsehprogramme, die früher über Unterseekabel verbreitet wurden, zu übertragen. Solche Satelliten befinden sich im geostationären Orbit in großen Höhen (bei 36.000 km – also einer Entfernung von der Erde, die bereits ein Zehntel derjenigen zum Mond ausmacht), während die anderen Satellitentypen die Erde in Höhen zwischen 200 und 400 km umkreisen. Um einen geostationären Orbit zu erhalten, benötigt der Satellit eine Umlaufzeit von 23 h 56 min. Daraus ergibt sich die große Höhe. Sie ist außerdem sinnvoll, da der Satellit dann fast die Hälfte der Erdoberfläche „im Blick" hat. Theoretisch reichen drei solcher Satelliten aus, um flächendeckend die gesamte Erde kontinuierlich mit Programmen zu versorgen.

Der deutsche Kommunikationssatellit Heinrich Hertz, benannt nach dem deutschen Physiker Heinrich Hertz (1857–1894), soll mit rund 20 Experimente neue Technologien zur Datenübertragung und neue Kommunikationsdienste testen. Die Nutzlast wurde neuartig konzipiert und vom Boden programmierbare On-Board-Prozessoren sollen über die 15-jährige Betriebsdauer eine große Flexibilität ermöglichen. Der Satellit wurde am 5. Juli 2023 gestartet und im geostationären Orbit positioniert und wird auch als Relaisstation für niedrig fliegende Satelliten dienen.

Mittlerweile kommt eine riesige Welle von neuen Satelliten auf die Welt zu: Das amerikanische private Raumfahrtunternehmen SpaceX plant den globalen Internetzugang für die gesamte Menschheit unter dem Projektnamen „Starlink". Dazu sollen bis zum Jahre 2027 fast 12.000 Satelliten in die Umlaufbahn gebracht werden. SpaceX hat allerdings beantragt, dass darüber hinaus weitere 30.000 Satelliten positioniert werden sollen. Mehrere hundert Satelliten sind im Rahmen dieses Projektes gestartet worden. Um eine maximale Abdeckung der Kommunikation zu erreichen, sind Konstellationen mit unterschiedlichen Orbits in unterschiedlichen Höhen vorgesehen. Bahninklinationen reichen von 53° bis zu Polorbits bei Höhen zwischen 550 bis zu 1325 km. Die Kommunikation zwischen den Satelliten erfolgt mittels Laserlinks. Das Projekt ist nicht ganz unproblematisch (s. hierzu auch Abschn. 5.4 und Abschn. 5.3).

Als ähnlich wichtig haben sich die Navigationssatelliten erwiesen, mit deren Hilfe das GPS (Global Positioning System) erst ermöglicht wird. GPS wurde in den 1970er-Jahren von den USA entwickelt, um Interkontinentalraketen genauer ins Ziel zu lenken und wird heute in weiterentwickelter Form genutzt, um Schiffe, Autos und Flugzeuge zu führen. In der Sowjetunion entwickelte man damals ein ähnliches System namens GLONASS (Global Navigation Satellite System). Europa zog erst Anfang der 2000er-Jahre mit Galileo nach. In China gibt es das Navigationssystem Beidou.

Hinzu kommt eine ganze Reihe von Satelliten mit rein wissenschaftlichen Aufgaben. Dazu gehören geodätische zur Vermessung des Erdschwerefeldes und der tatsächlichen Erdgestalt, Satelliten zur astronomischen Beobachtung (über die speziellen Sonden und Teleskope werden wir in Kap. 13 berichten, über Raumstationen und Experimente, die ausgeführt werden in Kap. 10).

Eine besondere Kategorie bilden Spionagesatelliten. Sie werden von verschiedenen Nationen für die jeweils eigenen Zwecke zur Beobachtung von Truppenbewegungen, zur Überwachung der Einhaltung von Rüstungsvereinbarungen sowie zur Früherkennung von feindlichen Angriffen eingesetzt. Zum einen dienen sie dem Langzeitausspähen des Gegners, seiner Infrastruktur (z. B. Kuba-Krise 1962), seiner Bewegungen, dem Transportieren von Flugkörpern, dem Entdecken von Waffentests. Andererseits werden bei ausbrechenden Konflikten z. B. im Nahen Osten kurzfristig Beobachtungssatelliten platziert, um das Kriegsgeschehen zu verfolgen. Wieder andere Satelliten dienen der Verifizierung, ob z. B. Abrüstungsvereinbarungen eingehalten werden, und wieder andere spielen eine wichtige Rolle im Zusammenhang mit Frühwarnsystemen. All diese Satelliten, die heute von einer Vielzahl von Ländern eingesetzt werden, arbeiten mit optischen, thermalen oder Radarsystemen, die speziell für deren Zwecke entwickelt wurden. Aktuell (2025) werden im Krieg in der Ukraine auch Erdbeobachtungsdaten kommerzieller Anbieter für verschiedene Aufgaben militärisch genutzt.

Es sind zurzeit offiziell keine weltraumgestützten Waffensysteme im Einsatz. Nuklearwaffen sind dort generell verboten. Allerdings gibt es technische Möglichkeiten, Satelliten in ihren Umlaufbahnen oder vom Erdboden bzw. aus dem Luftraum heraus zu zerstören. Welche Zukunftsoptionen sind denkbar?

Zur Diskussion stehen Mikrosatelliten, die in der Lage sind, feindliche Satelliten in der Umlaufbahn durch Kollisionen oder durch Explosionsfragmente zu zerstören. Dies wurde bereits von mehreren Staaten an eigenen Satelliten getestet, so durch die USA, Russland, China und Indien, was jeweils zusätzlichen Weltraumschrott erzeugt hat. Neben kinetischen Waffen wird auch an bodengestützten und luftgestützten Hochleistungsmikrowellen- und Laserwaffen zum Stören und Zerstören von Satelliten gearbeitet.

5.3 Berechnung der Umlaufzeit eines erdnahen Satelliten

Zunächst müssen wir festhalten, dass Satellitenbewegungen den drei Keplerschen Gesetzen unterliegen:

- Sie bewegen sich auf elliptischen Bahnen (im Grenzfall auf einer Kreisbahn).
- Der von der Erde zu einem Satelliten gezogene Fahrtstrahl überstreicht in gleichen Zeiten gleiche Flächen.
- Die Quadrate der Umlaufzeiten verschiedener Satelliten verhalten sich wie die dritten Potenzen der großen Halbachsen ihrer Bahnellipsen; also:

$$\frac{T_1^2}{a_1^3} = \frac{T_2^2}{a_2^3} = \frac{T_3^2}{a_3^3} = \dots \qquad (5.1)$$

Ein Satellit bewegt sich mit einer Geschwindigkeit v auf einer Umlaufbahn mit dem Radius r. Die Zentripetalbeschleunigung ist a. (Ley et al. 2011) Es gilt: Der Satellit bewegt sich im erdnahen Raum, also in einer Höhe von etwa 300 km. Die Zentripetalbeschleunigung ist gleich

$$a = g. \tag{5.2}$$

Dann gilt:

$$g = \frac{\mathrm{v}^2}{\mathrm{r}}. \tag{5.3}$$

Woraus folgt:

$$v = \sqrt{rg}. \tag{5.4}$$

Bei der geringen Flughöhe können wir für r den Erdradius einsetzen. Dann erhalten wir für

$$\upsilon = \sqrt{6370 * 10^3 * 9{,}81} = 7{,}91\,\mathrm{kms}^{-1}. \tag{5.5}$$

Die Umlaufzeit t_u des Satelliten berechnet sich zu:

$$t_u = \frac{2\pi r}{\mathrm{v}} = \frac{2\pi^* 6370}{7{,}91} = 5060\mathrm{s}. \tag{5.6}$$

Das entspricht 84,3 min.

Allerdings ist der Orbit eines erdnahen Satelliten mit dem Nachteil verbunden, dass sich in seiner Höhe immer noch ausreichend Luftmoleküle befinden, die zu seinem langsamen Abbremsen führen, sodass er laufend seine Geschwindigkeit und Flughöhe verringert, letztendlich in die

Tab. 5.1 Verschiedene Satellitenbahnen. (Müller-Arnke 1982)

Flughöhe [km]	Geschwindigkeit [km/s]	Umlaufzeit
500	7,63	1,57 h
1000	7,36	1,75 h
5000	5,92	3,37 h
10.000	4,34	5,80 h
20.000	3,90	12,0 h
50.000	2,7	1,5 d
100.000	1,9	4,0 d
378.000 (Mond)	1,02	27,3 d

Erdatmosphäre eintaucht und dort verglüht. Auch auf größeren Flughöhen befinden sich immer noch verdünnt Luftmoleküle, wenn auch in geringerem Maße. Größere Flughöhen bedeuten geringere Geschwindigkeiten und damit längere Umlaufzeiten. Tab. 5.1 stellt diese Werte gegenüber.

5.4 Beobachtung eines Satelliten

Man kann von der Erde aus die Bewegung eines Satelliten mit einem Fernrohr, aber auch sogar mit dem bloßen Auge beobachten. Voraussetzung dafür ist eine Nacht mit klarer Sicht, d. h. wolkenlosem Himmel. Bei der Beobachtung macht man sich die Tatsache zunutze, dass ein Satellit genau wie der Mond von der Sonne beschienen wird und das Sonnenlicht reflektiert. Die meisten Satelliten sind allerdings so klein, dass sie mit bloßem Auge nur schwer zu erkennen sind. Eine weitere Voraussetzung ist natürlich, dass ein Satellit überhaupt über den Standort des Beobachters fliegt. Hinzu kommt, dass die Erde sich dreht und somit der Satellit bei seinem nächstfolgenden Umlauf nicht mehr über den ursprünglichen Beobachtungspunkt wandert. In 84,3 min hat sich die Erde um etwa 22° weiter nach Osten gedreht. Ein weiteres Phänomen, das bei der Beobachtung auffällt, das aber gleichzeitig hilfreich bei der Identifizierung des Himmelskörpers als Satelliten gegenüber Sternen oder Planeten sein kann, sind Helligkeitsschwankungen. Das rührt nicht etwa von einer künstlichen Beleuchtungsanlage wie etwa bei einem Flugzeug her. Die Ursache ist in der Eigenrotation begründet, die dazu führen kann, dass das Sonnenlicht in bestimmte Richtungen bevorzugt reflektiert wird, da Satelliten in der Regel nicht kugelförmig sind.

Beobachtungen von Satelliten wie auch vom Sternenhimmel insgesamt sind in den vergangenen Jahren immer mehr durch Lichtkontamination erschwert worden. Einen klaren Sternenhimmel kann man als Laie fast nur noch im Hochgebirge oder an einsamen Küstenstreifen sehen. In der Nähe von größeren Städten ist der Nachthimmel durch künstliche Beleuchtung so hell, dass man nur noch sehr leuchtstarke Objekte erkennen kann. Um den Menschen dennoch Möglichketen zu bieten, astronomische Beobachtungen im sichtbaren Bereich außerhalb von Sternwarten zu machen, wurden sog. Internationale Sternenparks geschaffen (Dark Sky Park). Dazu gehört seit dem 5. April 2019 auch der Nationalpark Eifel mit seiner Sternwarte bei Vogelsang im dichtbesiedelten Nordrhein-Westfalen.

Das Projekt Starlink nimmt derzeit (Anfang 2025) mit über 7000 erdnahen Satelliten die Spitzenposition ein. Ein Ausbau auf über 42.000 Satelliten ist vorgesehen. Schon heute kann man die bisher platzierten Starlink- und ähnliche Satelliten zu bestimmten Zeiten über den Himmel ziehen sehen. Schon bei der heutigen Anzahl klagen Astronomen von empfindlichen Störungen bei Beobachtungen des Nachthimmels im sichtbaren Bereich. Space-X arbeitet inzwischen mit astronomischen Organisationen zusammen, um die Auswirkungen z. B. durch dunkle Beschichtungen von Satelliten zu minimieren.

5.5 Weltraumschrott

Die Flächengemeinde Wachtberg bei Bonn hat als modernes Wahrzeichen eine große weiße Kugel, unter deren Kunststoffhülle sich eine Radaranlage befindet (Abb. 5.2). Sie wird betrieben vom Fraunhofer-Institut für Hochfrequenzphysik und Radartechnik (FHR). Die beiden Systeme im Einsatz sind TIRA (Tracking and Imaging Radar) und GESTRA (German Experimental Space Surveillance and Tracking Radar). Beide Systeme sind Teil eines weltweiten Netzwerks, Weltraumschrott zu lokalisieren und eventuell Kollisionen vorauszusagen bzw. geeignete Maßnahmen zu ermöglichen, solche zu vermeiden.

Schon bald nach dem Start der ersten Satelliten stellte sich heraus, dass selbst bei Bahnhöhen von mehr als 500 km die Reibung mit der dünnen Restatmosphäre dazu führt, dass sie kontinuierlich abgebremst werden und zur Erde zurückstürzen. Man rechnet bei den Komponenten von Starlink (s. o.) von durchschnittlichen Lebensdauern von

Abb. 5.2 FHR-Radaranlage in Wachtberg-Werthoven

etwa fünf Jahren. Mittlerweile umkreisen etwa 8000 t Weltraumschrott unterschiedlichen Ursprungs unsere Erde, davon 75 % im sog. LEO (Low Earth Orbit), also zwischen 200 bis 2000 km Höhe – eine Entwicklung, die man beim Start von Sputnik 1 so sicherlich nicht erwartet hatte. Der LEO ist aber genau der Korridor, in dem sich heute die Internationale Raumstation (ISS) und sonstige bemannte Raumflüge bewegen. Umso wichtiger ist die Arbeit des FHR und anderer, durch deren Beobachtungen Kollisionen zu vermeiden.

Ein weiterer Aspekt des Weltraumschrotts (engl. space debris) ist die Kontamination der Mittleren Atmosphäre (50 km bis 120 km) mit Elementen, die im natürlichen Eintrag durch Meteore („Sternschnuppen“) nicht vorkommen. Meteore enthalten unterschiedliche Mengen an Silizium, Eisen, Nickel, Sauerstoff und Spuren anderer Elemente. Satelliten hingegen setzen beim Verglühen hauptsächlich Aluminium, Titan, Kupfer, Kohlenstoffverbindungen, Lithium, Gallium, verschiedene andere (Schwer-)Metalle und Treibstoffreste frei. Deren (chemische) Reaktion mit der Mittleren Atmosphäre ist noch weitgehend unerforscht und könnte sich negativ auf sie auswirken. Und auch die Menge des künstlichen Materialeintrags durch Space Debris übertrifft nun bald das Niveau der natürlichen Objekte.

Literatur

Ley W, Wittmann K, Hallmann W (2011) Handbuch der Raumfahrttechnik. Carl Hanser Verlag, München

Müller-Arnke H (1982) Gravitation und Weltraumfahrt. Metzler, Stuttgart

6

Erste Menschen im Weltraum

Zusammenfassung Bevor wir uns den Menschen zuwenden, die Pionierleistungen bei der Weltraumfahrt als Astronauten oder Kosmonauten geleistet haben, wollen wir uns kurz den Tieren widmen, die als erste Lebewesen versuchsweise ins All geschickt worden sind, um Erkenntnisse zu gewinnen, die für den menschlichen Organismus wichtig sind.

Bevor wir uns den Menschen zuwenden, die Pionierleistungen bei der Weltraumfahrt als Astronauten oder Kosmonauten geleistet haben, wollen wir uns kurz den Tieren widmen, die als erste Lebewesen versuchsweise ins All geschickt worden sind, um Erkenntnisse zu gewinnen, die für den menschlichen Organismus wichtig sind.

Dann geht es natürlich los mit Gagarin, dem ersten Menschen, der erfolgreich wieder zur Erde zurückgekehrt ist. Und in dieser Reihenfolge geht es weiter mit den Meilensteinen: erster amerikanischer Parabelflug, dreifache

W. Osterhage, C. Gritzner, *Die Geschichte der Raumfahrt*,
https://doi.org/10.1007/978-3-662-72501-6_6

Umrundung der Erde durch die Sowjets, erster amerikanischer Orbitalflug, zwei sowjetische Raumkapseln gleichzeitig im Orbit, erste Frau im Weltraum, erstmals mehrere Kosmonauten in einem Raumschiff, erster Weltraumausstieg und schließlich erstes Rendezvous zweier amerikanischer Raumkapseln.

Dann begann der Wettlauf zum Mond, den wir gesondert in Kap. 8 behandeln werden.

6.1 Tiere im All

Lange, bevor man den Mut und die Technologie hatte, Menschen ins All zu schicken, war man der Überzeugung, dass zunächst Tierversuche erforderlich wären, um die Auswirkungen von Höhenstrahlung, Beschleunigungsdruck und das Funktionieren von Versorgungs- und Lebenserhaltungssystemen zu testen. Vielleicht war das notwendig, obwohl nachher manche Wissenschaftler an der Sinnhaftigkeit zweifelten.

Die nachweislich ersten Lebewesen, die die willkürliche 100-km-Grenze zum Weltraum überschritten, war eine Gesellschaft von Fruchtfliegen. Man hatte sie 1947 in den USA in einer A4-Rakete untergebracht. Sie erreichten eine Höhe von 107 km und kamen unbeschadet auf die Erde zurück – allerdings hatte der Flug insgesamt nur 3 min gedauert.

Weitere A4-Versuche wurden mit Affen unternommen. Der Rhesusaffe Albert II. erreichte 1949 eine Höhe von 130 km. Bei seiner Rückkehr versagte sein Fallschirm, und er kam ums Leben. Er war einer von vielen Primaten, die dieses oder ein ähnliches Schicksal teilten.

Im Jahre 1957 wurde die Mischlingshündin Laika in ein verkabeltes Korsett gesteckt und in den Erdsatelliten Sputnik II verbracht. Am 3. November wurde sie vom Weltraumhafen Baikonur aus ins All befördert. Ihre Trainer hatten die dreijährige Straßenhündin in Moskau aufgegriffen und an enge Käfige und Zentrifugalkräfte gewöhnt. Der Plan war, das Tier nach zehn Tagen Aufenthalt durch vergiftetes Futter zu töten. Das erwies sich als überflüssig. Die Hündin erlitt einen Hitzeschock, hyperventilierte und starb nach sieben Stunden im Orbit. Sputnik 2 verglühte am 14. April über der Karibik. Viele Jahre später berichtete Laikas Ausbilder, dass der wissenschaftliche Gewinn aus dieser Mission das Experiment nicht gerechtfertigt hatte.

Die Amerikaner machten mit Menschenaffen weiter. Ham und Enos waren Schimpansen, die ausgebildet waren, einfache Handgriffe an Bord ihrer Kapseln durchzuführen. Das war Anfang der 60er-Jahre. Die Sowjets machten mit Hunden weiter: Die Hündinnen Strelka und Belka verbrachten einen ganzen Tag im All in einem Raumschiff, das als Prototyp für das Gefährt Gagarins gebaut wurde. Beide Tiere kehrten lebend zur Erde zurück.

Und so breitet sich vor uns ein ganzes Panorama aus dem Stammbaum des Lebens aus. All die Lebewesen, die den Weltraumflug testen und überleben mussten, bevor Menschen den Schritt wagten: allerlei Affenarten, Frösche, Spinnen, Fische, Ratten, Würmer, Molche, Schildkröten und Katzen. In vielen Fällen war konzeptionell eine Rückkehr zur Erde nicht vorgesehen.

6.2 Juri Gagarin, der erste Mensch im Weltraum

Am 12. April 1961 veröffentlichte die sowjetische Nachrichtenagentur TASS folgende Meldung:

> „Am 12. April 1961 ist in der Sowjetunion zum ersten Mal in der Welt der Raumschiffsputnik „Wostok" mit einem Menschen an Bord auf die Bahn um die Erde geschickt worden.

Der Pilot des Sputnikschiffes „Wostok“ ist der Bürger der Union der Sozialistischen Sowjetrepubliken, Fliegermajor Juri Alexejewitsch Gagarin.

Der Start der mehrstufigen kosmischen Rakete verlief erfolgreich, und nachdem das Raumschiff die erste komische Geschwindigkeit erreicht und sich von der letzten Stufe der Trägerrakete losgelöst hatte, begann es mit dem freien Flug auf einer Bahn um die Erde.

Nach vorläufigen Angaben beträgt die Erdumlaufzeit des Raumschiffs 89,1 min; die geringste Erdentfernung (Perigäum) beläuft sich auf 175 km und die größte Erdentfernung (Apogäum) auf 302 km; der Neigungswinkel der Bahnebene zum Äquator macht 65 Grad 4 min aus.

Mit dem Raumfahrer Gagarin besteht zweiseitige Funkverbindung. Die Frequenz der Kurzwellensender an Bord des Raumschiffs beträgt 9,019 MHz und 20,006 MHz und im UKW-Bereich 143,625 MHz. Der Zustand des Kosmonauten während des Fluges wird mit Hilfe eines funktelemetrischen und eines Fernsehsystems beobachtet.

…

Nach erfolgreicher Durchführung der vorgesehenen Untersuchungen und Erfüllung des Flugprogramms ist das sowjetische Raumschiff ‚Wostok‘ am 12. April 1961 10:55 Uhr Moskauer Zeit wohlbehalten im vorgeschriebenen Raum der Sowjetunion gelandet. (Kosmonaut Nr.1 Juri Gagarin 1961)“

Gagarin war bei seinem Raumflug 27 Jahre alt. Das Raumschiff selbst bestand aus zwei Hauptteilen – der Kabine des Piloten und einem Geräteraum mit den Apparaturen zur Steuerung und Landung (Abb. 6.1). Die Steuerung war vorprogrammiert, konnte aber im Bedarfsfall manuell vom Piloten überschrieben werden. Die Kabine des Piloten war gleichzeitig das Landemodul. Wie Gagarin so landeten auch später alle Kosmonauten des sowjetischen Raumfahrtprogramms auf dem Land. Nach Einschaltung der Bremsraketen legte das Raumschiff noch weitere 8000 km zurück, bevor es den Erdboden erreichte. Der Flug auf der Abstiegsbahn betrug etwa 30 min.

Abb. 6.1 Bedienpult von Wostok 1. (© NASA)

Gagarin starb am 27. März 1968 bei einem Testflug mit einer MiG-15UTI.

Ob die ersten Kosmonauten Pistolen mit ins Cockpit genommen haben, bleibt Spekulation – und wenn, dann nicht, um einen unbekannten Feind im Weltraum zu bekämpfen, sondern für den Fall einer Landung in einer abgelegenen Gegend, um sich vor wilden Tieren schützen zu können. Außerdem waren die ersten Raumfahrer allesamt ausgesuchte Piloten, die in der jeweiligen Luftwaffe Erfahrung gesammelt hatten.

Die Eroberung des Weltraums durch den Menschen war natürlich von Anbeginn an auch geprägt von Rückschlägen. Wie sollte es anders sein bei solch einem risikoreichen Unterfangen, für das es keinerlei Erfahrungstatsachen gab, nach denen man sich richten konnte. Die technischen Komplexitäten bei allen Missionen waren derart, dass schon rein statistisch Fehlschläge nicht ausbleiben konnten. In den Kapiteln, in denen es sich um Einsätze unbemannter Sonden handelt, werden die meisten fehlgeschlagenen Versuche ausgelassen – ob es sich um versuchte Landungen auf dem Mars handelt oder den Verlust von Flugkörpern aus diversen Orbits heraus: Es hat zahlreiche Fehlschläge gegeben, bei denen viele Arbeitsergebnisse, Geld und Hoffnungen zerschellten.

Auch Menschen haben in der Weltraumforschung ihren Tribut leisten müssen. Manche haben dabei ihr Leben gelassen. In einigen Fällen waren Einzelpersonen betroffen. Bei veritablen Katastrophen gingen ganze Crews zugrunde – und in einigen Fällen sogar unbeteiligte Menschen, wenn auf Startrampen Raketen explodierten. Manche Zwischenfälle ereigneten sich im Weltraum selbst, andere bereits auf der Erde.

Der erste Mensch (abgesehen vom Natter-Programm 1945, s. Kap. 3), der im Rahmen von Aktivitäten im Zusammenhang mit der Raumfahrt ums Leben kam, war der angehende Kosmonaut Walentin Bondarenko beim Training in einer Druckkapsel im Moskauer Institut für Luft- und Raumfahrtmedizin am 22. März 1961 – also noch vor Gagarins Erstflug. Die Kapsel war mit reinem Sauerstoff gefüllt. Durch eine Unvorsichtigkeit Bondarenkos brach ein Brand in der Kapsel aus, dem der Mann zum Opfer fiel. Er hatte einen mit Alkohol getränkten Desinfektionsbausch versehentlich auf eine Heizspirale geworfen.

6.3 Erster amerikanischer Parabelflug

Etwas mehr als drei Wochen nach Gagarin gelang den Amerikanern ihr erster bemannter Weltraumflug am 5. Mai 1961. Allerdings handelte es sich dabei nicht um eine Umrundung der Erde, sondern um einen sog. Parabelflug. Das bedeutet, dass die Raumkapsel – nachdem sie eine bestimmte Höhe erreicht hat (die das Kriterium „Weltraumgrenze passiert“ erfüllt) – in einer ballistischen Kurve zur Erde zurückkehrt. Eine weitere Besonderheit, die bei allen folgenden amerikanischen bemannten Expeditionen beibehalten wurde, war die Rückkehr zur Erde durch Aufschlagen der durch Fallschirme abgebremsten Kapsel auf dem Wasser des atlantischen oder pazifischen Ozeans. Die Bergung erfolgt dann per Helikopter eines Schiffs der US Navy, in der Regel ein Flugzeugträger, im Falle dieses Fluges die USS Lake Champlain.

Bei dem Astronauten handelte es sich um Alan B. Shepard, damals 37 Jahre alt. Shepard nahm später an der Apollo 14 Mondmissionen der NASA teil. Er war der fünfte Mensch, der die Mondoberfläche betrat (s. Kap. 8). Er starb am 21. Juli 1998 in Monterey in Kalifornien.

Bei dem Raumschiff handelte es sich eine Mercury-Kapsel mit der Bezeichnung Freedom 7 (engl. für „Freiheit"), die von einer Mercury-Redstone-3-Trägerrakete vom amerikanische Weltraumbahnhof Cape Canaveral aus ins All befördert wurde. Die 7 stand dabei für die 7 ersten US-Astronauten. Die Gesamtflugdauer betrug 15 min 22 s.

6.4 Mehrfach-Umrundungen der Erde

Es ging weiter: Schlag auf Schlag. Die Amerikaner hatten noch keinen Orbitalflug durchgeführt, als bereits am 6. August 1961 der zweite sowjetische Mensch in den Weltraum geschossen wurde. Es handelte sich um den erst 25 Jahre alten German Stepanowitsch Titow. Ziel dieses Raumflugs war es unter anderem, die längerfristigen Auswirkungen in der Schwerelosigkeit zu studieren. Zu diesem Zweck wurden 18 Erdumkreisungen durchgeführt. Die Gesamtdauer des Fluges betrug mehr als 25 h.

Während des Fluges führte der Pilot auch manuelle Steuerungsmanöver an seiner Kapsel Wostok 2 durch. Bei diesem Flug traten zum ersten Mal Symptome der sog. Weltraumkrankheit auf: Schwindel und Übelkeit. Die Weltraumkrankheit ist eine Folge der Schwerelosigkeit und ist vergleichbar mit der Seekrankheit, bei der ebenfalls das Gleichgewichtsorgan betroffen ist. Nach einer Zeit der Anpassung verschwinden die Symptome bei den meisten Menschen. Trotz dieser leichten Unpässlichkeiten landete Titow wohlbehalten in der Gegend von Saratow im Wolgagebiet.

Titow starb am 20. September 2000 in Moskau.

6.5 Erster amerikanischer Orbitalflug

Am 20. Februar 1962 gelang den Amerikanern endlich ihr erster Orbitalflug, nachdem es zuvor zwei erfolgreiche ballistische Flüge gegeben hatte. Der Pilot war John Glenn. Seine Kapsel Friendship 7 (engl. für „Freundschaft") wurde von einer Mercury-Atlas-6-Rakete in die Erdumlaufbahn gebracht. Glenn führte drei Erdumkreisungen durch. Seine gesamte Mission dauerte knapp fünf Stunden. Nach der Landung im Ozean wurde die Kapsel vom Zerstörer USS Noa an Bord gehievt.

Im Alter von 77 Jahren – und damit bis heute als ältester Mensch – flog John Glenn noch einmal in den Weltraum. Er befand sich an Bord des Space Shuttles Discovery (s. Kap. 7), mit dem er 1998 die Erde dieses Mal 134-mal umrundete. Das Experiment sollte der Erforschung der Wirkung von Schwerelosigkeit bei älteren Menschen dienen.

Glenn war inzwischen Politiker geworden und als Demokrat zum Senator für Ohio von 1974 bis 1992 gewählt worden Er starb am 8. Dezember 2016 in Columbus, Ohio.

6.6 Erster Doppelflug

Es war eine Zeit, in der eine Premiere die nächste jagte. Die nächste Pioniertat war wiederum eine der Sowjetunion:

Wostok 3 erreichte am 11. August 1962 seine Umlaufbahn. An Bord befand sich der Kosmonaut Andrijan Nikolajew. 24 h später startete Wostok 4 mit Pawel Popowitsch, sodass sich nunmehr zwei sowjetische Raumkapseln gleichzeitig im Weltraum befanden. Die Umlaufbahnen waren vorher so berechnet worden, dass sich die beiden Kapseln anfänglich nur etwa 6 km voneinander entfernt befanden. Diese Annäherung kam also nicht durch manuelle Steuerung zustande. Dennoch konnten beide Piloten über Funk miteinander kommunizieren. Gegen Ende der Mission befanden sich die beiden Raumfahrzeuge in einer Entfernung von etwa 2800 km. Beide Kapseln landeten fast gleichzeitig, aber weit voneinander entfernt, am 15. August – Wostok 3 im Norden Kirgisistans, Wostok 4 in der Nähe von Karaganda in Kasachstan.

Nikolajew stellte mit seinem viertägigen Aufenthalt im All und 64 Erdumkreisungen einen neuen Rekord auf.

6.7 Die erste Frau im Weltraum

Nach intensiven Vorbereitungen unter strengen Selektionskriterien, die bereits 1962 begannen, wurde die Technikerin und passionierte Fallschirmspringerin Walentina Wladimirowna Tereschkowa ausgewählt, als erste Frau in den Weltraum zu reisen. Bei der Mission handelte es sich wiederum um einen Doppelflug. In dem zweiten Wostok-Modul saß Waleri Fjdorowitsch Bykowski. Bykowski startete als Erster am 14. Juni 1963 mit Wostok 5. Zwei Tage später folgte Tereschkowa, damals 26 Jahre alt, mit Wostok 6. Wie beim ersten Doppelflug näherten sich die beiden Kapseln anfänglich wieder auf fast 5 km, während sich der Abstand zwischen ihnen dann im Laufe des Fluges ständig vergrößerte.

Bykowski blieb nicht ganz fünf Tage im All und stellte damit einen neuen Rekord auf. Tereschkowas Flug dauerte fast drei Tage. Sie landete am 19. Juni in der Nähe von Karaganda. Dies waren die letzten Einsätze der Wostok-

Module. Sie wurden danach ersetzt durch die neueren, mehrsitzigen Woschod-Kapseln.

Tereschkowa flog nicht wieder ins All, ging später in die Politik, ist heute (Anfang 2025) noch Mitglied der Duma und unterstützte den Angriff auf die Ukraine, während Bykowski bis 1978 noch zwei weitere Weltraummissionen durchführte.

6.8 Mehrere Menschen gleichzeitig in einem Raumschiff

Das neue Woschod-Raumfahrzeug wurde in einer Prototyp-Version zunächst unbemannt getestet, dann erfolgte kurz darauf der erste bemannte Flug mit Woschod 1, in dem sich drei Kosmonauten befanden, unter ihnen zwei, die keine Pilotenausbildung absolviert hatten: Wladimir Komarow, Konstantin Feoktistow (Ingenieur) und Boris Jegorow (Arzt).

Woschod 1 (russ. für „Sonnenaufgang") startete am 12. Oktober 1964. Die Flugdauer währte 24 h. Während des gesamten Fluges trug die Mannschaft keine Raumanzüge. Die Kapsel landete in der Nähe von Kustanai in Kasachstan. Bei den Wostok-Landungen waren die Kosmonauten bisher immer kurz vor der Bodenberührung mittels Schleudersitz aus den Kapseln katapultiert worden. Dieses Mal landeten die drei Insassen planmäßig innerhalb der Kapsel auf dem Erdboden. Sie stiegen selbstständig aus und warteten auf die Suchmannschaft.

Als Woschod 1 startete, war Nikita Chruschtschow noch im Amt. Er hatte auch mit der Besatzung über Funk telefoniert. Bei ihrem Empfang später in Moskau trat ihnen der neue Regierungschef Leonid Breschnew entgegen.

6.9 Der erste Weltraumausstieg

Woschod 2 brachte die nächste Sensation. Das Raumschiff war umgebaut worden. Einer von den drei Plätzen für die Kosmonauten war durch eine Luftschleuse ersetzt worden. Zum ersten Mal sollte ein Raumfahrer den Schutz einer Kapsel im All verlassen. Es gelang.

Woschod 2 hob ab am 18. März 1965 von Baikonur, dem sowjetischen Weltraumbahnhof. An Bord befanden sich Pawel Beljajew und Alexei Leonow. Bereits während der ersten Erdumkreisung begab sich Leonow in die aufblasbare Luftschleuse. Während die eigentliche Kapsel mit dem verbleibenden Insassen Beljajew unter Druck blieb, dekomprimierte die Schleuse, und Leonow stieg aus. Er hielt sich mehr als zehn Minuten außerhalb der Kapsel freischwebend im Weltraum auf. Dabei blähte sich sein Raumanzug so stark auf, dass er nicht mehr in die Luftschleuse passte. Er entschied sich, über ein Ventil etwas Luft abzulassen und konnte dann wieder in die Luftschleuse einsteigen.

Auch die Landung verlief nicht ganz ohne technische Probleme: Nach Absprengen der Luftschleuse nach dem Wiedereinstieg von Leonow gab es ein Dichtigkeitsproblem in der Kapsel und einen damit einhergehenden Druckabfall. Die Flugleitstelle entschloss sich zu einem vorzeitigen Abbruch des Unternehmens. Das Umprogrammieren der automatischen Landung schlug fehl, sodass Bejajew als erster Kosmonaut überhaupt eine manuelle Landung versuchen musste. Da die manuelle Zündung 48 s zu spät erfolgte, verfehlte die Kapsel ihr Zielgebiet um 2000 km. Die zurückkehrenden Kosmonauten gingen in einem verschneiten Waldgebiet im Ural nieder. Wegen der Unwegsamkeit des Geländes dauerten das Suchen und die Bergung zwei Tage. Die Kosmonauten fuhren schließlich mit abgeworfenen Skiern auf eine gerodete Lichtung, wo sie von einem Hubschrauber aufgenommen wurden.

Abb. 6.2 Kosmonaut Alexej Leonow zeigt eine Zeichnung des Astronauten Thomas Stafford. (© NASA)

Leonow nahm später noch einmal an einer Weltraumpremiere teil. Zehn Jahre nach seinem Weltraumausstieg, im Jahre 1975, nahm er als Kommandant des Raumschiffs Sojus 19 am ersten Kopplungsflug mit einem amerikanischen Apollo-Raumschiff teil (Abb. 6.2).

6.10 Erstes Rendezvous zweier Raumkapseln

Während all dieser Pionierleistungen durch sowjetische Kosmonauten waren die Amerikaner nicht untätig gewesen. Nach dem Mercury-Programm wurde das Gemini-Programm aufgesetzt als Vorbereitung für das spätere Apollo-Programm, das zum Mond führen sollte (Kap. 8). Das Gemini-Programm umfasste insgesamt zehn Raumflüge mit je zwei Mann Besatzung. Dabei wurden neue Raumanzüge und auch Außeneinsätze getestet. Ein wichtiges Anliegen betraf die Manövrierfähigkeit und das Kopplungsverhalten von zwei unabhängig voneinander operierenden Kapseln im Orbit. Diese Aufgabe wurde von den Besatzungen von Gemini 6 und 7 erfolgreich durchgeführt.

Gemini 7 startete am 4. Dezember 1965 für einen Langzeitflug (14 Tage) vor Gemini 6, das am 15. Dezember 1965 abhob. Der Grund war eine Verzögerung von Gemini 6 wegen des Ausfalls eines Zielsatelliten. Deshalb findet man Gemini 6 in den Statistiken auch häufig unter Gemini 6-A.

An Bord von Gemini 7 befanden sich die Astronauten Frank Bormann und James A. Lovell. Während ihres Aufenthaltes hatte jeweils einer von ihnen abwechselnd die Möglichkeit, sich seines Raumanzuges zeitweise zu entledigen. Ihr Wach- und Schlafrhythmus wurde irdischen Bedingungen angepasst.

Gemini 6 wurde besetzt von Walter Shirra und Tom Stafford. Ihr Flug dauerte nur etwas länger als einen Tag und diente ausschließlich dem Rendezvous-Manöver. Dieses Manöver gelang problemlos schon wenige Stunden nach dem Start von Gemini 6. Die beiden Raumschiffe näherten sich bis auf 30 cm. Die Steuerung funktionierte einwandfrei. Gemini 6 landete bereits am 16. Dezember, während Gemini 7 noch zwei weitere Tage im All blieb. Dabei wurde ein neuer Langzeitrekord aufgestellt, der erst fünf Jahre später vom sowjetischen Sojus 9 gebrochen werden sollte. (Büdeler 1982)

6.11 Deutsche Astronauten

Der erste deutsche Astronaut war Sigmund Jähn aus der DDR, der im Rahmen des sowjetischen Interkosmos-Programms der im Jahre 1978 mit Sojus 31 ins All startete. Ihm folgten bis heute 11 weitere deutsche Astronauten

Abb. 6.3 Sigmund Jähn, der erste Deutsche im All;Bundesarchiv, Bild 183-T0709-148/Peter Koard/CC-BY-SA, CC BY-SA 3.0 de, https://commons.wikimedia.org/w/index.php?curid=5818133

(Kap. 10), unter ihnen Alexander Gerst, der im Jahre 2018 für 197 Tage das Kommando der ISS innehatte (Abb. 6.3).

Am 1. April 2025 wurde die erste deutsche Frau, Rabea Rogge, im Rahmen der privaten Mission „Fram2“ zusammen mit drei weiteren Kollegen vom Kennedy Space Center in Florida in einer Crew Dragon Kapsel von Space X für vier Tage auf eine polare Umlaufbahn gebracht.

Literatur

Büdeler W (1982) Geschichte der Raumfahrt. Sigloch Edition, Blaufelden

Kosmonaut Nr. 1 Juri Gagarin (1961) Verlag für fremdsprachliche Literatur, Moskau

7

Bemannte Raumschiffe

Zusammenfassung Wir werden wieder in der zeitlichen Reihenfolge mit den Sowjets anfangen und uns dann die bekanntesten Raumschiffe bzw. deren Systeme ansehen. Zum Beispiel, ist der Space Shuttle sowohl ein Träger- bzw. Antriebssystem, wie auch ein Raumgefährt in einem. Es werden nachfolgend behandelt: Wostok als erstes bemanntes Raumschiff, dann das amerikanische Mercury-Projekt, die Nachfolge-Generation der Sowjets Woschod, das amerikanische Gemini-Projekt, schließlich Sojus, das chinesische Gefährt Shenzou, der Space Shuttle.

Wir werden wieder in der zeitlichen Reihenfolge mit den Sowjets anfangen und uns dann die bekanntesten Raumschiffe bzw. deren Systeme ansehen. Zum Beispiel, ist der Space Shuttle sowohl ein Träger- bzw. Antriebssystem, wie auch ein Raumgefährt in einem. Es werden nachfolgend behandelt: Wostok als erstes bemanntes Raumschiff, dann

W. Osterhage, C. Gritzner, *Die Geschichte der Raumfahrt*,
https://doi.org/10.1007/978-3-662-72501-6_7

das amerikanische Mercury-Projekt, die Nachfolge-Generation der Sowjets Woschod, das amerikanische Gemini-Projekt, schließlich Sojus, das chinesische Gefährt Shenzou, der Space Shuttle. Crew Dragon wurde bereits im Abschn. 4.8.3 unter Falcon X behandelt.

Als bemannte Raumschiffe bezeichnen wir Flugkörper, die geeignet sind, Menschen für eine begrenzte Zeit im Weltraum zu transportieren. Sie werden eigenständig bewegt und unterscheiden sich von den Trägersystemen, die erforderlich sind, diese Raumschiffe selbst in einen Orbit zu befördern. Diese technologische Trennung fand allerdings beim Space Shuttle ein Ende, bei dem Träger und Raumfahrtteil in einem einzigen System integriert wurden (mit Ausnahme der Booster und des Haupttanks beim Start der Fähre).

Ansonsten besteht ein Raumfahrzeug aus mehreren Einzelkomponenten, die seine Funktion ermöglichen. Dazu gehören Energieversorgung und ein System zur Kontrolle der Innentemperatur, Computeranlagen zur Steuerung des Gefährts und Datensammlung, ein eigenes Antriebssystem zur Steuerung und Bahnkorrektur des Apparates, insbesondere zur Einleitung des Landevorgangs und Abbremsung beim Eintritt in die Atmosphäre. Hinzu kommen Lebenserhaltungssysteme (Atemluft, Druck), bei längeren Flügen Nahrungs- und Entsorgungseinrichtungen. Und schließlich sind da noch der Hitzeschild, die Fallschirme und teils Schleudersitze für den Landevorgang.

7.1 Wostok

Wostok („Osten“) bezeichnete die erste Generation sowjetischer Raumschiffe. Auch die Trägerraketen, die die Kapseln in eine relativ niedrige Umlaufbahn brachten, hießen Wostok. Diese Trägerraketen waren Weiterentwicklungen von militärischen Interkontinentalraketen. Insgesamt sechs bemannte Raumflüge wurden mit diesem System durchgeführt. Flugdauer und Manövrierfähigkeiten durch den Piloten waren begrenzt.

Das Raumschiff bestand aus zwei Hauptkomponenten: der kugelförmigen Pilotenkabine, die auch als Landekapsel diente, und einem angeschlossenen Modul mit dem Bremstriebwerk für den Wiedereintritt während der Landephase. Dieses Modul wurde direkt nach dem Abbremsen durch das Triebwerk und noch vor dem Eintritt in die Atmosphäre abgesprengt. Das Gesamtgewicht des Raumschiffs betrug 4,73 t, seine Gesamtlänge 4,41 m. Die Kapsel selbst war mit einem Hitzeschild aus Asbest versehen. Sie hatte eine Einstiegsluke für den Kosmonauten und drei Beobachtungsfenster. Innerhalb der Kapsel befanden sich neben Kommunikationsausrüstung und Steuerungsbedienelementen ein Schleudersitz und der Fallschirm für den Kosmonauten. Die Energieversorgung des Schiffs wurde durch klassische chemische Batterien sichergestellt. Tanks für die Atemluft waren außen auf dem Raumschiff angebracht. Die Limitierungen der letzteren beiden Systeme ließen Flugdauern mit mehr als einigen Tagen nicht zu.

7.2 Mercury

Mercury ist das englische Wort für Merkur. Die Mercury-Kapsel, die beim ersten amerikanischen Parabelraumflug eingesetzt wurde, wurde von der NASA entwickelt und von der McDonnell Aircraft Corporation gebaut. Sie war von konischer Form, 1,935 t schwer, 3,51 m hoch und hatte einen unteren Durchmesser von 1,89 m. Sie wurde von einer Redstone-3-Trägerrakete ins All befördert und konnte sowohl vom Astronauten als auch von den Bodenstationen aus gesteuert werden. Die Landung erfolgte mit Unterstützung von Fallschirmen an der Kapsel selbst, die ins Wasser des atlantischen oder pazifischen Ozeans aufschlug und dort von einem Hubschrauber geborgen wurde.

Die wichtigsten anderen Komponenten waren ein Hitzeschild für den Wiedereintritt in die Erdatmosphäre, Kommunikationssysteme, die Steuerungspaneele und ein Beobachtungsfenster. Die NASA hatte 20 flugfähige Kapseln geordert, da umfangreiche Testflüge mit Tieren oder Dummys an Bord durchgeführt wurden, bevor der erste menschliche Pilot eingesetzt wurde.

7.3 Woschod

Der Name bedeutet „Sonnenaufgang". Wie sein Vorgänger Wostok wurde es unter der Leitung von Sergei Pawlowitsch Koroljow im Experimental-Konstruktionsbüro entwickelt. Es handelte sich tatsächlich um eine Weiterentwicklung des Vorgängers. Da es bis zu drei Kosmonauten gleichzeitig beherbergen konnte, war es demzufolge schwerer, sodass auch die Trägerrakete R-7 entsprechend aufgerüstet werden musste. Die Landeprozedur allerdings war eine vollständig andere. Während beim einsitzigen Wostok-Gefährt der Kosmonaut in der unteren Atmosphäre durch einen Schleudersitz aus der Kapsel herauskatapultiert wurde, war das bei einer Dreier-Besatzung nicht möglich. Alle Besatzungsmitglieder mussten an Bord bleiben und mit der Kapsel selbst auf der Erde landen. Um das so sanft wie möglich zu gestalten, war die Kapsel mit einem großen Fallschirm und mehreren kleinen Bremsraketen ausgestattet, die erst kurz über dem Boden zündeten und den Aufschlag abmilderten.

7.4 Gemini

Der Name des Raumschiffs bedeutet „Zwilling“ und deutet damit bereits an, dass in ihm zwei Astronauten Platz haben. Das Gemini-Programm wurde aufgesetzt, um erste Erfahrungen zu sammeln für das spätere Apollo-Programm, welches zur Mondlandung führte (Kap. 8). Während die Mercury-Kapsel eine in sich geschlossene Einheit darstellte, war die Gemini-Kapsel modular aufgebaut und verfügte über weitergehende Fähigkeiten.

Auch das Gemini-Gefährt wurde, wie vorher Mercury, von McDonnell von Grund auf neu entwickelt. Insgesamt sind drei Module zu unterscheiden: der Kopplungsadapter, das Landemodul und eine Geräteeinheit mit allen wichtigen technischen Einrichtungen zur Energieversorgung und Lebenserhaltung.

Die Energieversorgung wurde durch klassische Batterien, später durch Brennstoffzellen sichergestellt. Zu den Lebenserhaltungssystemen gehörte die Versorgung mit Wasser und Atemluft. Die Amerikaner hatten sich für reinen Sauerstoff entschieden. Die Sauerstoffzufuhr erfolgte während des eigentlichen Fluges aus einem Tank im Gerätemodul heraus. Während der Landephase und nach Abtrennung des Gerätemoduls erfolgte die Atemluftversorgung durch Tanks im Wiedereintrittsmodul selbst. Die Trinkwasserversorgung erfolgte aus dem Kühlkreislauf.

In der Gemini-Kapsel wurde auch ein Computer mitgeführt mit einem Speicher von 160 Kbit. Die Kommunikation mit den Bodenstationen erfolgte im FM-Bereich.

Das Raumschiff verfügte über drei verschiedene Triebwerkssysteme: eines zur Lageregelung, die Bremsraketen für den Wiedereintritt und ein Steuerungssystem ebenfalls für den Wiedereintritt.

Insgesamt wurden 12 Gemini-Raumschiffe gebaut, von denen zehn bemannte Missionen durchführten, die ersten beiden waren zu Testzwecken unbemannt.

7.5 Sojus

Der Name bedeutet „Union", ursprünglich in Anlehnung an „Union der Sozialistischen Sowjetrepubliken". Er steht heute für eine lange Reihe von immer wieder verbesserten Raumschiffen, die als das sicherste Weltraum-Transportvehikel überhaupt gelten. Sojus-Raumschiffe sind auch heute noch im Einsatz zur Versorgung der Internationalen Raumstation (ISS, Kap. 10).

Begonnen hatte alles mit einer ersten Reihe, ursprünglich Sojus-A genannt. Federführend war wieder das Experimental-Konstruktionsbüro-1. Das Sojus-Gefährt wurde im Rahmen des sowjetischen Mond-Projektes konzipiert, für das eine bemannte Mondumrundung vorgesehen war. Dieses Vorhaben wurde aber nicht realisiert, sodass die Sojus-Raumschiffe für erdorbitale Einsätze umgewidmet und entsprechend technologisch umgerüstet wurden. Der Name Sojus, mit dem auch die Trägerrakete bezeichnet wurde, blieb. Man startete aber mit der neuen Serienbezeichnung Sojus-1 im Jahre 1966.

Die ersten drei Experimente mit den unbemannten Kapseln waren Fehlschläge. Für den ersten bemannten Versuch wurde das Zählwerk wieder auf Sojus 1 zurückgesetzt, aber dieser Versuch endete im Desaster, als sich der Hauptfallschirm des Landemoduls nicht öffnete und der Kosmonaut Wladimir Komarow ums Leben kam. Erst Sojus 4 und 5 wurden Erfolge (Umstieg von Kosmonauten von einem Raumschiff ins andere).

Das sowjetische Raumfahrtprogramm verlor drei Kosmonauten gleichzeitig bei der Rückkehr der Landekapsel von Sojus 11 am 29. Juni 1971. An Bord befanden sich Georgi Dobrowolski, Wiktor Pazajew und Wladislaw Wolkow. Beim Absprengen des Servicemoduls noch im All entwich die Atemluft durch die Fehlfunktion eines Ventils nach draußen, sodass die drei Besatzungsmitglieder erstickten. Sie wurden tot aus der gelandeten Kapsel geborgen.

Die wesentlichen Aufgaben der Sojus-Raumschiffe bestanden in der Versorgung von Raumstationen (Saljut, Mir, ISS). Daneben wurde 1975 eine gemeinsame Mission mit den USA durchgeführt (Apollo-Sojus-Programm) und das Interkosmos-Programm, an dem Kosmonauten aus mit der Sowjetunion befreundeten Ländern, für die DDR der Kosmonaut Sigmund Jähn, teilnahmen.

Am 26. September 1983 befanden sich an Bord der Träger-Rakete Sojus T-10–1 die Kosmonauten Leonid Kisim und Wladimir Solowjow. Die Rakete explodierte während des Startvorgangs, aber die beiden Männer wurden gerettet. Das Sojus-Notfall-Rettungssystem der Sojus-Raumschiff-Raketen-Kombination ermöglicht eine Rettung während der Startphase. Dabei werden Orbital- und Landemodul vermittels einer Serie von kleineren Raketen, die im Notfall gezündet werden, aus der Gefahrenzone gebracht. Das Servicemodul wird kurz darauf abgesprengt. Die Kapsel ist mit Fallschirmen versehen, die eine weiche Landung in einiger Entfernung ermöglichen.

Nach jeweils technischen Modifikationen erhielten die Sojus-Schiffe die Bezeichnungen Sojus-T (T für Transport) und zuletzt Sojus-TM (Transport modifiziert). Sojus ist noch heute das Arbeitspferd bei der Versorgung der ISS. Im Zuge der Optimierung der Raumfahrzeuge wurden sukzessive verbesserte Computer und Kommunikationseinrichtungen sowie Andocksteuerungen eingerichtet. Zukünftig ist vorgesehen, alte Systeme durch effizientere Solarpaneele und Meteoriten-Schutzeinrichtungen und Ortungssysteme zu ersetzen.

Die Sojus-Schiffe bestehen aus vier Modulen. Da ist zunächst die eigentliche Personenkapsel, die bis zu drei Kosmonauten beherbergen kann, dann der übliche Geräteteil; im Unterschied zu den Vorläufern gibt es jetzt ein sog. androgynes Kopplungssystem mit folgenden Eigenschaften: Es erlaubt das Andocken an ein zweites Sojus-Gefährt (in späteren Versionen in beiden Richtungen) oder an eine Schleuse einer Raumstation und den Umstieg von einem Gefährt in ein anderes ohne Verwendung von Raumanzügen. Als viertes Modul sind ausfahrbare Solarpaneele zu nennen, die erstmalig einen Teil der Energieversorgung der Kapsel übernahmen.

7.6 Shenzou

Neben den USA und Russland gibt es bisher nur eine andere Nation, die über ein eigenes Raumschiff verfügt: China. Ihr Raumfahrzeug heißt übersetzt „magisches Schiff" (Abb. 7.1). Es wurde von der Chinesischen Nationalen Raumfahrtbehörde in Auftrag gegeben. Vom Aufbau ähnelt Shenzou den Sojus-Gefährten. Es ist allerdings größer und ermöglicht den gleichzeitigen Aufenthalt von mehr als drei Personen. Außerdem fehlt das Andockmodul, obwohl es vorne mit Vorrichtungen ausgestattet ist, Andockeinrichtungen aufzunehmen.

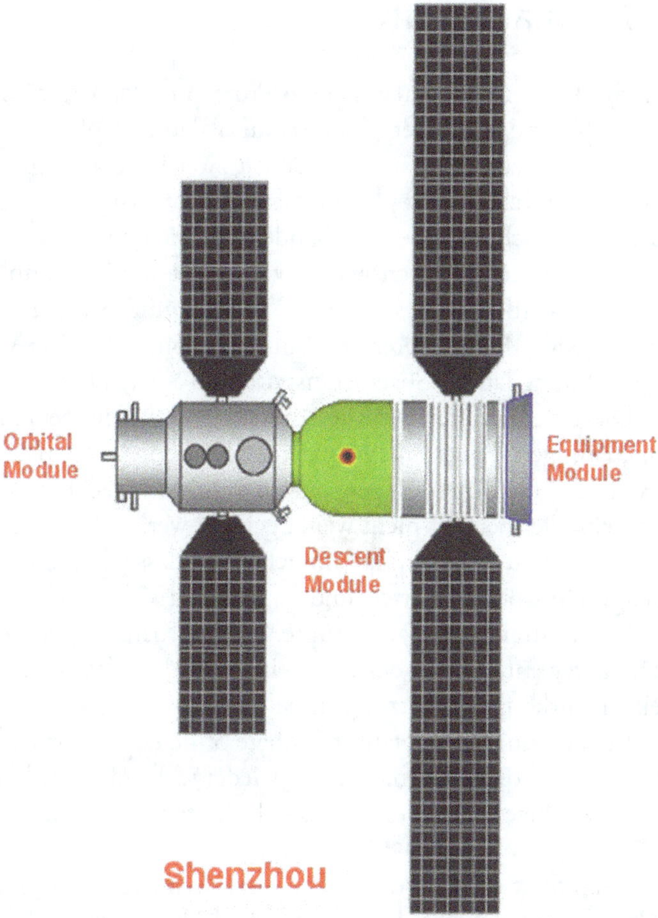

Abb. 7.1 Das chinesische Raumschiff Shenzou. (© Reubenbarton, Wikimedia Commons, in the public domain, https://de.m.wikipedia.org/wiki/Datei:Shenzhou_spacecraft_diagram.png)

7.7 Space Shuttle

Nach dem erfolgreichen Apollo-Programm kamen fünf Space Shuttle (Discovery, Endeavour, Atlantis, Columbia, Challenger) zum Einsatz, von denen zwei im Laufe ihres Dienstes durch katastrophale Unfälle zerstört wurden. Wie der Name schon andeutet, handelte es sich um Raumschiffe, welche mehrfach wieder verwendet werden konnten. Sie wurden auch unter den Bezeichnungen „Raumfähre" oder „Raumgleiter" bekannt. Die offizielle NASA-Bezeichnung lautete Space Transportation System (STS).

Die Idee dahinter war die Absicht, anstelle der teuren mehrstufigen Trägerraketen, deren Komponenten nach jedem Start verloren gingen, und der zugehörigen Raumkapseln, die ebenfalls nicht weiter genutzt werden konnten, ein System zu schaffen, das ähnlich eines klassischen Flugzeugs selbstständig starten und landen und sich zusätzlich frei im Weltraum bewegen konnte. Weitere Kriterien waren: Das Fluggerät sollte in der Lage sein, große Nutzlasten und eine mehrköpfige Besatzung zu befördern.

Es war zunächst geplant, die obere Stufe einer Trägerrakete so zu konstruieren, dass sie wiederverwendet werden könnte. Dieses Vorhaben erwies sich als technisch nicht realisierbar.

Beim Start des Shuttles bestand das Raumschiff aus drei Hauptkomponenten: dem eigentlichen Flugkörper, einem großen Außentank, der später abgestoßen wurde, und zwei Boosterraketen, die zwei Minuten nach dem Start ebenfalls abgestoßen wurden, aber zur Wiederverwendung mittels Fallschirmen eine weiche Landung im Meer vollführten. Die Booster waren mit 500 t eines Feststofftreibstoffs beladen, der Außentank nochmals unterteilt in ein Kompartiment für flüssigen Sauerstoff und eines für flüssigen Wasserstoff – gekühlt auf –200 °C. Die Treibstoffe des großen Außentanks wurde über trennbare Rohrleitungen in den

Abb. 7.2 Raumfähre Atlantis beim Start. (© NASA)

Shuttle geleitet und in den drei Haupttriebwerken verbrannt. Die dritte Komponente war der Orbiter selbst (Abb. 7.2).

Der Orbiter wiederum setzte sich zusammen aus den Mannschaftsräumen (bis zu acht Besatzungsmitglieder waren vorgesehen), dem Cockpit und einer Nutzlastbucht für Außenarbeiten und den Transport von Satelliten, Teleskopen und anderen Geräten, die im Weltraum ausgesetzt werden sollten. Außerdem besaß der Orbiter drei Haupt- und 46 kleinere Triebwerke. Die Nebentriebwerke wurden zur Feinsteuerung und für Andockmanöver eingesetzt.

Die Mannschaftsräume dienten zum Schlafen und Arbeiten sowie dem Zubereiten und Einnehmen von Mahlzeiten. In ihnen befanden sich auch Trainingsgeräte, um bei längerem Aufenthalt im All dem Muskelschwund in der Schwerelosigkeit vorzubeugen. Die Lebenserhaltungssysteme sorgten für geeigneten Luftdruck, Sauerstoffgehalt, Wasser und Abfallentsorgung ins All hinaus.

Bei der Nutzlastbucht handelte es sich um einen Zylinder von gut 18 m Länge und fast 5 m Durchmesser. Dieser Bereich konnte durch zwei Tore geöffnet und somit dem All ausgesetzt werden. An der Bucht war ein Roboterarm installiert, der ausgefahren 15 m lang war und Lasten bis zu 29 t manövrieren konnte. Die Hauptenergieversorgung des Orbiters wurde durch Brennstoffzellen sichergestellt.

Eine existenzielle Einrichtung am Orbiter war dessen Abdeckung mit etwa 20.000 Kacheln, die als Hitzeschutzschild beim Wiedereinritt dienten. Auch diese Schutzvorrichtung war nach Nachbereitung wieder verwendbar. Sie hatte eine Temperaturbeständigkeit von bis zu 1260 °C. Nase und Flügelvorderkanten waren zusätzlich noch durch eine kohlenstofffaserverstärkte Abdeckung gegen höhere Temperaturen geschützt.

Beim Start wurden zunächst die drei Haupttriebwerke gezündet. Liefen diese synchron und befand sich danach der Shuttle in absolut senkrechter Position, wurden die beiden Feststoffbooster gezündet, die für 80 % des Gesamtschubs sorgten. Nach dem Abwurf der Booster und bis zum Erreichen des Orbits wurde der Treibstoff des Haupttanks verbraucht, der danach abgestoßen wurde und bei seinem Absturz in der Atmosphäre verglühte. Die Manövriertriebwerke brachten den Orbiter schließlich von einer ursprünglich elliptischen in eine kreisförmige Umlaufbahn.

Für die Landung eines Space Shuttles war die Abfolge einer Reihe komplexer Manöver erforderlich. Zunächst wurde der Shuttle auf seiner kreisförmigen Umlaufbahn um 180° gedreht, sodass seine Nase in umgekehrter Richtung der Flugbahn zeigte. Dann wurden Bremstriebwerke gezündet, sodass die Geschwindigkeit gedrosselt wurde. Danach wurde die ursprüngliche Lage des Shuttles wiederhergestellt. Das Gerät trat daraufhin in die oberen Schichten der Atmosphäre ein, wodurch es weiter abgebremst wurde. Jetzt mussten die Hitzekacheln ihre Aufgabe erfüllen, da durch die Reibung eine Außentemperatur von bis zu 1650 °C entstand. Alle Antriebe wurden jetzt ausgeschaltet und das Raumschiff befand sich im Gleitflug. Der Flugkörper landete schließlich auf der vorgesehenen Piste mit einer Geschwindigkeit, die dem Anderthalbfachen eines gängigen Verkehrsflugzeugs entsprach. Um den Bremsweg zu verkürzen, wurde ein Bremsschirm am hinteren Teil ausgelöst, bevor schließlich der Pilot die eigentlichen Bremsen betätigen durfte. Bevorzugter Landeplatz war das Kennedy Space Center in Florida.

Die Space Shuttles waren vielseitig einsetzbare Vehikel. Eine der ursprünglichen Hauptaufgaben war das Aussetzen von Satelliten. Andererseits konnten Satelliten auch eingefangen, repariert und dann wieder ausgesetzt werden. Eine herausragende Leistung war die Reparatur des Hubble-Weltraumteleskops (Kap. 13). Es wurde insgesamt fünfmal von einem Space Shuttle angeflogen, um Korrekturen vorzunehmen. Ein weiteres Nutzungsfeld war die Durchführung wissenschaftlicher Untersuchungen und Experimente in der Schwerelosigkeit. Hier kam insbesondere der Teleskoparm zum Tragen, mit dessen Hilfe Experimentierplattformen aus der Nutzlastbucht ausgesetzt und wieder eingefangen wurden. Und schließlich wären ohne Shuttle der Aufbau der ISS, d. h. der Ausbringung ihrer Komponenten und deren Montage, sowie die Versorgung der Raumstation mit Mensch und Material undenkbar gewesen. Insgesamt neunmal dockten Shuttles auch an die sowjetische Raumstation Mir an.

Zu einer veritablen Katastrophe kam es am 28. Januar 1986 mit weitreichenden Folgen für die Zukunft des amerikanischen Shuttle-Programms. Die Space Shuttles liefen – wie bereits erwähnt – auch unter der Bezeichnung STS (Space Transportation System). An jenem Tag startete STS-51-L oder die Raumfähre Challenger auf ihrem 25. Flug. Es sollte ihr letzter sein. An Bord befanden sich: Francis Scobee (Kommandant), Michael Smith (Pilot), Judith Resnik, Ellison Onizuka, Ronald McNair, Gregory Jarvis und Christa McAuliffe (Lehrerin).

73 s nach dem Start vom Kennedy Space Center in Florida zerbrach die Raumfähre in 15 km Höhe (Abb. 7.3). Alle Besatzungsmitglieder kamen ums Leben. Bis unmittel-

Abb. 7.3 Die Challenger-Explosion. (© NASA)

bar vor der Zerstörung des Shuttles herrschte ein ganz normaler Funkverkehr, sodass nichts auf das bevorstehende Unglück hindeutete. Weder die Besatzung noch das Bodenpersonal ahnten etwas von dem bevorstehenden Ende der Mission. Kurz nach der Explosion sahen die Zuschauer, geladene Gäste und Techniker, die den Start auf einer Tribüne beobachteten, eine Rauchwolke und einen Feuerball und dann brennende Trümmer, die in den nahen Ozean stürzten.

Als primäre Ursache für das Unglück wurde ein fehlerhafter Dichtungsring in einem der Feststoffbooster ermittelt. Zudem hatten die tiefen Temperaturen, die in der Nacht vor dem Start herrschten, die Elastizität der O-Ringe geschwächt. Die Ingenieure des Boosterherstellers Morton Thiokol hatten von einem Start der Fähre bei diesen Witterungsverhältnissen abgeraten, waren aber vom Top-Management überstimmt worden, das der NASA eine Freigabe erteilte, da man den Starttermin, der bereits zweimal verschoben worden war, nicht noch weiter hinauszögern wollte. Nach der Katastrophe wurde eine Untersuchungskommission gebildet, der auch der Physiker und Nobelpreisträger Richard Feynman angehörte. Später hat er ein Buch über seine Erkenntnisse und die der Kommission insgesamt geschrieben. Die wichtigste Erkenntnis war wohl, dass Handbücher des Herstellers in grob fahrlässiger Weise nicht beachtet worden waren. Im Ergebnis wurde das Shuttle-Programm für zweieinhalb Jahre auf Eis gelegt, währenddessen ein neuer Shuttle, die Endeavour, gebaut und die Feststoffbooster überarbeitet wurden. Insgesamt über 2000 Verbesserungen wurden während dieser Zeit durchgeführt.

Eine zweite Katastrophe mit einem Space Shuttle führte letztendlich zur Beendigung des Raumfährenprogramms der NASA, die ab dann für längere Zeit auf die Transportfähigkeiten der russischen Raumfahrtbehörde für die bemannte Raumfahrt angewiesen war:

Die Raumfähre Columbia befand sich auf dem Rückflug während ihres 28. Einsatzes und der 113. Mission der Shuttle-Flotte. An Bord befanden sich Rick Husband (Kommandant), William McCool (Pilot), Michael Anderson, Kalpana Chawla, David Brown, Laurel Clark und der Israeli Ilan Ramon (Abb. 7.4). Sie waren zwei Wochen unterwegs gewesen, hatten rund 80 verschiedene wissenschaftliche Experimente durchgeführt und tauchten in die Erdatmosphäre ein, als sich die Katastrophe ereignete, die allen Besatzungsmitgliedern das Leben kostete.

Die Columbia war am 16. Januar 2003 gestartet und sollte am 1. Februar im Kennedy Space Center landen. Die Bremstriebwerke waren bereits gezündet worden, als sich in den Telemetriedaten aus den Belastungssensoren der linken Tragflächenvorderkante erste Unregelmäßigkeiten zeigten.

Abb. 7.4 Die Columbia Mannschaft im Oktober 2001, von links: Brown, Husband, Clark, Chawla, Anderson, McCool, Ramon. (© NASA)

Heiße Gase (1800 °C) strömten durch ein Loch in den Flügel ein und zerstörten die innere Struktur. Kurz darauf brachen die Datenverbindung und der Sprechkontakt mit dem Kommandanten ab. Die Raumfähre brach 16 min vor der geplanten Landung über Texas auseinander.

Auch dieses Mal wurde eine Untersuchungskommission eingesetzt, die nach siebenmonatiger Arbeit, während der der Shuttle in Cape Canaveral aus den geborgenen Trümmerteilen wieder zusammengesetzt wurde, ihren Bericht ablieferte. Als direkte Ursache wurde die Beschädigung der Vorderkante der linken Tragfläche durch ein herabfallendes Stück Isolierschaum vom Außentank beim Start ermittelt. Im Abschlussbericht wurden allerdings auch weitere technische Fehler sowie das Kommunikationsverhalten des NASA-Managements aufgelistet.

8 Mondmissionen

Zusammenfassung Ein Highlight der Weltraumfahrt stellen zweifelsohne die gelungenen Mondlandungen des amerikanischen Apollo-Programms dar. Bevor wir uns in diesem Kapitel im Detail nähern, müssen wir die Vorgeschichte und die Bemühungen, die die Voraussetzungen schufen, näher ansehen.

Ein Highlight der Weltraumfahrt stellen zweifelsohne die gelungenen Mondlandungen des amerikanischen Apollo-Programms dar. Bevor wir uns in diesem Kapitel im Detail nähern, müssen wir die Vorgeschichte und die Bemühungen, die die Voraussetzungen schufen, näher ansehen. Dazu gehören die sowjetischen LUNIK- und LUNA-Programme, die amerikanischen unbemannten Erkundungsflüge zur Vorbereitung des APOLLO-Programms, schließlich das APOLLO-Programm selbst, weitere unbemannte Mond-

W. Osterhage, C. Gritzner, *Die Geschichte der Raumfahrt*,
https://doi.org/10.1007/978-3-662-72501-6_8

sonden auch von anderen aufsteigenden Nationen sowie das Zukunftsprogramm Artemis. Bislang gab es über 130 Versuche den Mond zu erreichen.

8.1 Der Erdmond

Seit es Menschen (Tiere sicherlich auch) gibt, haben sie ihren Blick gewollt und ungewollt auf den ständigen und wechselnden Begleiter unserer Erde gerichtet und allerhand Geschichten und Mythen über seine Natur und Beschaffenheit gesponnen. Einer der Ersten, die über die notwendige technische Ausrüstung verfügten, diesen Beobachtungen eine wissenschaftliche Basis zu geben, war Galileo Galilei. Er war auch derjenige, der seine Beobachtungen detailliert dokumentierte. Er besaß das von Lipperhey erfundene und von ihm verbesserte Teleskop. Er richtete es unter anderem auch auf den Mond und sah, dass der Mond eine raue und hügelige Oberfläche besaß, voller Höhen, Schluchten und Krater.

Seine Aufzeichnungen beinhalten eine Menge Zeichnungen, auf denen diese Täler und Berge zu erkennen sind. Diese Zeichnungen fertigte er zu verschiedenen Zeiten in der Nacht und auch während der unterschiedlichen Mondphasen an. Er stellte fest, dass die Höhen und Tiefen auf der Mondoberfläche die bekannten auf der Erde bei Weitem übertrafen. Mithilfe trigonometrischer Berechnungen ermittelte er die Höhe eines Berges. Sie betrug vier italienische Meilen (etwa 6614 m). Nach seinem damaligen Wissen gab es auf der ganzen Erde keinen einzigen Berg, der höher war als eine Meile.

Der Erdmond ist der fünftgrößte in unserem Sonnensystem mit einem Durchmesser von etwa 3476 km mit einer Masse von ca. $7{,}4 \times 10^{22}$ kg. Seine Umlaufzeit um die Erde beträgt etwa 27 Tage. Dieser Wert widerspricht allerdings dem zeitlichen Abstand zwischen zwei Vollmonden, der ungefähr 29,5 Tage beträgt. Die Ursache dafür ist, dass während der Umlaufzeit des Mondes um die Erde diese sich selbst weiter um die Sonne bewegt. Um der Sonne bei Vollmond wieder gegenüberzustehen, benötigt der Mond noch zwei weitere Tage. Außerdem führt der Mond keine Kreisbewegung um die Erde aus, sondern wandert auf einer Ellipse, was wiederum zu unterschiedlichen Umlaufzeiten führt.

Die Fallbeschleunigung an der Mondoberfläche beträgt etwa 1,62 m/s^2. Er besitzt keine Atmosphäre, allerdings gibt es eine Exosphäre mit Spuren von Helium, Neon, Wasserstoff und Argon sowie von anderen flüchtigen Verbindungen. Die Durchschnittstemperatur des Mondes beträgt -55 °C, wobei es zwischen der Tag- und Nachtseite gewaltige Unterschiede gibt: Am Tag, wenn die Sonne im Zenit steht, beträgt sie etwa 130 °C und nachts -160 °C. Der Trabant besitzt kein Magnetfeld. Allerdings haben Analysen von Mondgestein ergeben, dass er früher einmal eines besessen haben musste, was auf einen flüssigen Kern hindeutet.

Von großem Interesse, insbesondere mit Blick auf mögliche Landeplätze von Sonden und Raumschiffen, sind die Oberflächenstrukturen des Mondes. Seine Gesamtoberfläche, die vollständig von einer grauen Staubschicht bedeckt ist, beträgt 38 Mio. km^2. Ganz grob kann man als Hauptgeländestrukturen die Terrae und Maria unterscheiden. Bei den Terrae handelt es sich um eine Art Hochländer, während die Maria tiefer liegende, von Gebirgen umrahmte Ebenen sind. Dazwischen und überall befinden sich Krater von Meteoreinschlägen und vulkanischer Aktivität aus frühen Phasen der Mondentwicklung. Um auf die Spekulationen von Galilei zurückzukommen: Der höchste Mondgipfel beträgt etwa 16 km über dem Boden der tiefsten Senke. Dieser Wert ist 4 km niedriger als der Vergleichswert auf der Erde, wenn man die Ozeanbecken mit einbezieht.

Da der Mond uns ständig dasselbe Gesicht zuwendet, konnte bis zu den ersten Aufnahmen der sowjetischen Sonde Lunik 3 über seine Rückseite nur spekuliert werden. Dessen Oberfläche zeichnet sich dadurch aus, dass sie fast ausschließlich von Hochländern geprägt ist. Sie ist außerdem nicht dunkel, wie die angelsächsische Redensart vermuten würde („dark side of the moon"). Während der Mondphasen wird natürlich auch die Rückseite im Wechsel beschienen.

8.2 Frühe sowjetische Missionen

Auch bei der frühen Monderforschung hatten die Sowjets die Nase vorn, obwohl ihre Mondprogramme letztendlich nicht von dem ganz großen Erfolg gekrönt werden sollten. Es begann mit den Lunik-Sonden, wobei die Bezeichnung „Lunik" ein westliches Fiktivum war. Die Sowjetische Raumfahrtorganisation nutzte andere Bezeichnungen (z. B. „Kosmische Rakete": „kosmitscheskaja raketa"). Da die Serie jedoch von Fehlschlägen geprägt war, die nie veröffentlicht wurden, wurden auch die internen Namen der Flugkörper nie bekannt. Nur drei von neun registrierten Sonden erreichten den Mond oder kamen in dessen Nähe, weitere sechs wurden entweder beim Start zerstört oder verblieben im Erdorbit. Die beiden erfolgreichsten Versuche waren Lunik-2, die am 13. September 1959 auf der Mondoberfläche aufschlug – das erste von Menschen hergestellte Fluggerät, das auf einem anderen Himmelskörper landete –, und Lunik-3, die zum ersten Mal einen Teil der Rückseite des Mondes fotografierte.

Das Folgeprogramm – Luna genannt – war auf eine weiche Landung ausgerichtet. Es lief von 1963 bis 1976. Nach vielen Rückschlägen gelang eine weiche Landung erstmalig durch Luna-9. Zu den Rückschlägen gehörten das Verfehlen der Mondumlaufbahn oder harte Landungen mit

Zerstörung der Sonde. Luna-9 setzt dann am 3. Februar 1966 im Oceanus Procellarum weich auf. Das Landemodul arbeitete noch drei weitere Tage und sandte Fotos und Messdaten zur Erde. Im Rahmen des Wettlaufs zum Mond mit den Amerikanern wurde das Luna-Programm erweitert. Ziel war es, vermittels Rückkehrsonden, Mondgestein vor den Apollo-Astronauten auf die Erde zu bringen.

Die Sowjetunion hatte ein geheimes Projekt zur bemannten Mondlandung begonnen, das zwei Kosmonauten in einen Modorbit bringen sollte. Einer sollte dann mit einer Landestufe die Mondoberfläche erreichen. Allerdings versagte die Trägerrakete N1 bei allen Testflügen, sodass das Programm schließlich von Apollo 11 überholt wurde. Kurz später wurde alles gestoppt und die meisten Fluggeräte zwecks Geheimhaltung zerstört – nur einige wenige konnten von den Konstrukteuren versteckt und gerettet werden und wurden nach dem Zusammenbruch der Sowjetunion der Öffentlichkeit präsentiert. Nach dem Stopp des bemannten Mondlandeprogramms verließ man sich auf Robotertechnik bei der weiteren Erforschung des Mondes. Wir werden weiter unten auf diese Versuche zurückkommen, wollen aber jetzt zunächst das amerikanische Programm vorstellen.

8.3 Vorbereitungen zur bemannten Mondlandung

Noch ohne erklärtes Ziel einer bemannten Mondlandung (das Ziel wurde erst im April 1961 durch den amerikanischen Präsidenten Kennedy verkündet) wurde ein Programm zur Erforschung des Trabanten aufgesetzt. Es nannte sich Pioneer. Bis auf eine Sonde, Pioneer 4, die 1959 einen Vorbeiflug schaffte, waren alle anderen sieben Sonden Fehlschläge.

Das erste konkrete Vorbereitungsprogramm der NASA für eine bemannte Mondlandung folgte und lief unter dem Namen Ranger. Ranger operierte von 1961 bis 1965. Im Rahmen dieser Vorbereitungen wurden Aufnahmen von der Mondoberfläche gemacht. Dieses Programm war nur marginal erfolgreicher als die Pioneer-Sonden. Von neun Versuchen erreichten drei die Mondoberfläche und konnten unmittelbar vor dem Aufschlag Serien von Fotos mit bis dahin unerreichter Qualität und Auflösung zur Erde senden.

Auf Ranger folgte Surveyor von 1966 bis 1968. Im Zentrum dieser Aktivitäten standen Versuche zur weichen Mondlandung. Dabei hatte man schon die konkrete Auswahl späterer Apollo-Landeplätze im Auge. Die etwa 1 t wiegenden Kapseln wurde von Hughes Aircraft gebaut und von Cape Canaveral mit Atlas-Centaur-Raketen ins All befördert. Das Surveyor-Programm war im Wesentlichen erfolgreich. Surveyor-1 vollführte die erste weiche Landung eines amerikanischen Objekts auf dem Mond. Surveyor 3 wurde später von Apollo-Astronauten aufgesucht, Teile der Ausrüstung wurden demontiert und zur Erde zurückgebracht. Von den sieben Surveyor-Versuchen erwiesen sich lediglich zwei als Fehlschläge.

Parallel zum Surveyor-Programm lief eine Serie von Lunar Orbiters – insgesamt sechs Sonden, die alle erfolgreich dazu beitrugen, einen Mondatlas zu erstellen und das Schwerefeld des Erdtrabanten zu vermessen.

8.4 Das Apollo-Programm

Im Januar 1967 startete dasjenige Raumfahrtprogramm, welches bis heute zum unerreichten Höhepunkt menschlicher Bemühungen in der Raumfahrt zählt und darin gipfelte, dass Menschen erstmalig – und bisher einmalig – Füße auf einen Himmelskörper außerhalb der Erde setzten:

Apollo. Dieses Programm entschied auch ein für alle Mal den Wettlauf zum Mond und hatte somit auch eine hohe politische Bedeutung. Es waren die Amerikaner, die am Ende diesen Wettlauf gewannen und damit die vielen Zweitplatzierungen gegenüber der Sowjetunion, mit denen sie sich bis dahin hatten zufrieden geben müssen, kompensieren konnten – zumal die Initiative zur Mondlandung von ihrem Präsidenten Kennedy selbst vorgegeben worden war.

Eine der federführenden Persönlichkeiten des Apollo-Programms war der deutsche Raketenpionier Wernher von Braun (Kap. 3). Er war der erste Direktor des Marshall Space Flight Centers in Huntsville und leitete die Entwicklung der Trägerrakete Saturn V.

In der Diskussion, wie man Menschen zum Mond bringen könnte, waren unterschiedliche technische Konzepte – angefangen von einer einzelnen Rakete, die in ihrer Gänze auf dem Mond landen und auch wieder zurückkehren würde bis hin zu einer Serie von mehreren Versorgungsraketen, die die Mission unterstützen würden. Schließlich einigte man sich auf Folgendes:

Eine ausreichend starke Trägerrakete (Saturn V) würde ein kombiniertes Raumschiff mit einer Besatzung von drei Astronauten, bestehend aus einem Reisemodul und einer Landefähre, zunächst in eine Erdumlaufbahn bringen. Von dort würde das Gerät Richtung Mond navigieren und dort in einen Mondorbit einschwenken. Zwei der Astronauten würden in die Landfähre umsteigen, die dann vom Reisemodul abgekoppelt würde, um die Oberfläche des Mondes zu erreichen. Währenddessen würde der dritte Astronaut im Mutterschiff verbleiben und den Mond weiter umkreisen. Die Fähre selbst bestand aus zwei Teilen. Der untere Teil mit ausfahrbaren Beinen war mit einem Bremstriebwerk für die Landung selbst ausgestattet. Der obere Teil diente der Besatzung als Aufenthaltsraum und würde für den Start zur Rückkehr zum Orbiter genutzt werden. Nach dem Ankoppeln würden die beiden Astronauten wieder in das Reisemodul umsteigen. Die leere Fähre würde abgesprengt und zurück auf den Mondboden geschickt werden. Dann würde die Mannschaft ihre Rückreise zur Erde antreten. Im erdnahen Raum würde schließlich ein klassisches Landemanöver eingeleitet werden. Die Landekapsel würde im Ozean niedergehen (Abb. 8.1).

Dieses Konzept wurde erfolgreich umgesetzt. Aber alles begann mit einem tragischen Fehlschlag. Die Kommandokapsel von Apollo 1 wurde am 27. Januar 1967 auf der Startrampe getestet. An Bord befanden sich drei Astronauten, als urplötzlich ein Feuer in der Kapsel ausbrach,

Abb. 8.1 Rückkehrstufe der Mondlandefähre auf dem Weg zum Andocken an die Apollo-Kapsel. (© NASA)

bei dem alle drei ums Leben kamen. Es handelte sich um die Astronauten Virgil Grissom, Edward White und Roger Chaffee. Bei dem Manöver handelte es sich um die Simulation des für den 21. Februar vorgesehen Starts. Kurz nachdem Chaffee von einem Anstieg der Temperatur in der Kapsel, die reinen Sauerstoff enthielt, an die Kontrolle berichtet hatte, brach Feuer aus, verursacht durch einen Kurzschluss. Die drei Männer erstickten. Damals wurde erstmalig von einer „Raumfahrt-Katastrophe" berichtet.

Dem Test von Apollo 1 waren drei unbemannte Erprobungsflüge unter der Kurzbezeichnung AS-201 bis AS-203 vorausgegangen. Diese Erprobungsflüge dienten dem Test der Trägerrakete und ersten Erprobungen des Kommando-Moduls im Orbit.

Apollo 1 war gescheitert. Die weitere Zählweise begann nun mit Apollo 4, da man die AS-Flüge mitgezählt hatte. Es fanden insgesamt drei weitere unbemannte Testflüge (Apollo 4–6) statt, darunter Starts mit der neuen Saturn-V-Trägerrakete und ein Testflug mit der Mondlandefähre.

Mit Apollo 7–10 fanden jetzt vier bemannte Testflüge mit unterschiedlichen Mannschaften statt. Neben den Erprobungen der Trägerrakete war das Highlight die erste Fahrt von Menschen zum Mond: Im Dezember 1968 zur Weihnachtszeit erreichten Frank Bormann, James Lovell und William Anders unseren Erdtrabanten und umrundeten ihn mit Apollo 8 insgesamt zehnmal. Die dann folgenden Testflüge dienten der Erprobung von Manövern mit der Mondlandefähre – mit Apollo 9 im Erdorbit und mit Apollo 10 im Mondorbit, wobei sich die Besatzung der Mondoberfläche auf etwa 14 km näherte.

Dann kam der Paukenschlag Apollo 11 – der bislang größte Erfolg in der Geschichte der Raumfahrt. Das hochgesteckte Ziel wurde erreicht: die Landung von Menschen auf dem Mond und ihre anschließende sichere

Rückkehr zur Erde. Start des Raumschiffs war am 16. Juli 1969 vom Kennedy Space Center. An Bord befanden sich die drei Astronauten Neil Armstrong, Edwin Aldrin und Michael Collins. Außerdem wurden wissenschaftliche Instrumente für Untersuchungen auf dem Mond mitgeführt. Collins blieb im Kommando-Modul, während Armstrong und Aldrin in der Landefähre Eagle auf dem Mond aufsetzten. Das Landegebiet war das Mare Tranquillitatis in Äquatornähe mit wenigen Kratern und wenigen größeren Gesteinsbrocken.

Armstrong führte den letzten Teil der Landung manuell aus. Der „Adler" landete am 20. Juli um 20:17:58 UTC. Während der nächsten zwei Stunden trafen die Astronauten vorsorglich alle Vorbereitungen für den Rückflug. Nach einer Ruhepause stieg Armstrong als Erster über eine Leiter aus. Als erster Mensch betrat er den Mond am 21. Juli um 02:56:20 UTC. Der Ausstieg wurde von einer Fernsehkamera am Fuß des Landemoduls gefilmt. Aldrin folgte Armstrong nach 20 min (Abb. 8.2). Während ihres zweieinhalbstündigen Aufenthaltes auf dem Mond maßen die Astronauten den Sonnenwind mithilfe einer Aluminiumfolie, stellten ein Seismometer und einen Laserreflektor für eine präzise Abstandsmessung Erde-Mond auf. Außerdem wurden 21,6 kg Bodenproben und Gestein gesammelt. Nach einer weiteren Ruhepause startete die Rückkehrkapsel, die vier Stunden später am Mutterschiff andockte.

Nach der Rückkehr zur Erde mussten die Astronauten zunächst siebzehn Tage in einem Quarantäne-Modul auf dem Flugzeugträger USS Hornet verbringen, bevor sie wieder in normalen Kontakt mit anderen Menschen und der Umwelt treten durften, da man zu der Zeit eine mögliche Kontamination mit unbekannten Mikroorganismen nicht ausschließen konnte.

Abb. 8.2 Edwin Aldrin auf dem Mond, im Visier spiegelt sich der Fotograf Neil Armstrong neben der Landefähre. (© NASA)

Wenn wir Apollo 11 als den größten Erfolg der Raumfahrtgeschichte apostrophiert haben, ging es uns um die Pionierleistung. Die nachfolgenden Apollo-Flüge standen dem, was technische Leistung betrifft, in keiner Weise nach – im Gegenteil, die Missionen wurden komplexer.

Auf Apollo 11 folgte 12 mit Charles Conrad, Richard Gordon und Alan Bean. Sie landeten im Oceanus Procellarum und besuchten die Sonde Surveyor 3, die im Jahre 1967 dort in der Nähe gelandet war.

Dann kam es zum Knall – im wahrsten Sinne des Wortes. Die Besatzung von Apollo 13 befand sich auf dem Weg zum Mond (James Lovell, John Swigert, Fred Haise). Nach 55 h Flugdauer in einer Entfernung von 300.000 km von der Erde kam es zu einer Explosion eines der beiden Sauerstofftanks im Service-Modul. Die technischen Folgen waren eine Unterbrechung des Leitungssystems und damit der Versorgung der Brennstoffzellen, die für die Erzeugung von Wasser und Strom aus Sauerstoff und Wasserstoff vorgesehen waren. Zudem war, wie man erst am Ende der Mission erkannte, auch das Haupttriebwerk beschädigt worden. Das führte zum sofortigen Abbruch der Mission. Die wesentlichen Rettungsmaßnahmen waren ein Swing-by-Manöver um den Mond mit anschließender Ausrichtung des Raumschiffes in Richtung Erde, zusätzlicher Beschleunigung durch die Nutzung des Bremstriebwerks der Landestufe in entgegengesetzter Richtung, um die Reisezeit zu verkürzen, sowie der Umstieg der kompletten Mannschaft in das Landemodul. Es folgte eine Reihe von Improvisationen in Abstimmung mit der Bodenkontrolle zur Sicherstellung der Lebenserhaltungssysteme, da ja die Landefähre für eine längere Versorgung von drei Personen nicht ausgelegt war (Anschluss eines Überbrückungskabels an die Rückkehrreservebatterien des Landemoduls, Umbau eines CO_2-Filters). Alle nicht unbedingt notwendigen elektrischen Systeme wurden bis kurz vor der Landung abgeschaltet. Für die Landung selbst stieg die Besatzung wieder in die Landekapsel um. Mondfähre und der übliche Betriebsteil wurden abgesprengt, und die Landung erfolgte problemlos im Pazifik, von wo die Mannschaft per Hubschrauber auf das US-Kriegsschiff Iwo Jima gebracht wurde.

Abb. 8.3 Das Mondauto. (© NASA)

Es folgen noch vier weitere Missionen: Apollo 14 bis 17. Die ursprüngliche Planung war bis Apollo 20 gegangen, bei Apollo 17 brach man aus Kostengründen jedoch ab. Apollo 14 landete auf dem für Apollo 13 vorgesehenen Platz Fra Mauro. Die Besatzung brachte eine Handkarre mit. Bei den restlichen drei Einsätzen ging es für die Astronauten bequemer zu: Sie setzten ein Mondauto mit Elektromotor ein und konnten so die weitere Umgebung erforschen (Abb. 8.3). Als letzter Mensch (bis heute) verließ Harrison Schmitt, ein Geologe und einziger Wissenschaftler unter den Apollo-Astronauten, im Dezember 1972 den Mond (Abb. 8.4).

Abb. 8.4 Landeplätze der Apollo-Missionen. (© NASA)

8.5 Die Reise zum Mond geht weiter

Das Apollo-Programm war beendet und der Wettlauf zum Mond gewonnen. Die Oberfläche des Erdtrabanten war im Groben erkundet, man hatte 382 kg Proben gesammelt und es gab einen riesigen Erkenntnisgewinn. Aber wirtschaftliche Ziele hatte es nicht gegeben und die durch die Kürzung des Apollo-Programms eingesparten Gelder wurden im Vietnamkrieg gebraucht. Das Interesse am Mond selbst hatte in den USA schon nach Apollo 11 stark nachgelassen. Der dadurch enttäuschte Wernher von Braun formulierte es so: „Nichts sieht hinterher so einfach aus wie eine verwirklichte Utopie.“ Die Erforschung des Mondes durch die USA wurde eingestellt und ging erst in den 1990er-Jahren weiter. Allerdings waren die rund 400.000 bestens ausgebildeten Mitarbeiter des Apollo-Programms danach eine Bereicherung für die US-Wirtschaft und auch die Computertechnik hatte durch die Raumfahrt große Fortschritte gemacht.

Aber noch während das Apollo-Programm lief, hatten die sowjetischen Wissenschaftler nicht aufgegeben, eigene Erfolge anzustreben. Dabei wurden zwei Ziele verfolgt, bei denen in beiden Fällen Roboter-Technologie zum Einsatz kam: Landung und Rückkehr von automatischen Sonden, die Gestein und Bodenproben zur Erde bringen sollten, und die weitflächige Erkundung der Mondoberfläche durch Flurfahrzeuge.

Die Rückkehrsonden liefen unter der traditionellen Bezeichnung „Luna". Insgesamt sechs wurden losgeschickt, drei brachten insgesamt 326 g Gesteinsproben zurück zur Erde (die Apollo-Missionen brachten hingegen über tausendmal mehr zur Erde), die anderen scheiterten. Das sowjetische Mondfahrzeug nannte sich Lunochod. Lunochod 1 und 2 untersuchten spektroskopisch die Mondoberfläche und deren physikalische Eigenschaften. Die Fahrzeuge legten zusammen fast fünfzig Kilometer zurück, bevor ihre Energieversorgung zu Ende ging. Lunochod 1 arbeitete 322 Tage (noch während des Apollo-Programms), Lunochod 2 etwa 5 Monate (nach dem Apolloprogramm ab Januar 1973).

8.6 Clementine

Aber auch die NASA machte schließlich weiter. Die Sonde Clementine sollte im Jahre 1994 zwar nicht primär den Mond erkunden, aber nutzte den Mond als Testobjekt für neue Kameratechnologie, Solarzellen und weitere Instrumente. Es handelte sich dabei um eine Kooperation zwischen dem US Verteidigungsministerium und der NASA.

8.7 Lunar Reconnaissance Orbiter (LRO)

Nach einer langen Pause nahm die NASA ihre Mond-Aktivitäten im Jahre 2009 wieder auf. Der LRO war eine Komponente im Lunar Quest Program zur weiteren intensiven Erforschung des Mondes. Dazu gehörte auch der zusammen mit LRO am 18. Juni gestartete Lunar Crater Observation and Sensing Satellite (LCROSS), der am 9. Oktober 2009 gezielt auf dem Mond einschlug. Im Rahmen dieses Programms sollte die gesamte Mondoberfläche kartiert werden. LRO ist bis heute (2025) in Betrieb, auch mit deutscher Beteiligung.

8.8 Gravity and Interior Laboratory (GRAIL)

Im Jahre 1996 setzte die NASA das Discovery Program auf. Es stand unter dem Motto: „faster, better, cheaper" und unterschied sich von den traditionellen NASA-Missionen dadurch, dass Teams aus Mitgliedern von Industrie, Universitäten und anderen Laboratorien gebildet wurden, die innerhalb eines gedeckelten Budgets jeweils dezidierte Raumfahrtmissionen entwickeln und durchführen. Die Projekte dehnen sich über unser gesamtes Planetensystem aus und haben auch den Mond zum Ziel.

Die beiden Raumsonden des GRAIL-Projektes wurden im Dezember 2011 gestartet und umkreisten den Mond bis Dezember 2012. Sie dienten der Vermessung des Schwerefeldes. Darüber erhoffte man sich Rückschlüsse über den inneren Aufbau des Mondes und damit seiner Entstehung.

8.9 Luna Atmosphere and Dust Environment Explorer (LADEE)

Wie der Name schon sagt, ging es bei dieser Mission um die Atmosphäre des Mondes und den Staub. LADEE ist Teil des Lunar-Quest-Programms. Bei diesem Programm handelt es sich um kleinere Mondmissionen, die der Vorbereitung einer „Rückkehr" zum Mond durch Menschen dienten. Obwohl der Mond keine Atmosphäre im Sinne derjenigen unserer Erde besitzt, sind Spuren von Edelgasen entdeckt worden, ebenso die Freilassung von Natriumatomen aus der Oberfläche. Um diese Effekte und deren Ursprung genauer zu untersuchen, wurde die Sonde mit zwei Spektrometern ausgestattet – einem Massenspektrometer und einem UV-Spektrometer – sowie einem Ionisationsdetektor, um Staubpartikel zu zählen.

Die Mission bestand aus zwei Teilen: Nach ihrem Start vom Mid-Atlantic Regional Spaceport auf der Wallops-Insel in Virginia auf einer Trägerrakete vom Typ Minotaur V am 7. September 2013 benötigte sie etwa 30 Tage, um den geplanten Mond Orbit in 20 km Höhe für die wissenschaftlichen Experimente zu erreichen. Die Sonde verblieb für 128 Tage auf dieser Umlaufbahn, um dann geplant auf der Rückseite des Mondes am 18. April 2014 hart zu landen.

8.10 SMART-1

Bei dieser Sonde handelte es sich um das erste Gefährt der ESA, die der Erforschung des Mondes diente. Neben Untersuchungen über die chemische Zusammensetzung des Mondes und der Suche nach Wassereis aus einer Umlaufbahn heraus, diente sie dem Test eines Ionentriebwerkes und diverser Nachrichten-Technologien. SMART steht für „Small Missions for Advanced Research in Technology".

8.11 Hiten

Neben Amerikanern, Russen und Europäern interessierten sich auch die Japaner für unseren Erdtrabanten. Die Raumsonde Hiten (jap. für „himmlisches Mädchen“) – etwa 200 kg schwer – beförderte auch eine Tochtersonde Hagoromo („Federkleid“ nach einer japanischen Legende), die in der Nähe des Mondes ausgesetzt wurde. Ziel der Mission war die Messung von Mondstaub zwischen Erde und Mond und der Test von Kommunikationseinrichtungen. Sie startete am 24. Januar 1990. Die Kommunikation zu Hagoromo wurde bereits am ersten Tag nach Aussetzen unterbrochen. Die Muttersonde schlug am 10. April 1993 auf der Mondoberfläche auf.

8.12 Kaguya

Das Nachfolgeprojekt der japanischen Weltraumbehörde JAXA, Kaguya (ein japanischer Mädchenname), folgte erst im September 2007 nach dem Start an Bord einer H-IIA-Trägerrakete vom Tanegashima Space Center. Ziele der Mission waren die Erforschung der mineralogischen Zusammensetzung, der Topografie des Mondes und die Messung seines Schwerefeldes. Dazu wurden 13 verschiedene wissenschaftliche Instrumente mitgeführt.

Kaguya hatte außerdem noch zwei Subsatelliten an Bord, einen Radiosatelliten und einen Relaissatelliten, die zur Kommunikation mit der Erde dienten, wenn sich das Muttervehikel auf der erdabgewandten Seite des Mondes befand. Die Mission lieferte die ersten hochaufgelösten 3-D-Bilder der Mondoberfläche im HDTV-Format. Ein weiteres wichtiges Ergebnis war die Verteilung von oberflächennahen Uran- und Thoriumvorkommen auf dem Mond mithilfe eines Gammaspektrometers.

Nach Beendigung der Mission schlug Kaguya am 10. Juni 2009 auf der Mondoberfläche auf. Der dabei entstehende Lichtblitz konnte mit Teleskopen in Australien beobachtet werden.

8.13 Chang'e-2

Die Sonde Chang'e-2 (eine chinesische Mondgöttin) gehörte zum Programm der chinesischen Raumfahrtbehörde CNSA mit dem Ziel, eine weiche Mondlandung vorzubereiten. Sie wurde am 1. Oktober 2010 ins All befördert und umkreiste den Mond sechs Monate lang, um ihn zu fotografieren und andere Messungen vorzunehmen.

8.14 Chang'e 5-T1

Chang'e 5-T1 wurde am 23. Oktober 2014 gestartet, umkreiste den Mond und kehrte zur Erde zurück. Der wichtigste Test war das Verhalten des Geräts beim Wiedereintritt in die Erdatmosphäre.

8.15 Change'e 4 und 5

Die Mission Chang'e 4 startete am 7. Dezember 2018. Der Lander der Sonde setzte am 3. Januar 2019 auf der Rückseite des Mondes im Von-Karman-Krater auf und entließ einen Rover, der mit einem kleinen Laboratorium zur Untersuchung des Mondbodens ausgerüstet ist. Auf dem Lander befindet sich auch ein Strahlungsdetektor der Universität Kiel. Der Rover ist weiterhin in Betrieb und sendet seine Messergebnisse über den Relais-Satelliten Quequiao, der am 21. Mai 2018 gestartete wurde, zur Erde. Weiterhin zur

Nutzlast gehörten zwei Mikrosatelliten Longjiang-1 und Longjiang-2. Diese Satelliten sollen von einem Mondorbit aus niederfrequente Wellen im All beobachten. Wegen der Ionosphäre ist das von der Erde aus nicht möglich. Von den beiden erreichte nur Longjiang-2 einen Mondorbit.

Im Jahre 2020 gelang mit Chang'e 5 eine erfolgreiche Rückkehrmission mit 1731 g Bodenproben vom Mond. Die Sonde, bestehend aus einem Orbiter, einem Lander zur Aufnahme von Mondgestein und einer Wiedereintrittskapsel startete am 23. November 2020 mit einer Langer Marsch 5 Trägerrakete vom Kosmodrom Wenchang. Die Mondlandung erfolgte am 1. Dezember, die Rückkehr des Landemoduls zum Orbiter am 3. Dezember und die erfolgreiche Rückkehr zur Erde in der Inneren Mongolei am 16. Dezember 2020.

Chang'e 6 startete am 3. Mai 2024 und eine Landestufe setzte am 1. Juni 2024 im südlichen Bereich des Apollo-Kraters auf der Mondrückseite sanft auf. Chang'e 6 hatte eine Startmasse von 8,25 t, davon 5,45 t Treibstoff und führte chinesische und internationale Experimente mit sich. Mit einem Bohrer und Grabegerät wurden Mondproben entnommen und schon am 3. Juni erfolgte der Rückstart in einen Mondorbit, wo die Aufstiegsstufe drei Tage später an den Chang'e 6 Orbiter andockte. Der Rückflug erfolgte am 20. Juni und die Landung auf chinesischem Festland am 25. Juni 2025.

8.16 Chandrayaan-1

Schließlich bekundete auch Indien sein Interesse, den Mond zu besuchen. Die indische Raumfahrtbehörde ISRO schickte Chandrayaan-1 (ind. für „Mondfahrzeug") am 22. Oktober 2008 auf die Reise. Sie umrundete den Mond

3400-mal. Mit an Bord war auch das deutsche Infrarot-Instrument SIR-2 des Max-Planck-Instituts für Sonnensystemforschung. Nach mehr als dreihundert Tagen im All brach der Kontakt schließlich am 28. August 2009 ab. Zwischendurch hatte das Raumfahrzeug eine Tochtersonde abgesetzt, die während ihres geplanten Sturzes wertvolle Messdaten an die Erde übermittelte.

8.17 Beresheet

Hierbei handelte es sich um den ersten israelischen Versuch, auf dem Mond zu landen. Die Mission entstand aufgrund einer privaten Initiative, wurde privat geplant und finanziert. Bei der Realisierung war die Israel Space Agency beteiligt. Ins All befördert wurde die Sonde mit einer Falcon-9-Rakete von SpaceX von Cape Canaveral. Die Sonde erreichte den Mondorbit am 4. April 2019. Die geplante weiche Landung misslang wegen des Ausfalls wesentlicher Komponenten (Telemetrie, Haupttriebwerk) und führte zu einer harten Landung, bei der das Gerät zerstört wurde.

8.18 SLIM

Die japanische Mission SLIM (Smart Lander for Investigating Moon) wurde am 6. September 2023 gestartet. Die Landung erfolgte am 19. Januar 2024 nahe des Mare Nectaris, somit war Japan das fünfte Land, dem eine erfolgreiche Mondlandung gelang. Die Sonde machte Aufnahmen der Mondoberfläche und führte verschiedene Instrumente und zwei kleine Rover mit. Am 28. April 2024 wurde die Sonde abgeschaltet.

8.19 Resilience/Hakuto-R Mission 2

Die japanische Mission wurde am 15. Januar 2025 gestartet und schlug am 5. Juni 2025 wegen Kommunikationsproblemen hart auf dem Mond auf.

8.20 Artemis

8.20.1 Zielsetzung

Die NASA möchte an die Erfolge des vergangenen Apollo-Programms wieder anknüpfen, und hat dazu das Projekt Artemis ins Leben gerufen. Zum ersten Mal nach Apollo 17 im Dezember 1972 – also vor rund 50 Jahren – sollen demnächst wieder Menschen auf dem Mond landen. Aber Artemis soll mehr sein als nur eine Reihe von sukzessiven Mondbesuchen. Das Programm Artemis umfasst den Bau einer permanenten Mondbasis, die jährlich von Astronauten besucht werden soll. Geplant ist die Errichtung der Station am Mondsüdpol, der ganzjährig von Sonnenlicht beleuchtet ist und wegen des nachgewiesenen Vorhandenseins von Wassereis, das für chemische Verbindungen, u. a. auch Treibstoffe, genutzt werden könnte. Die übergeordnete Zielsetzung geht aber weit über das unmittelbare Vorhaben hinaus. In ihrem „Artemis-Plan“ stehen ganz zu Anfang die Worte: „Amerika wird diese monumentale Veränderung führen, die die Menschheit aus ihrer inhärenten Gebundenheit an die Erde befreien wird. Dies ist die Dekade, in der die Artemis-Generation uns lehren wird, in anderen Welten zu leben.“ Diese Maxime ist nur zu verstehen, wenn man bedenkt, dass das Mondvorhaben dieses Programms nur ein Meilenstein ist, von dem aus der nächste Schritt, nämlich die Reise von Menschen zum Mars, erfolgen soll. Davon aber in Kap. 12 mehr.

8.20.2 Entscheidung und Kooperation

Erste Pläne für ein Apollo-Nachfolgeprojekt wurden unter US-Präsident Bush jun. entwickelt. Nachdem sein Nachfolger Obama die Finanzierung wieder auf Eis gelegt hatte, griff dessen Nachfolger Trump den Faden wieder auf. In der Space Policy Directive-1 vom 11. Dezember 2017 heißt es (übersetzt): „Ein innovatives und nachhaltiges Forschungsprogramm mit kommerziellen und internationalen Partnern soll angeführt werden, die Ausbreitung der Menschheit innerhalb des Sonnensystems zu ermöglichen, und neue Erkenntnisse und Möglichkeiten zur Erde zurück zu bringen. Indem mit Missionen jenseits niedriger Erdumlaufbahnen (Low Earth Orbits) begonnen wird, werden die Vereinigten Staaten die Rückkehr von Menschen zum Mond zwecks langfristiger Erforschung und Nutzbarmachung einleiten, gefolgt von menschlichen Missionen zum Mars und anderen Reisezielen." Da im Zuge des Artemis-Programms auch Ausbeutungen von materiellen Ressourcen des Mondes vorgesehen sind, sicherten sich die USA durch Verträge mit anderen Teilnehmerstaaten eine teilweise rechtliche Grundlage, was völkerrechtlich aber umstritten ist. Zu den ersten Unterzeichnern der Artemis Accords gehören: Australien, Brasilien, Italien, Japan, Kanada, Luxemburg, Neuseeland, Polen, Südkorea, die Vereinigten Arabischen Emirate und das Vereinigte Königreich. Inzwischen haben 54 Staaten gezeichnet, darunter auch Deutschland.

Danach wurde das Projekt mit diversen Verzögerungen und technologischen Neudispositionen unter Präsident Biden weitergeführt. Nach Beginn der zweiten Präsidentschaft Trumps 2025 kommt es zu großen Änderungen und Einsparungen in der US-Raumfahrt, deren Folgen derzeit noch nicht absehbar sind. So wurde inzwischen vorgeschlagen, das Artemis-Programm nach den ersten drei

Missionen und den Bau der Lunar Orbital Platform-Gateway zu beenden. Dies hätte auch große Auswirkungen auf die internationalen Partner, darunter Deutschland und Europa.

8.20.3 Zeitplan

Die Zeitplanung des Artemis-Projektes wurde – wie es bei solch ambitionierten Vorhaben nicht ungewöhnlich ist – seit dem Startschuss mehrfach den Entwicklungserkenntnissen und Finanzierungsmöglichkeiten angepasst. Z. Zt. (2025) sieht er etwa folgendermaßen aus:

- Seit 2022: unbemannte Mission zum Test der neuen Trägerrakete (s. u.); Umrundung des Mondes; mehrere unbemannte Roboter-Erkundungslandungen auf dem Mond (Südpol)
- 2026: Artemis-2 geplant als erste bemannte Mission; Umrundung des Mondes für 10 Tage mit einer Astronautin und drei Astronauten
- 2027: Artemis-3 erste Landung von zwei Astronauten nach Apollo auf dem Mond für 10 Tage, zwei Astronauten umkreisen den Mond; Gesamtdauer 30 Tage; davor 17 Starship-Flüge zur Bereitstellung eines Treibstoffdepots und Start der Landefähre in den Mondorbit. Platzierung der ersten beiden Module einer Mondraumstation in der Mondumlaufbahn
- 2028: Artemis-4 Landung auf dem Mond mit einer Starship-Fähre und weiterer Aufbau des LOP-G. Dauerhafte US-Präsenz auf dem Mond
- 2028: Artemis-5 Landung auf dem Mond mit einer Blue-Moon-Fähre und weiterer Aufbau des LOP-G. Danach jährliche Artemis-Missionen geplant.

8.20.4 Komponenten

Das Programm besteht aus vier wesentlichen technischen Komponenten:

- Die SLS Superschwerlastträgerrake (26 t Nutzlast) (Abb. 8.5):
- Das Space Lauch System ist das einzige System, das z. Zt. in der Lage ist, Menschen aus dem Low-Earth Orbit heraus zu befördern und das Orion-Raumschiff mit Astronauten und Vorräten in einer einzigen Mission zum Mond zu schicken. Die Rakete für Artemis I ist 98 m hoch und 2600 t schwer. Sie ist mit vier RS-25-Triebwerken und beim Start zusätzlich mit zwei Feststoff-Boostern ausgestattet.
- Das ORION-Raumschiff: Es ist ausgelegt für eine Besatzung von vier Astronauten, bestehend aus der Raumkapsel und einer Versorgungseinheit. Die unter Druck stehende Raumkapsel wiegt beim Start etwa 36.000 kg und ist etwa 5 m lang bei einem Durchmesser von etwa 4 m. In ihr befinden sich die Lebenserhaltungssysteme, die Bordelektronik, Energieversorgungssysteme und fortschrittliche Fertigungstechnologien. Bei der Rückkehr vom Mond kann eine Nutzlast von etwa 100 kg mitgeführt werden. Das Service-Modul wurde in Zusammenarbeit mit der ESA konzipiert. Es stellt die Antriebtechnik zur Verfügung, Temperatursteuerung, durch von vier Solarpaneelen erzeugte Elektrizität, Wasser, Sauerstoff und Stickstoff. Das Reaktionssteuerungssystem besteht aus 24 Schubdüsen. Hinzu kommen 8 Zusatzmotoren.
- Das LOP-P Lunar Orbital Platform Gateway, eine Raumstation für die Mondumlaufbahn: Dieses Gateway hat verschiedene Aufgaben: zum Einen dient es der Unterstützung von Langzeitbesatzungen auf dem Mond selbst, dann als Ausgangspunkt für die Erforschung des

Abb. 8.5 SLS Space Launch System. (© NASA)

tieferen Weltraums. Es kann zeitweilig bemannt werden, und von ihm aus sollen auch Robotermissionen gesteuert werden – sowohl auf dem Mond als auch Raumfahrzeuge,

die zu anderen Zielen im Sonnensystem unterwegs sind. Das Gateway soll aus einem PPE (Power and Propulsion Element) zur Energieversorgung, schneller Datenübertragung, Höhen- und Umlaufsteuerung, sowie einem HALO (Habitation and Logistics Outpost), einem Aufenthaltsbereich für Menschen, bevor sie auf dem Mond selbst landen, bestehen. Das HALO ist ausgestattet mit Technologien für Steuerungssysteme, Datenmanagement, Energiespeicher und –verteilsystemen und Lebenserhaltungssystemen. Außerdem soll es mit Andockstutzen für weitere Gefährte und Erweiterungsmodule für wissenschaftliches Arbeiten versehen werden.
- Das Launch Abort System: Im Falle eines Fehlstarts kann dieses System, das sich oberhalb der Raumkapsel befindet, in Millisekunden aktiviert werden, um die Kapsel in Sicherheit und die Besatzung zu einer sicheren Landung zu bringen Außerdem ist eine Version des Starships von SpaceX als Mondfähre vorgesehen.

8.20.5 Realisierte Meilensteine

September 2020: Großversuch für die SLS-Rakete in Promomtory, Utah. Für etwas mehr als zwei Minuten – die gleiche Zeitspanne, die die Booster der SLS während eines echten Starts benötigen – feuerten die Booster in der Wüste von Utah. Dabei kamen die gleichen Materialien zum Einsatz, die auch später verwendet werden sollen. Die Performance-Daten, die dabei gewonnen wurden, wurden von dem Hersteller Northrop Grumman und der NASA ausgewertet.

Januar 2021: Jungferntest der SLS-Raketen-Kernstufe am Stennis Space Center in der Nähe von Bay St. Louis, Mississippi mit allen vier Triebwerken, der acht Minuten dauerte.

November 2021: Auswahl der US-Firma Intuitive Machines LLC zur Untersuchung von Reiner Gamma, einem Gebiet im Oceanus Procellarum, durch den geplanten Roboter/Lander Nova-C.

16. November 2022: Artemis-1 als erste unbemannte Mission zum Test der neuen Trägerrakete SLS Block-1 (s. u.) gestartet; mehrfache Umrundung des Mondes durch das Raumschiff Orion und erfolgreiche Landung auf der Erde; vier Cubesat-Sonden am Mond erfolglos ausgesetzt.

November 2024: Identifiziereung möglicher Landeorte für Artemis III:

- Gipfel in der Nähe von Cabeus B
- Haworth
- Malapert Massif
- Mons Mouton Plateau
- Mons Mouton
- Nobile Rim 1
- Nobile Rim 2
- de Gerlache Rim 2
- Slater Plain

Dezember 2024: Modifikation des Hitzeschildes des Orion-Raumschiffes

Zwischen Dezember 2022 und Februar 2025 folgten noch Starts der unbemannten und teils kommerziellen Lander Lunar Flashlight, Peregrine Mission One, IM-1 Odysseus, Blue Ghost M1, IM-2 Athena, Lunar Trailblazer; nur Blue Ghost M1 war ein voller Erfolg, die anderen Missionen scheiterten komplett oder nach kurzer Zeit; an Bord von Blue Ghost M1 war auch das Instrument LISTER des Deutschen Zentrums für Luft- und Raumfahrt (DLR), mit welchem der Wärmefluss aus dem Mondinneren gemessen wurde.

9

Organisationen

Zusammenfassung Mittlerweile gibt es in vielen Ländern staatliche Organisationen, die die Interessen an der Weltraumfahrt ihrer Nationen koordinieren und für die erforderliche materielle Unterstützung sorgen, obwohl in letzter Zeit auch private Firmen die Initiative ergriffen haben.

Mittlerweile gibt es in vielen Ländern staatliche Organisationen, die die Interessen an der Weltraumfahrt ihrer Nationen koordinieren und für die erforderliche finanzielle Unterstützung sorgen, obwohl in letzter Zeit auch private Firmen die Initiative ergriffen haben. An dieser Stelle können nicht alle nationalen Organisationen behandelt werden. Zu den wichtigsten gehören die NASA, die ESA, das DLR und die zuständigen Behörden von Russland (Roskosmos), China (CNSA bzw. CMSA), Japan (JAXA) und Indien (ISRO). Neben dem DLR sind die bedeutendsten europäischen Raumfahrtagenturen die von Frankreich (CNES), Italien (ASI) und Großbritannien (UKSA).

W. Osterhage, C. Gritzner, *Die Geschichte der Raumfahrt*,
https://doi.org/10.1007/978-3-662-72501-6_9

9.1 NASA

Auslöser für die Schaffung der NASA (National Aeronautics and Space Administration) war der Schock, den der erfolgreiche Start von Sputnik 1 der Sowjetunion auslöste. Die US-Amerikaner werteten das und weitere Entwicklungen als eine Bedrohung für ihre nationale Sicherheit. Präsident Eisenhower unterzeichnete den National Aeronautics and Space Act im Juli 1958, und die NASA nahm ihre Arbeit bereits am 1. Oktober desselben Jahres auf. In ihr waren zunächst vier bestehende Laboratorien mit insgesamt 8000 Mitarbeitern zusammengeschlossen, darunter das Team von Brauns in Huntsville, das sich mit der Konstruktion von ballistischen Raketen beschäftigte.

Von Anfang an waren die Anstrengungen auf die Möglichkeiten der bemannten Raumfahrt ausgerichtet. Den ersten Erfolg erzielte die NASA dann mit dem Flug von Alan Shepard im Rahmen des Mercury-Programms (Kap. 6). Allerdings waren die Amerikaner auch dabei wiederum nur zweiter Sieger. Mit dem Apollo-Programm gewannen sie dann aber schließlich den Wettlauf zum Mond (Kap. 8).

Dem Apollo-Programm folgte die Raumstation Skylab (Kap. 10) und dann der Space Shuttle (Kap. 7), schließlich die ISS (International Space Station, Kap. 10) in Kooperation mit anderen Raumfahrtbehörden.

In den Jahren nach 1960 erfolgte eine Reihe von unbemannten Missionen zu anderen Planeten und deren Monden unseres Sonnensystems (Kap. 11 und 12) sowie die Platzierung von Weltraumteleskopen und Beobachtungssystemen im erdnahen Raum.

Die NASA verfügt über mehr als ein Dutzend Einrichtungen und Anlagen zur Unterstützung ihrer Raumfahrtprogramme. Die drei wichtigsten sind das Goddard Space Flight Center (GSFC) in Maryland, das Johnson

Space Center (JSC) in Texas und das Kennedy Space Center (KSC) in Florida. Die Leitung des Marshall Space Flight Centers (MFSC) hatte Wernher von Braun inne, der damit zum Hauptarchitekten der Saturn-V-Trägerrakete wurde. Nach 1970 wurde von Braun für zwei Jahre Chef des NASA-Planungsbüros in Washington. Zudem ist der NASA noch das Jet Propulsion Laboratory (JPL) angeliedert, welches zur Universität California Institute of Technology (Caltech) gehört. Das JPL betriebt die Raumsondenmissionen der NASA und baut auch Instrumente.

9.2 ESA

Die ESA (European Space Agency) wurde 1975 gegründet und entstand aus ihren beiden Vorläuferorganisationen ELDO (European Launcher Development Organisation) und ESRO (European Space Research Organisation), die schon 1962 gegründet wurden. Die ESA fördert und vertritt die Interessen ihrer Mitgliedstaaten in der Raumfahrt. Ihr gehören 23 Länder an: Belgien, Dänemark, Deutschland, Estland, Finnland, Frankreich, Griechenland, Großbritannien, Irland, Italien, Luxemburg, Niederlande, Norwegen, Österreich, Polen, Portugal, Rumänien, Schweden, Schweiz, Slowenien, Spanien, Tschechische Republik, Ungarn. Daneben gibt es assoziierte Mitglieder: Kanada, Lettland, Litauen, die EU und Eumetsat. Weiter gibt es Kooperationsstaaten, die an bestimmten Projekten beteiligt sind: Bulgarien, Slowakische Republik, Zypern, und Staaten mit einem Kooperationsvertrag, als erstem Schritt der Zusammenarbeit mit ESA: Türkei, Ukraine, Israel, Malta, Kroatien. Das bedeutet, dass die ESA keine EU-Organisation ist, sondern eigenständig agiert, wobei sich beide miteinander abstimmen. Die Vertretung der einzelnen ESA-Mitgliedstaaten wird deshalb in der Regel von den Raumfahrtbehörden der einzelnen Länder wahrgenommen und nicht von reinen Regierungsinstanzen.

Der Hauptsitz der ESA befindet sich in Paris. Daneben gibt es weitere wichtige dezentrale Einrichtungen:

- ESTEC (European Space Research and Technology Centre) in Noordwijk in den Niederlanden für die Entwicklung von Raumfahrzeugen
- ESOC (European Space Operations Centre) in Darmstadt zur Überwachung von Satelliten
- EAC (European Astronauts Centre) in Köln für das Astronauten-Training
- ESRIN (European Space Research Institute) in Frascati in Italien zur Aufbereitung von Satellitendaten
- ESAC (European Space Astronomy Centre) in Villafranca in Spanien zur Sammlung aller astronomischen Daten aus ESA-Missionen
- ESEC (European Space Security & Education Centre) bei Redu in Belgien zur Aktivitäten der Cyber-Sicherheit in Weltraum und Bildung
- ESRANGE (European Space and Sounding Rocket Range) in Kiruna, Schweden, für Höhenforschungsraketen und Schwerelosigkeitsforschung
- mehrere Business Incubation Centres (BIC) die sich mit der Kommerzialisierung von ESA-Angeboten befassen

Die ESA beschäftigt hauptamtlich mehr als 2500 Mitarbeiter.

Das eigentliche Raumfahrtzentrum aber liegt in Französisch Guyana, einem Übersee-Departement Frankreichs in Südamerika, in Kourou, von wo aus das Arbeitspferd der ESA, die Ariane-Trägerrakete mit ihren Nutzlasten in den Raum geschickt wird. Dabei handelt es sich meistens um europäische Satelliten oder Satelliten von anderen Kunden z. B. aus den USA, Kanada, Japan, Indien oder Brasilien oder um Versorgungsschiffe für die ISS, die ATVs (Kap. 10). Zu den spektakulärsten ESA-Missionen der letzten Jahre gehören die Kometenerforschung durch Rosetta (Kap. 13), die Platzierung des Planck-Teleskops zur Messung der kosmischen Hintergrundstrahlung (Kap. 13) und Mars Express (Kap. 12).

9.3 DLR

Das Deutsche Zentrum für Luft- und Raumfahrt e.V. (DLR) besteht einerseits aus Forschungsinstituten mit Schwerpunkten in Luftfahrt, Raumfahrt, aber auch Energieforschung, Verkehr, Digitalisierung und Sicherheit. Andererseits umfasst es auch die Deutsche Raumfahrtagentur im DLR am Standort Bonn-Oberkassel, welche für die Bundesregierung hoheitliche Aufgaben auf dem Gebiet der Raumfahrt wahrnimmt.

Die Hauptverwaltung des DLR befindet sich in Köln-Porz. Daneben gibt es noch 30 weitere Standorte in Deutschland. Zu den wichtigsten gehört das Deutsche Fernerkundungszentrum (DFD) in Oberpfaffenhofen. Dort war auch im Jahre 1937 die direkte Vorgängerorganisation des DLR, das Flugfunkforschungsinstitut (FFO), gegründet worden, dessen Mitarbeiterbestand am Ende des Zweiten Weltkrieges 2000 Menschen betrug. Ein weiterer Vorläufer war die Aerodynamische Versuchsanstalt (AVA), die ursprünglich unter dem Namen Modellversuchsanstalt der Motorluftschiff-Studiengesellschaft bereits im Jahre 1907 ins Leben gerufen worden war. Das eigentliche DLR entstand 1969 als Deutsche Forschungs- und Versuchsanstalt für Luft- und Raumfahrt (DFVLR) durch Zusammenschluss der AVA mit der Deutschen Versuchsanstalt für Luftfahrt (DVL) und der Deutschen Forschungsanstalt für Luftfahrt (DFL). 1972 kam die Gesellschaft für Weltraumforschung (GfW) hinzu. 1989 erfolgte die Umbenennung in Deutsche Forschungsanstalt für Luft- und Raumfahrt (DLR). 1997 fusionierte die DLR mit der Deutschen Agentur für Raumfahrtangelegenheiten (DARA) und wurde in Deutsches Zentrum für Luft- und Raumfahrt (DLR) umbenannt.

Wichtige Tätigkeitsbereiche der Deutschen Raumfahrtagentur sind die Trägersysteme, Navigation, Kommunikation, astronautischen Raumfahrt sowie die Erforschung der Erde und des Sonnensystems. Dabei kooperiert das DLR mit der ESA und der NASA. Hierfür vergibt die Raumfahrtagentur Fördergelder an Firmen, Forschungseinrichtungen und Universitäten.

Zu den wichtigsten beendeten Missionen gehörten der Bau des ATV für die Versorgung der ISS (Kap. 10), Cassini-Huygens als Reise zum Saturn und seinen Monden und Mars Express. Aktuell ist das DLR an mehr als zwanzig großen Raumfahrtprojekten beteiligt. Dazu gehören die Trägerrakete Ariane und das europäische Forschungslabor Columbus an der ISS. Es leistet wichtige Beiträge zum Aufbau des Satellitennavigationssystems Galileo. Das europäische Projekt Mars Express liefert seit 2003 wichtige Daten über die Geologie, die Mineralogie und die Atmosphäre des Planeten Mars. Das DLR war ebenso an dem Rosetta-Projekt der ESA beteiligt.

9.4 Roskosmos

Die Raumfahrtbehörde der Russischen Föderation übernahm nach dem Zerfall der Sowjetunion die vorhandenen Ressourcen des sowjetischen Raumfahrtprogramms. Die Gründung erfolgte 1992. In ihrer heutigen Rechtsform entstand sie allerdings erst in 2015 nach einer Fusion mit der Vereinigten Raketen- und Raumfahrtkorporation. Sitz der Organisation ist Star City oder Sternenstädchen am Stadtrand von Moskau. Für sein Raumfahrtprogramm nutzt Roskosmos vier Weltraumbahnhöfe: den traditionellen und größten der Welt in Baikonur in Kasachstan, für das Russland allerdings Nutzungsgebühren zahlen muss, das Kosmodrom Plessezk bei Archangelsk, den Weltraumbahnhof der ESA in Kourou und Vostochny auf russischem Territorium in der Amur-Region nahe der chinesischen Grenze.

Roskosmos ist der wichtigste Kooperationspartner für die ISS (Kap. 10). Für Besatzungen und Versorgung leistet es den wesentlichen Anteil. Neuere Entwicklungen betreffen insbesondere die Weiterentwicklung leistungsfähiger oberer Raketenstufen (Breeze und Fregat) sowie neuerer Trägerraketen (Weiterentwicklung von Sojus). Nach dem Angriff Russlands auf die Ukraine im Februar 2022 wurden viele Kooperationen mit westlichen Partnern beiderseits eingeschränkt oder beendet, so finden auch keine Starts der Sojus-Trägerrakete von Kourou aus mehr statt.

9.5 CNSA und CMSA

Die CNSA (China National Space Agency) ist zuständig für unbemannte Raumfahrtobjekte. Für bemannte Projekte zeichnet die CMSA (China Manned Space Agency) verantwortlich. Schon 1956 begannen erste Überlegungen zu einem Raumfahrtprogramm und die dazu erforderlichen Strukturen. Im Laufe der Jahre wechselten die Zuständigkeiten, obwohl bis heute alle Raumfahrtaktivitäten eng mit der militärischen Infrastruktur und deren Organisationen gekoppelt sind. Während früher Raumfahrt eine reine Angelegenheit des Verteidigungsministeriums war, ist die CNSA heute zwar nominell eigenständig, ihr Direktor aber gleichzeitig Direktor der Nationalen Kernenergiebehörde und der Nationalen Behörde für Wissenschaft und Industrie in der Landesverteidigung.

Die CNSA besitzt keine eigenen Startplätze oder Kontrollzentren und muss deshalb auf Einrichtungen der Strategischen Kampfunterstützungstruppe der Volksbefreiungsarmee zurückgreifen. Zu den Aufgaben der CNSA gehören die Entwicklung einer nationalen Raumfahrtpolitik und deren zugehörige Strategien, Projektplanung und -umsetzung von Forschungsvorhaben sowie internationale Kooperationen. Zu den erfolgreichen Raumfahrtprojekten, die von der CNSA koordiniert wurden, gehören die Erforschung des Erdmagnetfeldes sowie unbemannte Mondlandungen. Am 14. Mai 2021 landete die unbemannte Sonde Tianwen-1 mit einem Rover auf dem Mars, während ein Orbiter den Planeten weiter umkreist.

Die CMSA untersteht der Abteilung für Waffenentwicklung der Zentralen Militärkommission. Im Oktober 2003 brachte sie den ersten Astronauten, Yang Liwei, für 21 h in eine Erdumlaufbahn. Auch die Leiter der CMSA hatten und haben immer gleichzeitig Führungsverantwortung in militärischen Ämtern oder Abteilungen inne, sind also meistens Generäle, während deren Stellvertreter Fachleute aus den Natur- und Ingenieurwissenschaften sind. China verfügt über die Shenzou- und Changzheng-Trägerraketensysteme. Zu den Erfolgen der chinesischen bemannten Raumfahrt gehören neben dem ersten bemannten Flug weitere Raumfahrten, Außenbordeinsätze, zwei Raumstationen und der Einsatz des Versorgungsschiffes Tianzhou. Mittlerweile arbeitet man an einer neuen Generation von Raumschiffen und einer neuen Raumstation.

9.6 ISRO

In Indien wird die Raumfahrt durch die Indian Space Research Organisation (ISRO) koordiniert. Sie hat ihren Sitz in der Technologie-Region Bangalore. Ihr Ursprung geht auf das 1962 gegründete Indian National Committee for Space Research zurück, deren Interessen ab 1969 von einer Unterabteilung des Department of Atomic Energy wahrgenommen wurde, bis sie 1975 eine eigenständige Organisation bildete.

Die ersten Erfolge Indiens in der Raumfahrt resultierten durch Kooperationen mit der UdSSR: erster indischer Satellit (Aryabhata) mithilfe einer sowjetischen Trägerrakete, erster Kosmonaut (Rakesh Sharma) auf der Raumstation Saljut 7. Indien verfügt auch über eigene Trägerraketen. Eigenständige Missionen brachten Satelliten mit unterschiedlichen Aufgaben in Erdorbits. Der bisher größte Erfolg war die Marsmission MOM, während die Mondmissionen Chandrayaan-1 als Erfolg und Chandrayaan-2 als Fehlschlag zu werten sind.

9.7 JAXA

Die japanische Weltraumbehörde JAXA ist zwar seit 2003 nominell eine eigenständige Organisation, untersteht aber dem Ministerium für Bildung, Kultur, Sport, Wissenschaft und Technologie. Sie ging aus dem Zusammenschluss von drei Vorgängerorganisationen hervor (National Space Development Agency, National Aerospace Laboratory, Institute of Space and Astronautical Science). Schwerpunkte der japanischen Missionen waren astronomische Beobachtungen im Röntgen- und Infrarotbereich, außerdem Radioastronomie sowie Erd- und Sonnenbeobachtungen. Interplanetare Projekte führten zum Kometen Halley (Suisei), zum Mond (Hiten und Kaguya), zur Venus (Akatsuki), zum Mars (Nozom; gescheitert) und zum Merkur (BepiColombo in Kooperation mit der ESA). Große Erfolge feierte die JAXA mit ihren Asteroidensonden Hayabusa 1 und 2, welche die Asteroiden Itokawa bzw. Ryugu erreichten und

Staubpartikel zur Erde zurückbrachten. Weitere Missionen zur Erforschung des Sonnensystems wie MMX, SOLAR-C und Destiny+ sind in Vorbereitung. Ein ambitioniertes Mondbasisprogramm mit Rover und Robonauten, das für die 2020er-Jahre geplant war, wurde aus Kostengründen jedoch verschoben. JAXA ist auch auf den Gebieten Trägerraketen, Kommunikation und Navigation aktiv.

9.8 Private Raumfahrtunternehmen

Ab Mitte der 1980er-Jahre ermöglichte die Gesetzgebung der USA, dass auch Privatunternehmen Raumfahrtprojekte durchführen dürfen. Seitdem drängen immer mehr private Raumfahrtunternehmen – nicht nur in den USA – auf den Markt. Sie haben u. a. im Angebot:

- Nutzlasttransporte,
- Satellitentechnologie,
- Transporte von Astronauten z. B. zur ISS,
- Weltraumtourismus.

Bis heute (2025) sind weltweit mehr als 160 private Anbieter für Weltraumtechnologie bekannt. Zu den erfolgreichsten gehören:

- Blue Origin
- Space X
- Rocket Lab
- Virgin Galactic
- ABL Space Systems
- Relativity Space
- Agnikul-Kosmos
- Arianespace

An dieser Stelle sollen zwei der bekanntesten privaten Raumfahrtunternehmen und deutsche Start-Ups herausgegriffen werden.

9.8.1 Space X

Space X wurde im Jahre 2002 von dem amerikanischen Unternehmer Elon Musk gegründet. Die Firmenzentrale ist in Hawthorne in der Nähe von Los Angeles. Start- und Landeanlagen befinden sich an mehreren Orten an der US-Ost und -Westküste.

Mit seinen Trägersystemen Falcon 9 und Falcon Heavy sowie dem Raumschiff Dragon avancierte das Unternehmen zum bedeutensten Versorger der ISS Raumstation sowie zum führenden Anbieter von Satellitenstarts. Zu den wichtigsten Innovationen gehören wiederverwendbare Raketenkomponenten. Durch den Aufbau des Satellitennetzwerks Starlink wurde globale Konnektivität hergestellt. Das Starship-Programm von Space X zielt auf die Erforschung des Weltraums und beinhaltet auch Marsmissionen.

Anfang April 2025 wurde die erste deutsche Frau, Rabea Rogge, im Rahmen der privaten Mission „Fram2" zusammen mit drei weiteren Kollegen vom Kennedy Space Center in Florida in einer Crew Dragon Kapsel von Space X auf eine polare Umlaufbahn gebracht.

9.8.2 Blue Origin

Blue Origin wurde im Jahre 2000 von dem amerikanischen Unternehmer Jeff Bezos gegründet. Der Firmensitz befindet sich in Kent bei Seattle, das Testgelände in Texas. Auch Blue Origin konzentriert sich auf die Entwicklung wiederverwendbarer Raketenkomponenten. Blue Origin bietet mit ihrer New Shepard-Rakete suborbitalen Weltraumtourismus an, sowie orbitale Nutzlastbeförderungen mit der New Glenn-Rakete. Das Unternehmen ist NASA-Partner bei der Entwicklung einer Mondlandefähre im Rahmen des Artemis-Programms.

9.8.3 Deutsche Start-Ups

Auch in Deutschland gibt es private Raumfahrtunternehmen. Die meisten von ihnen kooperieren mit staatlichen Einrichtungen. Der Mikrolauncher-Wettbewerb des Deutschen Zentrums für Luft und Raumfahrt (DLR) hat drei Start-Ups ausgezeichnet, die an innovativen Kleinträgerrakteten für den Transport von Satelliten arbeiten:

- **Isar Aerospace Technologies** (Trägerrakete Spectrum, Testgelände Andøya/Norwegen),
- **Rocket Factory Augsburg** (Testgelände Unst/Schottland),
- **HyImpulse Technologies** (Firmensitz in Neuenstadt, Raketen-Hybridantrieb mit Paraffin und flüssigem Sauerstoff).

Auch im Bereich der Kleinsatelliten gibt es mehrere Ausgründungen aus Universitäten.

10

Raumstationen

Zusammenfassung Eine Raumstation ist ein Raumschiff mit Besatzung auf einer Umlaufbahn. Eine solche Station ist normalerweise ständig von Menschen besetzt und bleibt zunächst ohne zeitliche Begrenzung im Orbit. Was ist der Sinn einer solchen Einrichtung, deren Bau und Unterhalt mit erheblichen Kosten verbunden sind?

Die Aufgabenstellung für den Betrieb von Raumstationen hat sich im Laufe ihrer Entwicklungen häufig geändert. Es gab anfangs auch militärische Aspekte, als man in den 1960er-Jahren Astronauten zur Beobachtung relevanter Ziele einsetzen wollte. Diese Aufgabe wurde dann durch Spionagesatelliten übernommen, die schneller, flexibler und preiswerter waren. Die originären Aufgaben der Raumstationen waren zunächst an den Erprobungen der Raumfahrt selbst orientiert: Auswirkungen von Langzeitaufenthalten von Menschen im All und Tests von Antriebstechnologien und Lebenserhaltungssystemen. Sehr bald kamen

W. Osterhage, C. Gritzner, *Die Geschichte der Raumfahrt*,
https://doi.org/10.1007/978-3-662-72501-6_10

Vorhaben zur Erdbeobachtung und -vermessung hinzu, später dann Experimente in der Schwerelosigkeit mit Ergebnissen für Anwendungen auf der Erde selbst.

In diesem Kapitel werden die bisher gebauten Raumstationen Saljut, Skylab, Mir, ISS und Tiangong in dieser Reihenfolge behandelt, wobei die ISS den größten Raum einnimmt.

10.1 Saljut

Den Wettlauf zum Mond hatten die Amerikaner gewonnen. Es war das erste Mal, dass die Sowjetunion die Nase in der Weltraumfahrt nicht vorne hatte. Pläne für eine amerikanische Raumstation waren bekannt. Deshalb beeilten sich die Sowjets, wenigstens auf diesem Gebiet wieder Erste zu werden. Wie oftmals in der Raumfahrt spielten hier auch zunächst militärische Aspekte eine Rolle. Die Idee war, eine Reihe von militärischen Beobachtungsstationen in erdnahen Orbits zu stationieren. Dieses Projekt lief unter dem Namen Almas (Diamant). Im Sommer 1969 wurde aber aus verschiedenen Gründen umdisponiert. Bereits konzipierte und zum Teil schon produzierte Komponenten von Almas wurden umgewidmet für eine zivile Raumstation, genannt DOS (Abkürzung für die russische Bezeichnung „Langzeit-Orbital-Station"). Sowohl Almas als auch DOS führten nach außen hin den Namen Saljut (Salut). Insgesamt wurden sechs DOS- und fünf Almas-Stationen gebaut. Tatsächlich mit einer Besatzung versehen wurden nur vier DOS- und zwei Almas-Stationen.

Mit Saljut 1 lancierten die Sowjets im April 1971 die erste Raumstation überhaupt. Sie wurde von einer Proton-Trägerrakete in die Umlaufbahn befördert. Gesteuert wurde sie durch ein am Heck verankertes Sojus-Modul. Der ersten vorgesehenen Besatzung gelang es allerdings nicht, die Station zu betreten, da der Kopplungsmechanismus ihres Sojus-Transportschiffes nicht funktionierte. Nach Modifikationen am Kopplungsadapter konnte eine Besatzung schließlich im Juni desselben Jahres in das Innere der Stationen vordringen. Allerdings übernachteten die Kosmonauten im Sojus-Schiff, da es Probleme mit der Atmosphäre in der Station gab.

Saljut 1 und alle folgenden Raumstationen, die unter der Bezeichnung Saljut liefen, waren ähnlich aufgebaut: Die Station war 16 m lang und wog 19 t. Vorne befand sich eine Andockstation mit einer Schleuse, dahinter direkt der Arbeitsbereich, der nicht ganz 4 m lang war und einen Durchmesser von 3 m hatte. Dem folgte ein sich konisch auf 4 m Durchmesser erweiternder Zwischenraum, der in einen weiteren Arbeitsbereich von mehr als 4 m Länge führte. Dahinter befanden sich die Triebwerksaggregate. Die Energieversorgung erfolgte über ausfahrbare Solarpaneele. Spätere Versionen von Saljut waren mit zusätzlichen Andockstutzen ausgestattet.

Als Instrumente befanden sich an Bord von Saljut 1 diverse Teleskope, ein Spektrometer und ein Elektrophotometer sowie ein UV-basiertes Beobachtungssystem für Raketenstarts auf der Erde.

Hier ein kurzer Abriss über die Besonderheiten der einzelnen Saljut-Versionen:

- Saljut 1: war nur insgesamt 25 Tage bemannt und verglühte planmäßig nach 175 Tagen beim Absturz in die Atmosphäre.
- Saljut 2: war ein Fehlschlag. Nach zwei Tagen im Orbit im April 1973 erfolgte ein totaler Kontrollverlust, und die Station stürzte einen Monat später ab, ohne jemals eine Besatzung empfangen zu haben.
- Saljut 3: wurde zwischen Juni 1974 und Januar 1975 nur 16 Tage von einer Besatzung genutzt.

- Saljut 4: wurde zwischen Dezember 1974 und Februar 1977 von zwei verschiedenen Besatzungen insgesamt 93 Tage genutzt. Wissenschaftliche Untersuchungen beinhalteten Laserortungen.
- Saljut 5: von Juni 1976 bis August 1977, zwei Besatzungen, 67 Tage insgesamt.
- Saljut 6: Modifikation und Erweiterung durch zusätzliche Andockstutzen. Start war im September 1977. Sie blieb 5 Jahre in Betrieb und wurde von 16 Mannschaften besucht. Mit ihr begann das Interkosmos-Programm, das es Kosmonauten aus befreundeten Ländern ermöglichte, mit an Bord zu kommen: Erster Deutscher im Weltall wurde dadurch Sigmund Jähn aus der DDR, der vom 26. August bis 3. September 1978 die Erde umkreiste.
- Saljut 7 (Abb. 10.1): die letzte Station in der Reihe wurde im April 1982 gestartet. Sie war jetzt durch die Kombination mit Sojus-Raumschiffen zu einer modularen Raumstation angewachsen. Zehn Besatzungen besuchten sie und ein neuer Langzeitrekord mit 237 Tagen

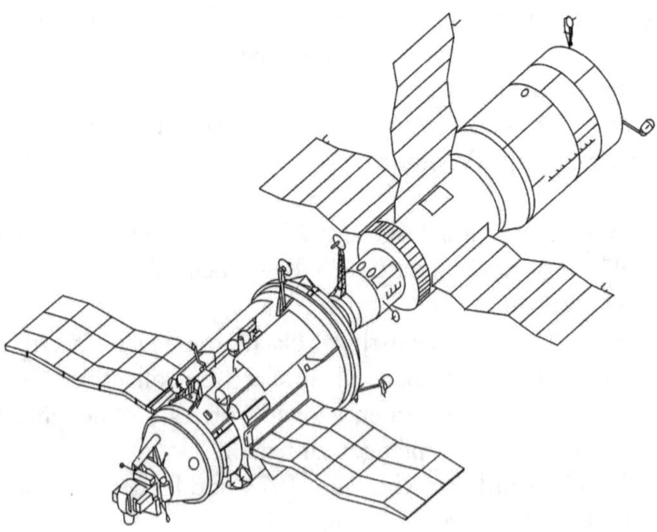

Abb. 10.1 Saljut 7. (© NASA)

wurde aufgestellt. Parallel fand der Aufbau der neuen Station Mir (s. u.) statt. Zwischen beiden Stationen wurden Ausrüstungsgegenstände hin- und hergeflogen. Saljut 7 stürzte planmäßig im Februar 1991 in die Erdatmosphäre und verglühte.

10.2 Skylab

Skylab (Abb. 10.2) war die amerikanische Antwort auf Saljut, obwohl die Planungen dafür schon weiter zurücklagen. Da Skylab (engl. für „Himmelslabor") nur bis Februar 1974 besetzt war und Saljut 3 erst im Juni 1974 ins All gebracht wurde, befanden sich zu keinem Zeitpunkt zwei unterschiedliche Besatzungen von Raumstationen im Orbit, obwohl Skylab noch bis 1979 auf einem Parkorbit um die Erde kreiste.

Abb. 10.2 Skylab, fotografiert vom Command and Service Module. (© NASA)

Das Konzept von Skylab stammt übrigens vom deutschen Raumfahrtingenieur Heinz-Hermann Koelle, der unter Wernher von Braun für die NASA u. a. an der Saturn V Entwicklung beteiligt war und Studien für künftige Mondstationen durchführte. Er schlug 1963 vor eine Raumstation aus umgebauten dritten Stufe der Saturn V zu bauen und Besatzungen mit Saturn IB Trägerraketen dorthin zu transportieren, woraus das Projekt Skylab entwickelt wurde.

Skylab wurde von der zweistufigen Saturn-V-Trägerrakete am 14. Mai 1973 in den Orbit gebracht. McDonnell Douglas hatte das Himmelslabor aus einer leeren dritten Saturn-V-Stufe konstruiert. Die Besatzung lebte und arbeitete in dem ursprünglichen Wasserstofftank, während der Sauerstofftank für Abfälle genutzt wurde. Der Lebens- und Arbeitsbereich war fast 15 m lang mit einem Durchmesser von fast 7 m (damit erheblich komfortabler als das Labormodul Destiny der ISS heute). Der Wohnbereich selbst war noch einmal unterteilt in einen oberen Teil, der hauptsächlich für das wissenschaftliche Arbeiten vorgesehen war. Darin befanden sich Tanks, Kühlschränke, Vorratsbehälter und experimentelle Einrichtungen. Der untere Teil diente zum Ausruhen und Schlafen.

Neben dem üblichen Ziel der Langzeitbeobachtung von Menschen im Weltraum besaß Skylab auch ein Sonnenobservatorium. Aber es gab auch Experimente zur Erdbeobachtung, Werkstoffforschung und Biomedizin.

Der Start von Skylab war mit gravierenden Problemen verbunden. Kurz nach dem Start der Trägerrakete beim Durchbrechen der Schallmauer riss der Meteoritenschutzschild, der auch als Wärmeschutz dienen sollte, ab und riss eines der zwei seitlichen Solarmodule mit. Daraus ergaben sich Hitze- und Energieversorgungsprobleme. Die erste und zweite Besatzung von Skylab wurde mit neu entwickelten Werkzeugen ausgestattet und entsprechend trainiert, sodass sie die entstandenen Schäden weitgehend ausbessern konnten. Insgesamt verbrachten nacheinander drei dreiköpfige Besatzungen 513 Tage auf der Station. Es gab Überlegungen Skylab auf eine höhere Umlaufbahn zu bringen und später weiter zu nutzen. Das hätte mit einem Antriebsmodul geschehen müssen, das ein SpaceShuttle (Erstflug 1981) zu Skylab hätte transportieren sollen, aber dazu kam es durch die starke Sonnenaktivität nicht mehr. Es wurde versucht, durch verschiedene Manöver Skylab über dem Meer abstützen zu lassen, was aber nur teilweise gelang. Einige Trümmer fielen am 11. Juli 1979 auf Australien herunter ohne Schaden anzurichten.

10.3 Mir („Frieden", „Welt")

Noch während Saljut 7 die Erde umkreiste, begann der Bau und die Inbetriebnahme des Nachfolgemodells Mir. Der Start des Basismoduls erfolgte am 19. Februar 1986, etwa einen Monat später erreichte die erste Besatzung die Station. Ihre Aufgabe bestand darin, Ausrüstungsgegenstände aus Sojus-Frachtschiffen zu vervollständigen und Komponenten aus Saljut-7 in die Mir zu verbringen. Die Besatzung flog also zwischen den beiden Raumstationen hin- und her. Im Rahmen dieser Aufgaben blieb sie insgesamt 50 Tage auf der Saljut-Station, auch um diese zu warten. Nach der Rückkehr zur Erde blieb die Mir zunächst ein halbes Jahr lang unbesetzt. Danach erfolgten – mit einer Unterbrechung von vier Monaten im Jahre 1989 – ständige Besatzungswechsel bis im Jahre 2000 die endgültige Ablösung des Projekts durch die ISS erfolgte.

Die Mir war von Anbeginn an eine modulare Station, bestehend aus einem Basisblock und sechs weiteren Modulen. Der Zusammenbau dauerte insgesamt zehn Jahre. Die Komponenten wurden mit einer Ausnahme alle durch Proton-Trägerraketen von Baikonur aus ins All gebracht. Das

Basismodul wog 20 t, war mehr als 13 m lang mit einem Durchmesser von gut 4 m und ausgestattet mit sechs Andockstutzen – für weitere Module und für die Sojus- und Progress-Versorgungsschiffe. Ein Sojus-Schiff blieb aus Sicherheitsgründen immer angedockt. Die Energieversorgung erfolgte über Solarpaneele. Die Stammbesatzung bestand aus zwei bis drei Kosmonauten. Allerdings konnte sie für eine begrenzte Zeit bis zu drei Gäste gleichzeitig empfangen. Im Inneren gab es eine Trainingsstation für die Kosmonauten, den Zentralcomputer und dreizehn Beobachtungsfenster.

Im Laufe der Jahre wurden die folgenden komplementären Module angebaut:

- Kwant: ein wissenschaftliches Modul für astrophysikalische Untersuchungen mit einem eigenen externen Andockstutzen – wurde 1987 in Betrieb genommen.
- Kwant 2: ab November 1989 zur Erdbeobachtung und für biologische Experimente.
- Kristall: ab 1990 für biologische und materialwissenschaftliche Experimente.
- Spektr: arbeitete von 1995 bis 1997, als es durch einen Unfall beschädigt wurde. Es diente der Erforschung der Erdatmosphäre, geophysikalischer Prozesse und der kosmischen Strahlung. Teile der wissenschaftlichen Ausrüstung wurden von der NASA bereitgestellt.
- Prirorda: ab 1996 für Experimente der Mikrogravitation.

Eine weitere Andockvorrichtung war erforderlich für das Andocken eines Space Shuttles im Rahmen der internationalen Kooperation. Am Ende des Ausbaus war die Station 31 m breit, 33 m lang und wog 135 t.

Von 1987 bis 1989 war die Mir kontinuierlich besetzt. Dann gab es eine kurze Unterbrechung von etwa vier Monaten, währenddessen die Sojus-Transporter ein Upgrade erhielten. Danach war die Raumstation zehn Jahre lang ständig besetzt. Sie überstand auch den Untergang der Sowjetunion. Allerdings musste – bedingt durch diese Ereignisse – das Besatzungsmitglied Sergei Krikaljow 311 Tage im All verharren, bevor er zur Erde zurückkehren konnte.

Bereits während der Sowjetzeit war eine lebhafte internationale Kooperation mit vielen Partnern aus anderen Ländern eingeleitet worden, die sich nach der Übernahme der Mir durch die Russische Föderation noch intensivierte. Auch deutsche Astronauten besuchten die Raumstation: Klaus-Dietrich Flade, Thomas Reiter und Reinhold Ewald sowie Ulf Merbold für die ESA. Die ausländischen Gäste wurden entweder durch Sojus-Fähren oder einen Space Shuttle zur Mir gebracht. Insgesamt verbrachten 96 Menschen Zeit an Bord der Raumstation.

Nach 15-jähriger Dienstzeit und 86.325 Erdumkreisungen erfolgte im März 2001 der kontrollierte Absturz der Mir im Pazifik. Gründe waren nicht technischer Natur, sondern finanzieller. Die ISS erschien am Horizont, und der gleichzeitige Betrieb von zwei großen Stationen war finanziell nicht leistbar.

10.4 ISS

Die International Space Station (ISS) (Abb. 10.3) ist eine internationale Kooperation, an der viele Länder beteiligt sind (s. u.). An Komplexität und Kosten vergleichbar sind nur noch der LHC beim CERN in Genf und die ITER-Experimentieranlage zur Bewältigung der kontrollierten Kernfusion in Cadarache. Die Kosten der ISS wären von einem einzigen Staat nur schwer zu tragen gewesen. Aber das ist nicht der einzige Grund für die Kooperation. Schon

Abb. 10.3 ISS am 8. November 2021, aufgenommen von einem Astronauten von SpaceX Crew-2; Von NASA – https://www.flickr.com/photos/nasa2explore/51749924967/in/photostream/; see also https://images.nasa.gov/details-jsc2021e064211_alt, Gemeinfrei, https://commons.wikimedia.org/w/index.php?curid=113535841

der Aufbau der modularen Station wäre ohne das kombinierte Know-how und die erforderlichen Raumfahrttechnologien der wichtigsten Partner (USA, Russland, ESA) kaum möglich gewesen. Und last but not least ermöglicht die Station die Durchführung einer Vielzahl von Experimenten und Beobachtungen, die in den Laboratorien der beteiligten Staaten entwickelt wurden. Diese Zusammenarbeit spiegelt sich auch in der Zusammensetzung der Besatzungen wider.

Im Folgenden werden wir den Aufbau der ISS, die Natur ihres Orbits, die wichtigsten Module und die Versorgungslogistik kennenlernen. Es folgt ein Rückblick über die Besatzungen, deren Tagesablauf sowie ein Überblick über die zurzeit (2020) wichtigsten wissenschaftlichen Experimente an Bord.

Wie bereits erwähnt, handelt es sich bei der ISS um ein internationales Gemeinschaftsprojekt. Beteiligte Weltraumbehörden sind neben der NASA und Roskosmos die ESA, die CSA (Canadian Space Agency) sowie die JAXA

(Japan Aerospace Exploration Agency). Zu den direkt beteiligten europäischen Ländern gehören: Belgien, Dänemark, Deutschland, Frankreich, Italien, die Niederlande, Norwegen, Schweden, die Schweiz, Spanien und das Vereinigte Königreich.

Wie schon bei der Mir war ein sukzessiver modularer Aufbau der Station erforderlich. Dafür wurden insgesamt 40 Flüge mit Space Shuttles und Sojus-Raumschiffen unter Einsatz von Proton-Trägerraketen durchgeführt. Der unbemannte Aufbau begann im November 1998. Unter anderem wurden das Fracht- und Antriebsmodul, erste Ausrüstungsgegenstände, Wohnmodule, Versorgungseinheiten für Nahrung, Wasser und Atemluftaufbereitung sowie Steuerungseinrichtungen mit entsprechenden Verbindungsknoten durch automatische Kopplungen zusammengebaut.

Der weitere Aufbau wurde dann ab November 2000 bemannt durchgeführt, bis die Station für längere Aufenthalte und wissenschaftliches Arbeiten einsatzfähig war. Die wichtigsten Komponenten waren Solarmodule zur Energieversorgung, erste Labormodule, der Roboterarm Canadaarm2, das europäische Forschungsmodul Columbus, das japanische Forschungsmodul Kibo, das russische Labormodul Rasswet, die Aussichtskuppel Cupola, diverse Kopplungsmodule und Verbindungsknoten und Ausstiegsschleusen – bis heute insgesamt 40 verschiedene Module (einige werden weiter unten noch kurz beschrieben). Grundsätzlich unterscheidet man Module, die unter Druck stehen, insbesondere die Wohn- und Arbeitsbereiche, und andere, z. B. Solarpaneele. In den unter Druck stehenden Bereichen herrscht eine lebenserhaltende Atmosphäre vor, die sich aus 21 % Sauerstoff, 78 % Stickstoff und 1 % anderen Gase wie Kohledioxyd zusammensetzt.

Die Berechnung der Bahngeschwindigkeit der ISS und ihrer Umlaufzeit erfolgt analog der der Satellitenbahnen (Kap. 5). Die Umlaufzeit beträgt ca. 90 min., die Bahnneigung zum Äquator 51,6°. Die Höhe variiert zwischen 370 und 460 km. Die Variationen der Flughöhe rühren von manuellen Steuerungseingriffen her, die bei Andockmanövern von Versorgungsschiffen oder zum Ausweichen vor Weltraumschrott erforderlich sind. Dabei wird die Bahnhöhe angehoben, um den bremsenden Effekt der Restatmosphäre auszugleichen.

Eine komplette Liste aller Module findet sich im Appendix dieses Buches. Wie auf der Erde gibt es auch auf der ISS unterschiedliche Zuständigkeiten – also getrennte amerikanische und russische Wohn- und Arbeitsbereiche – sowie Laboratorien der ESA und der JAXA. Hier einige interessante Module:

- Destiny: amerikanisches Forschungsmodul und Steuerungszentrum für andere US-Module (seit 2001, 24 t),
- Cupola: ist eine Aussichtsplattform für die Erdbeobachtung und zur Beobachtung von Außeneinsätzen (seit 2010, 1,8 t),
- Swesda: was für die Amerikaner Destiny ist Swesda für die Russen: Steuerungsmodul und Aufenthaltsraum für die Kosmonauten (seit 2000, 19 t),
- Kibo: ist das japanische Labormodul für Experimente sowohl innerhalb der ISS als auch im Weltraum selbst (seit 2008, 24 t),
- Columbus: ESAs Forschungsmodul für die europäischen Staaten (seit 2008, 13 t).

Zwischen der ISS und der Erde findet ein reger materieller Austausch statt. Menschen werden zur Station gebracht, Besatzungsmitglieder, die ihre „Schicht" beendet haben, kehren wieder zur Erde zurück. Außerdem müssen in regelmäßigen Abständen Lebensmittel, Wasser, Sauerstoff, Kleidung, Werkzeuge und wissenschaftliche Instrumente „nach oben" befördert – und zivilisatorischer Abfall wieder mit „nach unten" genommen werden. Diese Logistik wird von einer Reihe von Transportfahrzeugen erledigt, die jetzt eine kurze Erwähnung finden:

- Progess: war und ist das Arbeitspferd der Russen seit 1978. Dabei handelt es sich um eine unbemannte Spezialversion der Sojus-Raumschiffe. Nach dem Befüllen mit Entsorgungsmaterial wird das Schiff auf die Reise zur Erde zurückgeschickt, wo es mit seiner Ladung in der Atmosphäre verglüht,
- ATV (Automated Transfer Vehicle): wurde von der ESA zwischen 2008 und 2014 mittels einer Ariane-Trägerrakete als Frachter zum Einsatz gebracht,
- HTV (H-2 Transfer Vehicle): die japanische Variante, benannt nach der Trägerrakete H-IIB, war von 2009 bis 2020 in Betrieb.
- Space Shuttle: zehn Jahre lang (2001–2011) Personen- und Frachttransporter auch für größere Komponenten bis zu ihrer Ausmusterung,
- Dragon: Transporter der privaten Firma SpaceX, von 2012 bis 2020 im Einsatz, seit 2019 die neue Version Dragon 2. Dieses Gerät kann auch wieder zur Erde zurückkehren. Anpassungen für den Transport von Menschen sind in Arbeit,
- Cygnus: Raumschiff der privaten amerikanischen Firma Orbital Sciences seit 2013.

Im Auftrag von NASA hat Boing ein wiederverwendbares Raumschiff „CST-100 Starliner" zum Transport von Astronauten zur ISS entwickelt. Die Entwicklung begann im Jahre 2011, der erste unbemannte Orbitalflug fand 2019 statt. Am 5. Juni 2024 gelangte eine erste Crew (Barry Wilmore und Sunita Williams) mit Starliner zur Raumstation. Allerdinsgs hatten sich auf dem Hinflug technische

Probleme ergeben (Heliumlecks, Lageregelungstriebwerke), sodass beschlossen wurde, die beiden Astronauten auf der ISS zu lassen, während das Raumschiff unbemannt zur Erde zurückkehrte. Wilmor und Williams mussten bis zum 18. März 2025 warten, bis sie mit einer Crew Dragon von Space X wieder zur Erde zurückkehren konnten.

Die ISS ist seit dem 2. November 2000 permanent besetzt. Die erste Mission wurde von William Shepherd (USA), Juri Gidsenko (Russland) und Sergei Krikaljow (Russland) durchgeführt. Grundsätzlich sind die Besatzungsmitglieder zwischen der NASA und Roskosmos zu je 50 % aufgeteilt. Die NASA gibt allerdings Kontingente an andere Raumfahrtpartner weiter. Der Schlüssel dazu ist die jeweilige Budget-Beteiligung – also 12 % JAXA, 8 % ESA und 2 % CSA. Die ersten sechs Crews bestanden aus drei Mitgliedern. Nach dem Ausfall des Space Shuttles Columbia wurde ab April 2003 aus versorgungstechnischen Gründen die Besatzung auf zwei Personen reduziert. Seit Mai 2009 wurde die permanente Besatzung schließlich auf sechs Personen erhöht. Seit Mission 13 (März 2006) wurden zwischendurch einzelne – bis zu drei – Crew-Mitglieder ausgetauscht.

Die Aufenthaltsdauer beträgt zwischen 44 und 213 Tage, im Durchschnitt etwa sechs Monate. Ab 2015 erfolgte eine Verlängerung der Aufenthaltszeit von ausgewählten Crew-Mitgliedern auf ein Jahr. Insgesamt sind bis heute (2020) 234 Menschen zur ISS geflogen und haben sich dort aufgehalten – darunter sieben Weltraumtouristen. Für Deutschland war der Höhepunkt die Mission 57, als Alexander Gerst sich vom 6. Juni bis zum 20. Dezember 2018 auf der ISS aufhielt. Ab dem 3. Oktober war er Kommandant gewesen.

Wie sieht nun ein typischer Tagesablauf für ein Besatzungsmitglied aus?

Um einen Zeitplan entwickeln zu können, muss man sich zunächst auf eine gemeinsame Zeitskala einigen. Bei einer Umlaufzeit von 90 min. erlebt die Besatzung 15 bis 16 Sonnenauf- und Sonnenuntergänge pro Erdentag. Damit fällt dieses astronomische Ereignis als Referenz schon einmal aus. Man hat sich auf die UTC (Coordinated Universal Time) geeinigt. Sie entspricht der Zeitzone von London. Dann ergibt sich folgender Zeitplan:

07:30: Wecken nach einer schwerelosen Nacht in einem schwebenden Schlafsack. Es folgt die Morgentoilette. Dabei sind wegen der Schwerelosigkeit bestimmte Regeln zu beachten. Es gibt kein fließendes Wasser auf der ISS. Zum Zähneputzen muss man vorsichtig einen Tropfen aus einem Spender entnehmen. Das Zähneputzen erfolgt mit geschlossenem Mund und zum Schluss wird das Ganze heruntergeschluckt. Bei der Benutzung der Toilette muss man sich auf dem Sitz anschnallen.

Das Frühstück wird gemeinsam eingenommen. Es gibt krümelfreies Brot oder Trockenmüsli. Der Kaffee kommt aus einer Trinktüte.

08:45: Planungskonferenz. Sie dauert eine halbe Stunde. Zugeschaltet sind Bodenstationen aus den USA, Russland, Europa und Japan. Danach verteilen sich die Crew-Mitglieder auf ihre Experimentierstationen zum wissenschaftlichen Arbeiten.

Zweimal täglich werden diese Arbeiten unterbrochen für Laufband- und Krafttraining. Die Gesamtsportzeit beträgt zweieinhalb Stunden. Duschen ist schwierig. Es gibt zwar eine Spezialdusche mit einer Absaugvorrichtung, aber in der Regel erfolgt das Waschen mittels feuchter Tücher.

Zwischen 12:00 und 14:00 Uhr: individuelles Mittagessen. Die trockenen Tütengerichte werden mit kaltem oder warmen Wasser oder Olivenöl gemischt. Damit das Essen aus Konserven an der Gabel kleben bleibt, ist es mit einer Zusatzportion Gelatine versetzt. Die Essensportionen werden vor dem Flug nach Vorgaben der Ärzte und unter Berücksichtigung der Wünsche der Astronauten zusammengestellt.

18:00: gemeinsames Abendessen.

19:00: noch einmal Planungskonferenz.

Danach kann sich jeder zurückziehen und sich privat beschäftigen (Lesen, Internet etc.). Dafür sind kleine Privatkabinen verfügbar. Vorgeschrieben sind 8 h 45 min. Schlaf.

Aber der Aufenthalt an sich ist nicht Ziel der Mission. Erfahrungen zu den Langzeitauswirkungen des Aufenthalts im Weltraum reichen nicht, den Zweck eines so kostspieligen Unternehmens zu rechtfertigen. So haben Wissenschaftler auf der ganzen Welt Experimente und Forschungsvorhaben kreiert, die sich am besten auf einer Raumstation durchführen lassen – einerseits, weil die Schwerelosigkeit ganz besondere Bedingungen bietet, die so auf der Erde nicht vorhanden sind, andererseits, weil bestimmte astronomische Beobachtungen z. B. außerhalb der Atmosphäre bessere Ergebnisse liefern. Der große Vorteil gegenüber Forschungssatelliten ist, dass die Besatzung die Experimente bedienen, justieren, modifizieren und bei Bedarf reparieren kann. Im Jahre 2020 wurden 65 europäische Experimente durchgeführt. Bei 41 von ihnen lag eine deutsche Beteiligung vor. Eine Beteiligung kann im Komplettdesign eines Experiments liegen oder in der Zulieferung eines von einer deutschen Institution entwickelten Instrumentbauteils oder eine Beteiligung an der Auswertung von Daten, etc. Hier eine kurze Auflistung einiger wichtiger Experimente, die auf der ISS durchgeführt werden:

- Ultrakalte Atomforschung: Langzeitversuche mit dem Bose-Einsteinkondensat (das Bose-Einsteinkondensat ist der Zustand eines Quantensystems ununterscheidbarer Teilchen; die Teilchen befinden sich im selben quantenmechanischen Zustand und können durch eine einzige Wellenfunktion beschrieben werden),
- Astronauten-Assistenzsystem: eine Anwendung der KI (künstliche Intelligenz), die Astronauten bei ihrer Arbeit im Weltraum unterstützen soll,

- Bewegung von Granulaten: Analyse der Dynamik von Schüttgütern unter den Bedingungen der Schwerelosigkeit,
- Hyperspektrometer: Beobachtung der Ökosysteme der Erde durch Aufnahme von Spektraldaten,
- Beobachtung von lebenden Zellen in Echtzeit: Ein 3-D-Fluoreszenz-Mikroskop beobachtet Veränderungen an lebenden Zellen unter den Bedingungen der Schwerelosigkeit,
- Genregulation von Immunzellen: Untersuchungen zur Ermittlung des Einflusses der Schwerkraft auf das Entstehen von Immunschwächeerkrankungen,
- Beobachtung von Tiermigrationen: Sender, die an Tieren angebracht sind, übertragen ihre Bewegungsdaten an die ISS, die diese dann in einer Datenbank für die weitere Auswertung konsolidiert,
- Immunsystem von Astronauten: Biochemische und psychologische Analysen, um Faktoren zu ermitteln, die das Immunsystem schwächen können,
- Wechselwirkung des Erdmagnetfeldes: Einfluss des Erdmagnetfeldes auf elektrische Leiter bei hoher Geschwindigkeit,
- Steuerung von Robotern auf der Erde: eine weitere KI-Anwendung, bei der ein Roboter im DLR-Institut für Robotik und Mechatronik von der ISS aus gesteuert wird,
- Forschung über Muskel- und Knochenschwund: eigentlich immer noch der Klassiker bei Langzeitaufenthalten im All. Durch ein mobiles Gerät werden diese Effekte registriert und analysiert. Die Forschungsergebnisse sollen auch für Patienten auf der Erde genutzt werden,
- Photobioreaktor: Erzeugung von Sauerstoff aus CO_2 für die Entwicklung zukünftiger Lebenserhaltungssysteme,
- Plasmen in der Schwerelosigkeit: Untersuchung des Verhaltens von Partikeln in kalten Plasmen,
- Schmelzen in der Schwerelosigkeit: Verhalten von Viskosität, Oberflächenspannung, Kristallwachstum und anderen Eigenschaften beim Schmelzvorgang in der Schwerelosigkeit,

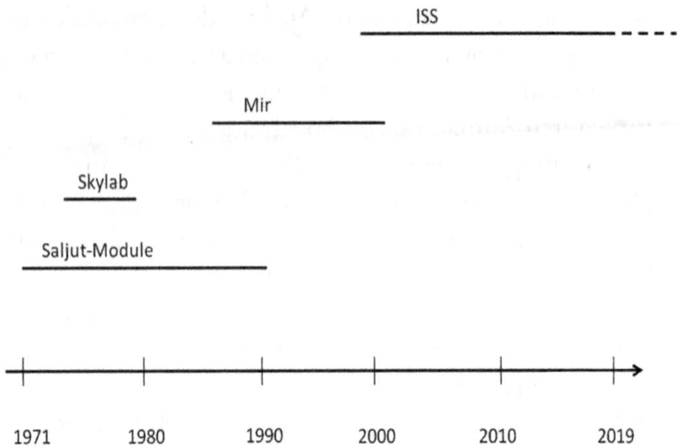

Abb. 10.4 Die Raumstationen auf der Zeitskala

Die Abb. 10.4 zeigt noch einmal die vier besprochenen Raumstationen im zeitlichen Zusammenhang.

Auch das Schicksal der ISS ist mittlerweile besiegelt. Die Raumstation soll im Jahre 2031 ihre letzte Umlaufbahn beenden, dann durch Bremsmanöver aus dem Orbit geholt werden. Die ISS wird beim Atmosphärendurchflug nur teilweise verglühen und die restlichen Teile sollen in den pazifischen Ozean fallen.

10.5 Tiangong

Von der Sowjetunion hatte die Volksrepublik China die Technologie für Raketen und bemannte Raumschiffe erhalten und seitdem weiterentwickelt. Am 29. September 2011 startete China das erste Versuchsmodul einer Raumstation Tiangong-1 („Himmelspalast"), das den Saljut-Stationen ähnelte. Es wurde 2012 von Shenzhou-9 und 2013 von Shenzhou-10 mit jeweils drei Besatzungsmitgliedern (Taikonauten) besucht. Tiangong-1 verfügte aber nur über einen Kopplungsadapter, sodass entweder eine Shenzhou-

Kapsel und ein unbemannter Transporter andocken konnte. 2018 wurde sie gezielt zum Absturz gebracht. Das weiterentwickelte Versuchsmodul Tiangong-2 wurde am 15. September 2016 gestartet und bot längere Aufenthaltszeiten. Shenzhou-11 blieb 2016 für 29 Tage angekoppelt und die Besatzung führte zahlreiche Experimente durch. 2017 folgte der unbemannte Transporter Tianzhou-1 („Himmelsschiff"), der inzwischen in verschiedenen Version weiterentwickelt worden ist. Mit ihm wurden die Betankung der Station getestet, was wichtig für die Lebensdauer einer Raumstation ist. 2019 erfolgte das kontrollierte De-Orbit-Manöver. Am 29. April 2021 begann der Aufbau der Raumstation Tiangong (ohne Nummer) mit dem Start des Kernmoduls Tianhe („Himmlische Harmonie"). Die Bahnhöhe liegt zwischen 340 km bis 420 km und die Inklination bei rund 42 Grad. Einen Monat später startete der Transporter Tianzhou-2 und die erste Besatzung folgte am 17. Juni 2021 mit Shenzhou-12. Weitere Transporter und Besatzungen erreichten später die Station, welche noch um die Wissenschaftsmodule Wentian und Mengtian erweitert wurde. Ein als Teil der Station geplantes Teleskop wurde dann doch als frei fliegender Satellit umgesetzt, der aber für Wartungsarbeiten an die Station angekoppelt werden kann. Erweiterungen und der Austausch von Modulen soll möglich sein, auch im Inneren der Station ist alles modular ausgelegt, um einen Austausch von Geräten zu ermöglichen. Tiangong bietet dauerhaft drei Taikonauten Platz an Bord, kurzzeitig auch sechs. Die Lebensdauer soll mindestens 15 Jahre betragen.

10.6 Militärische Aspekte

Können Raumstationen für militärische Aufgaben eingesetzt werden? Theoretisch ja. In den USA wurde in den 1960er-Jahren von der Air Force das Projekt „Manned

Orbiting Laboratory“ (MOL) auf Basis der Gemini-Raumschiffe verfolgt. Zwei Astronauten hätten für bis zu 40 Tagen die Erde umkreisen und militärisch interessante Punkte fotografieren sollen. Dies wurde dann aber durch die unbemannten Keyhole-Satelliten übernommen, was wesentlich schneller, kostengünstiger und flexibler war, als mit einer bemannten Mission. Heute verfügen fast alle Raumfahrtnationen über Spionage- bzw. Aufklärungssatelliten.

Am 23. März 1983 wurde die „Strategic Defense Initiative“ (SDI) vom damaligen Präsidenten der USA, Ronald Reagan, ins Leben gerufen. Ein starker Befürworter dieses Projekts war der „Vater der Wasserstoffbombe“, Edward Teller. Bei dieser Initiative handelte es sich um den Aufbau eines Abwehrschirms gegen den Angriff von Interkontinentalraketen. Das ambitionierte Ziel war nicht das Abfangen einzelner Raketen, sondern die Zerstörung ganzer Schwärme von Raketen. Eingesetzt werden sollten u. a. weltraumbasierte Röntgenlaser, kinetische Projektilwaffen und Railguns. Dafür wurden entsprechende Forschungsprojekte aufgesetzt. Nach dem Ende des Kalten Krieges und weil die Ergebnisse der Forschungsvorhaben enttäuschend waren, wurde das Programm nach 1989 deutlich reduziert. Es wurde durch Präsident Bill Clinton 1994 in das Nachfolgeprogramm Ballistic Missile Defense überführt. Dieses Programm sieht Raketenabwehrsysteme eher als eine landbasierte Option vor.

Rüstungskontrolle im Weltraum ist ein schwieriges Thema. Sie wäre einfacher zu erreichen gewesen, als es nur zwei Staaten bzw. Blöcke mit den entsprechenden Fähigkeiten gegeben hat. Da aber heute eine Vielzahl von Staaten über Weltraum- und Militärtechnologie verfügt, sind Kompromisse schwieriger zu erreichen und Kontrollmechanismen komplizierter geworden. Es gibt eine einzige Vereinbarung, die die Weltraumrüstung einschränkt: das Verbot zur Stationierung von Nuklear- und anderen

Massenvernichtungswaffen sowohl in der Erdumlaufbahn als auch auf anderen Himmelskörpern sowie die Erprobung von Waffen, militärische Manöver und die Einrichtung von Militärstützpunkten auf anderen Himmelskörpern und das Zünden von Kernwaffen im Weltraum.

11
Missionen im Sonnensystem

Zusammenfassung Dem Menschen ist es gelungen, sich über längere Zeiträume im erdnahen Raum aufzuhalten und auf dem Mond zu landen. Aber die Visionen gehen natürlich über das kleine Stückchen Weltraum hinaus, das er bisher erobert hat. Die nächste Etappe nimmt nun das Planetensystem selbst ins Visier.

Dem Menschen ist es gelungen, sich über längere Zeiträume im erdnahen Raum aufzuhalten und auf dem Mond zu landen. Aber die Visionen gehen natürlich über das kleine Stückchen Weltraum hinaus, das er bisher erobert hat. Die nächste Etappe nimmt nun das Planetensystem selbst ins Visier. Dabei scheint es, als wäre der Mars ein realistischer Kandidat für einen Besuch durch Menschen. Dem wollen wir ein eigenes Kapitel widmen (Kap. 12). Im aktuellen Kapitel werden nun die unbemannten Missionen zur Sonne, zu Merkur, Venus, den Kleinen Körpern, Jupiter, Saturn, Uranus, Neptun und dem ehemaligen Plane-

W. Osterhage, C. Gritzner, *Die Geschichte der Raumfahrt*,
https://doi.org/10.1007/978-3-662-72501-6_11

ten, jetzt Zwergplaneten, Pluto beschrieben. Weitere Untersuchungsgegenstände waren zusätzlich diverse Planetenmonde und die Umgebungsbedingungen des Weltraums. Ziel all dieser Missionen war nicht die Vorbereitung eines Besuchs durch Menschen, sondern die Erkundung der Beschaffenheit dieser kosmischen Objekte, um Rückschlüsse auf deren Entstehung und der Entstehung des Sonnensystems selbst zu erhalten und Möglichkeiten der Entstehung von Leben jedweder Art zu sondieren.

11.1 Sonne

Die Sonne ist der Mittelpunkt unseres Sonnensystems und stellt durch seine Strahlung für das Leben auf der Erde die wichtigste Energiequelle, aber auch eine Gefahr dar. Die Sonne beeinflusst wesentlich unser Wetter und Klima. Im Raumfahrtzeitalter kann sie auch durch plötzliche Sonnenstürme Satelliten beschädigen oder Störungen in Stromnetzen auf der Erde verursachen. Die Sonne ist mit Abstand der massereichste Körper im Sonnensystem mit einem Anteil an der gesamten Masse von 99,86 %. Der kleine Rest verteilt sich auf alle anderen Körper des Sonnensystems.

Deswegen versucht die Wissenschaft ein umfassendes Verständnis der Sonne zu erhalten. Man will mehr erfahren über ihren Aufbau und die Prozesse im Inneren, die Sonnenatmosphäre, das Magnetfeld sowie die Abstrahlung elektromagnetischer Wellen und energiereicher geladener Teilchen, Sonnenwind genannt. Strahlung und Sonnenwind beeinflussen die Erdatmosphäre und sollen daher gemessen und erforscht werden, Sonnenstürme sollen vorhersagbar werden. Raumsonden erlauben bei einigen Missionen die Untersuchung der Sonne aus bislang unzugänglichen Beobachtungspositionen. Generell ist es bei der Sonnenforschung wichtig, mit den Missionen jeweils möglichst einen kompletten Sonnenzyklus von elf Jahren zu betrachten. Genaue Vorhersagen der Sonnenaktivität für die kommenden Jahre sind aber trotz der großen Anstrengungen bislang noch nicht möglich.

11.1.1 Helios I und II

Einen großen Schritt vorwärts in der Weltraumforschung für die Bundesrepublik Deutschland bedeutete die Entwicklung der ersten beiden Sonnensonden Helios I und II. Dieses Gemeinschaftsprojekt der Bundesrepublik mit den USA hatte zum Ziel zwei Raumsonden nahe an die Sonne zu bringen, um sie mit wissenschaftlichen Instrumenten zu studieren.

Bereits 1966 schlossen Bundeskanzler Ludwig Erhard und US-Präsident Lyndon B. Johnson ein Abkommen für eine gemeinsame Mission im Sonnensystem, woraufhin eine Durchführbarkeitsstudie gemacht wurde. Das damalige Bundesministerium für Bildung und Wissenschaft (BMBW) und die US-Raumfahrtagentur NASA schlossen 1969 eine Vereinbarung über die Durchführung einer Sonnenmission. Die Entwicklungsarbeiten begannen 1970 und wurden auf deutscher Seite von der Gesellschaft für Weltraumforschung (GfW) im Auftrag des Ministeriums geleitet. 1972 wurde die GFW in die Deutsche Forschungsanstalt für Luft- und Raumfahrt (DFVLR) übernommen und das Projekt dort weitergeführt.

Deutschland übernahm die Entwicklung der beiden Raumsonden und sieben der jeweils zehn Instrumente. Auch der Betrieb der Mission, der Empfang der Daten und deren Speicherung und Weitergabe an die Wissenschaftler gehörte zum deutschen Anteil. Die NASA entwickelte drei Instrumente, stellte die beiden Titan-IIIE/Centaur-Trägerraketen zur Verfügung, überwachte den Start und setzte ihr Antennennetzwerk Deep Space Network (DSN) zur Kommunikation mit den Sonden ein.

Der Start von Helios I erfolgte am 8. Dezember 1974 von Cape Canaveral aus. Helios II folgte am 15. Januar 1976. Die Startmasse lag bei 371 kg bzw. 374 kg. Die baugleichen Sonden hatten die Form einer Garnrolle mit einem minimalen Durchmesser von 1,75 m und einem maximalen Durchmesser von 2,77 m. Die Höhe des Sondenkörpers war 2,12 m und mit ausgefahrenem Mast 4,23 m. Um die Sonden in ihren Temperaturgrenzen zu halten war die Hälfte der Oberfläche mit reflektierendem Material versehen und der Rest mit Solarzellen. Auf den Stirnseiten befanden sich Radiatoren zur Abstrahlung überschüssiger Wärme. Zudem rotierten die Sonden einmal pro Sekunde um ihre Hochachse, um die Wärmeeinstrahlung gleichmäßig zu verteilen und eine Überhitzung einer Seite zu vermeiden. Dieses Verfahren wird häufig eingesetzt und auch „barbecue mode" genannt.

Beide Sonden kamen auf etwa Merkur-Entfernung an die Sonne heran, genauer gesagt 0,31 bzw. 0,29 Astronomische Einheiten (AE). Eine AE entspricht der mittleren Entfernung der Erde von der Sonne, also 149,6 Mio. km. Wissenschaftlich waren die Sonden sehr erfolgreich und untersuchten Ionen, Elektronen und Moleküle im sonnennahen Raum, das interplanetare Magnetfeld sowie Staub und das Zodiakallicht. Die Lebensdauer war auf 18 Monate kalkuliert, doch Helios I arbeitete 11 Jahre lang, Helios II 6 Jahre, was ein großer Erfolg war. Beide Sonden umkreisen weiter die Sonne.

11.1.2 Ulysses

Diese ESA-Mission führte zum ersten Mal eine Raumsonde über die Pole der Sonne, wenn auch in großer Entfernung. Ulysses war eigentlich ein Gemeinschaftsprojekt mit NASA, wobei jeder Partner eine eigene Sonde entwickeln sollte. Wegen Budgetkürzungen musste die NASA 1981 aus dem

Projekt aussteigen und die ESA entschied, dieses trotzdem weiterzuführen. Der Start der ESA-Sonde sollte aber von NASA ausgeführt werden und im Gegenzug wurde die Hälfte der Nutzlastmasse der NASA für eigene Instrumente überlassen. Die 366,7 kg schwere Sonde sollte schon 1986 starten, aber das Challenger-Unglück verursachte eine vierjährige Verzögerung. Am 6. Oktober 1990 erfolgte schließlich der Start der Sonde an Bord des Space Shuttles Discovery (Mission STS-41).

Um aus der Bahnebene der Planeten (Ekliptik) herauszukommen war ein so großer Antriebsbedarf nötig, den keine Trägerrakete leisten konnte. Die einzige Möglichkeit war Ulysses mit hoher Geschwindigkeit zu Jupiter, dem größten Planeten des Sonnensystems, zu starten und dort ein Fly-by-Manöver durchzuführen, das die Bahn von Ulysses entsprechend änderte. Dies funktionierte und die Sonde näherte sich wieder der Sonne auf einer nun um 80,2 Grad gekippten Bahn. Der sonnennächste Punkt hatte etwa Erd-Entfernung, der fernste Jupiter-Entfernung.

Ulysses konnte unser Wissen über die Sonne stark erweitern, auch deswegen, weil die Sonde viel länger als die geplante Lebensdauer von fünf Jahren funktionierte, nämlich 19 Jahre. Zur Energieversorgung war ein Radioisotopengenerator ausgewählt worden, der physikalisch bedingt im Laufe der Mission immer weniger Leistung lieferte, weshalb die Mission schließlich nach 19 Jahren eingestellt wurde. Diese lange Betriebsdauer einer Sonnenmission wurde nur von SOHO übertroffen.

11.1.3 SOHO

Das ESA-NASA-Gemeinschaftsprojekt SOHO (Solar and Heliospheric Observatory) startete am 2. Dezember 1995 mit einer Atlas II AS AC-121 und ist noch immer in Betrieb, ein Langzeitrekord. Wegen des langen Betriebszeitraums konnten inzwischen mehr als zwei der elfjährigen Sonnenzyklen erfasst werden. Solche Langzeitmessungen mit gleicher Instrumentierung sind von großer Bedeutung für das Verständnis der Funktionsweise der Sonne und ihrer Phänomene sowie deren Auswirkung auf die Magnetosphäre und Atmosphäre der Erde. Auch deutsche Wissenschaftler haben mehrere der 12 Instrumente für die Mission (mit)entwickelt und gebaut, betreiben sie und werten die Daten aus. Die Sonde hatte eine Startmasse von 1850 kg, wovon rund 1200 kg auf Treibstoff entfielen, der benötigt wurde, um die Sonde an ihr Ziel zu bringen. Dies war eine Bahn um den Lagrange-Punkt L1 zwischen Sonne und Erde. Neben den kontinuierlichen Messungen der Sonne und ihrer Effekte konnte SOHO auch über 4000 kleinere Kometen entdecken, die nur nahe an der Sonne einen Schweif ausbilden und so von der Erde aus nicht gesehen werden können.

11.1.4 STEREO

Die NASA-Mission STEREO (Solar Terrestrial Relations Observatory) besteht aus zwei baugleichen Sonden (STEREO A und B), die am 26. Oktober 2006 mit einer Delta-II gestartet wurden und seither die Sonne umkreisen und diese erforschen. Beide Sonden sind mit den gleichen vier Instrumenten ausgerüstet, um die Messergebnisse genau vergleichen zu können. Hauptziele der Untersuchungen sind die koronalen Masseauswürfe in der Heliosphäre und die Beschleunigung von Partikeln des Sonnenwinds besser zu verstehen. Deutsche Forscherinnen und Forscher sind an mehreren Instrumenten mit Beiträgen für Hardware, Betrieb und Datenanalyse beteiligt.

Seit 2014 ist der Kontakt zu STEREO B angebrochen, was eventuell durch ein unbeabsichtigtes Rotieren der Sonde ausgelöst wurde, sodass die Akkus nicht mehr korrekt geladen werden. Es konnte ab 2016 immer wieder kurz Kontakt hergestellt werden, doch man entschied sich 2018 STEREO B nicht weiter zu kontaktieren. STEREO A arbeitet noch erfolgreich weiter.

11.1.5 SDO

Die NASA-Mission SDO (Solar Dynamics Observatory) wurde 11. Februar 2010 mit einer Atlas-V gestartet und beobachtet mit drei Instrumenten die Sonne aus einem geostationären Erdorbit, mit 28,5 Grad Neigung zum Äquator. SDO unterstützt auch die Beobachtungen von SOHO. Das SDO-Datenzentrum wird von Deutschland finanziert und deutsche Forscher sind an SDO wissenschaftlich beteiligt. Die geplante Mindestlebensdauer von fünf Jahren wurde schon weit übertroffen und SDO ist immer noch aktiv (Abb. 11.1).

11.1.6 Solar Orbiter

Solar Orbiter ist eine ESA-Mission unter maßgeblicher Beteiligung der NASA und wurde am 10. Februar 2020 mit einer Atlas-V-411-Trägerrakete von Cape Canaveral aus gestartet. Solar Orbiter nimmt erstmals hochauflösende Bilder der Polarregionen der Sonne auf, die zur Beantwortung der Frage beitragen, wie die Sonne ihre Heliosphäre erzeugt und verändert. Zehn Instrumente messen teils in der direkten Umgebung des Raumfahrzeugs das Magnetfeld und die Partikel des Sonnenwinds und untersuchen aus der Ferne Prozesse auf und im Inneren der Sonne. Deutsche Forscher haben eines der Instrumente führend entwickelt und sind an fünf weiteren beteiligt. Mehrere Industriefirmen waren von ESA für Entwicklung und Tests des Satelliten beauftragt worden. Der Missionsbetrieb erfolgt durch das European Space Operations Centre (ESOC) der ESA in Darmstadt.

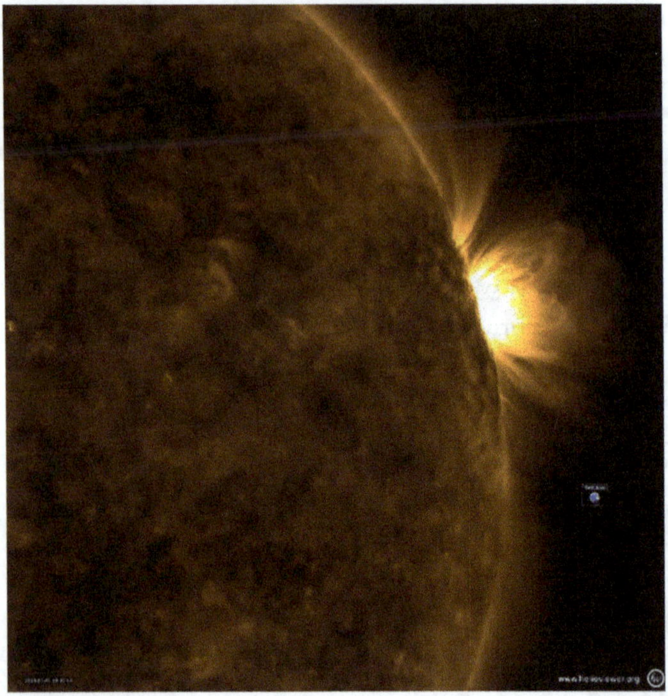

Abb. 11.1 Magnetische Feldlinien in der Sonnencorona; Solar Dynamics Observatory, NASA

Solar Orbiter wird mehrere Fly-by-Manöver an der Venus durchführen, um seine Bahn aus der Ekliptik, also der Bahnebene der Erde um die Sonne, herauszuheben. Dies wird Solar Orbiter ermöglichen, die Sonne von höheren Breitengraden aus zu beobachten und zum ersten Mal eine gute Sicht aus der Nähe auf ihre Pole zu erhalten. Das erste Manöver fand im Februar 2025 statt, die Bahnneigung liegt nun bei 17 Grad. Die maximale nördliche Breite soll 36 Grad betragen. Die Bahn ist elliptisch und reicht 1,2 Astronomische Einheiten (AE, mittlerer Abstand Erde-Sonne) nach außen und bis zu 0,28 AE nach innen, was näher ist als die mittlere Merkur-Entfernung. Die Betriebszeit ist für sieben Jahre ausgelegt, über eine Verlängerung wird noch entschieden.

11.2 Merkur

Von den terrestrischen Planeten ist der Merkur der am wenigsten erforschte. Missionen zu ihm sind wegen seiner Sonnennähe schwierig, denn sie erfordern eine hohe Bewegungsenergie, welche die Trägerrakete aufbringen muss. Weil ausreichend starke Trägerraketen nicht immer zur Verfügung stehen, sind oft mehrfache Fly-by-Manöver an Venus, Erde oder auch Merkur selbst notwendig, um Merkur zu besuchen oder eine Umlaufbahn um ihn einzuschlagen. Eine weiche Landung auf ihm ist bisher noch nicht erfolgt. Auch stellt die Nähe zur Sonne hohe Anforderungen an das Thermalkontrollsystem, welches Raumsonden vor Überhitzung schützen soll.

11.2.1 Mariner 10

Der erste Besuch des Merkurs überhaupt erfolgte durch die Sonde Mariner-10. Sie erreichte den Planeten nach einem Swing-by-Manöver, für das die Venus genutzt wurde, am 29. März 1974 in einer Entfernung von 705 km. Mariner-10 verharrte in einer Umlaufbahn um die Sonne mit einer Dauer von 176 Tagen. Sie traf wieder auf den Planeten Merkur, der 88 Tage für seinen Sonnenorbit benötigt, an derselben Stelle am 21. September 1974 – allerdings dieses Mal in einer Entfernung von 50.000 km. Letztmalig begegneten sich Sonde und Planet am 16. März 1975 im Abstand von 375 km. Der Merkur wurde bei diesen Begegnungen fotografisch erfasst und sein Magnetfeld gemessen.

11.2.2 Messenger

Der nächste Anflug auf den Merkur erfolgte erst 30 Jahre später, am 3. August 2004, durch den Start der Raumsonde

Messenger (engl. für „Botschafter“). Nach mehreren Swing-by-Manövern an Erde und Venus gelangte das Raumschiff am 18. März 2011 auf seine vorgesehene Umlaufbahn um den Merkur. Dort blieb sie bis zum 30. April 2015, als ihre Energievorräte aufgebraucht waren. Sie schlug dann auf die Oberfläche des Planeten auf. An Bord befanden sich ein Kamerasystem, ein Gammastrahlen- und Neutronen-spektrometer, ein Instrument zur Vermessung des Magnetfeldes, ein Altimeter für topografische Vermessungen, ein Spektrometer für die Analyse der Atmosphäre und der Merkur-Oberfläche sowie ein Spektrometer zur Entdeckung geladener hochenergetischer Teilchen.

11.2.3 BepiColombo

Bei BepiColombo handelte es sich um ein Gemeinschaftsprojekt zwischen ESA und JAXA. BepiColombo ist benannt nach Prof. Giuseppe Colombo (1920–1984, Bepi sein Spitzname; ein italienischer Mathematiker, der früh Flugbahnen zum Merkur berechnete, so auch für Mariner 10 der NASA). Die Sonde startete am 20. Oktober 2018 mit einer Ariane 5 und sollte den Planeten ursprünglich im Jahre 2025 erreichen. Die Flugbahn ist sehr komplex und umfasst insgesamt 6 Fly-by-Manöver an Erde, Venus und auch an Merkur, um in seine Umlaufbahn zu gelangen (Abb. 11.2). Wegen Problemen mit dem elektrischen Antrieb betreibt man diesen nun nicht mit voller Last, was dazu führt, dass der Merkur-Orbit erst im November 2026 erreicht kann. Die Mission besteht aus zwei Orbitern, einem Verbindungsstück und einer Transferstufe mit dem Antriebssystem, die sich erst am Merkur voneinander trennen und dann verschiedene Bahnen einschlagen sollen. Der Orbiter MPO (Mercury Planetary Orbiter), das Verbindungselement MOSIF (Magnetospheric Orbiter Sunshield and Interface Structure) und die Transferstufe MTM

Abb. 11.2 BepiColombo-Aufnahme des Merkurs beim vierten von sechs Flybys, ESA/BepiColombo/MTM

(Mercury Transfer Module) mit Ionenantrieb wurden in Europa entwickelt, der Orbiter „Mio“ (früher MMO, Mercury Magnetospheric Orbiter) in Japan. Es sollen offene Fragen zur Entstehung von Merkur beantwortet werden und ob er einen flüssigen Kern besitzt. Beide Orbiter sollen sich wissenschaftlich ergänzen und führen dazu zahlreiche Messinstrumente mit sich. Zu ihren Aufgaben gehören die Vermessung des Magnetfeldes, die Messung geladener Teilchen und die Untersuchung der geologischen Zusammensetzung des Planeten durch Beobachtungen in verschiedenen Spektralbereichen. Die Mission soll bis April 2028 dauern, eine einjährige Verlängerung kann möglich sein, wenn die Randbedingungen es erlauben.

11.3 Venus

Schon sehr früh interessierte sich die sowjetische Raumfahrt für den Planeten Venus. Die Sowjetunion war lange Zeit die einzige Nation, die eine intensive Erforschung dieses Planeten betrieben hat. Im Rahmen ihres Venus-Programms wurden mehr als 16 Sonden von der Erde aus gestartet. Die genaue tatsächliche Anzahl liegt darüber, folgt allerdings nicht der Venera-Nummerierung, da Fehlschläge später als Sputnik-Einträge verbucht wurden. Nach den Venera-Missionen gab es später noch eine Vega-Mission. Auch die USA führten Venus-Missionen durch und später folgten Europa und Japan. Nachdem klar war, dass es auf der Oberfläche wegen der hohen Temperaturen von über 450 Grad Celsius kein Leben geben kann und ein Besuch durch Menschen mit damaliger Technik unmöglich wäre, nahm das Interesse am Zwillingsplaneten der Erde ab. Inzwischen ist die Venus jedoch wieder in den Fokus der Wissenschaft gerückt und es werden von den USA, Europa, Indien und Russland mehrere Missionen geplant.

11.3.1 Venera

Im Rahmen der Venera-Missionen (russ. für „Venus") konnte die Sowjetunion eine Reihe von weiteren Erst-Ereignissen verbuchen. Dazu gehörte der erste Vorbeiflug eines Raumfahrzeugs an einem anderen Planeten, der Venus, im Jahre 1961 mit Venera-1. Sie passierte die Venus am 19. Mai 1961 in einer Entfernung von 100.000 km. Venera-2 (Abb. 11.3) kam dem Planeten schon näher – bis auf 24.000 km am 27. Februar 1966 – also gut fünf Jahre nach Venera-1. Dazwischen gab es eine Reihe von Fehlschlägen, bei denen die Sonden nicht über eine Erdumlaufbahn hinauskamen. Mit Venera-3 kam der erste große Erfolg im

Abb. 11.3 Verena-2; NASA

Venera-Programm, wenn auch dabei nicht alles planmäßig verlief. Vorgesehen war das weiche Aufsetzen eines Landemoduls. Das gelang nicht, da Teile des Landers in der Venusatmosphäre verglühten, aber auch trotz des harten Aufschlags war es das erste Mal, dass ein von Menschen gemachtes Objekt die Oberfläche eines anderen Planeten erreichte – am 1. März 1966.

Es folgten Venera-4 bis -6, deren Lander sukzessive immer tiefer in die Venus-Oberfläche eindrangen: in dieser Reihenfolge bis auf 25 km, 18 km und 10 km, bis die Sonden entweder vom atmosphärischen Druck zerstört wurden, die Batterien der Kommunikationsmodule erschöpft waren oder der Kontakt aus anderen Gründen abbrach. Krönender Erfolg war die weiche Landung von Venera-7 am 15. Dezember 1970. Der Lander funkte während 23 min. Daten von der Oberfläche der Venus zur Erde.

Mit Venera-9 wurden nach einer weichen Landung erstmalig Fotos von der Oberfläche des Planeten zur Erde gesandt. Das setzte sich mit den folgenden Sonden fort. Venera-13 beispielsweise übertrug am 21. März 1982 während mehr als 100 min. Daten an die Erde. Die letzten beiden Venera-Sonden 15 und 16, 1983, setzten keine Lander mehr ab, denn deren Aufgabe war das Kartieren der Venusoberfläche mithilfe eines Synthetic-Aperture-Radars, da ein optisches Verfahren wegen der dichten Wolkendecke des Planeten nicht möglich war.

11.3.2 Vega

In den Jahren 1984 und 1985 unternahm die Sowjetunion einen letzten Anlauf zur Erkundung der Venus. An dem Projekt Vega (Bezug zum Stern Wega und Akronym für **Ve**nera – Halley (russ. **Ga**llej)) waren auch andere Länder beteiligt, neben osteuropäischen auch westeuropäische, darunter die Bundesrepublik Deutschland. Es wurden zwei Sonden gebaut: Vega-1 und Vega-2. Beide Sonden führten Ballons mit sich im Gepäck, die in einer Höhe von 54 km in der Venusatmosphäre entfaltet werden sollten und Messinstrumente transportierten. Während sie in der Venusatmosphäre trieben, sollten sie Daten übermitteln.

Eine weitere Besonderheit bestand in dem Typ der Mission. Es handelte sich nämlich nicht um die Erkundung der

Venus allein. Beide Sonden hatten die zusätzliche Aufgabe, im Jahre 1986 den Kometen 1P/Halley zu passieren. Das Experiment gelang. Vega-1 startete am 15. Dezember 1984, Vega-2 sechs Tage später. Die Lander beider Sonden erreichten die Venus-Oberfläche Mitte Juni 1985 und schickten für jeweils knapp 1 h Daten. Vorher waren die Ballons abgesetzt worden, die für 46 bzw. 60 h Daten übermittelten. Die Muttersonden flogen an Venus vorbei und passierten den Kometen Halley am 6. bzw. 9. März 1986 in mehr als 8000 km Entfernung.

11.3.3 Die Mariner-Sonden

Anfang der 60er-Jahre setzte die NASA ein Programm auf, um die erdähnlichen Planeten unseres Sonnensystems zu erkunden: das Mariner-Programm (engl. für „Seefahrer"). Charakteristisch für dieses Programm war, dass immer zwei baugleiche Sonden innerhalb desselben Startfensters auf den Weg gebracht wurden, mit Ausnahme von Mariner-5 und Mariner-10. Von den insgesamt zehn Mariner-Missionen war die Venus das direkte Ziel von Mariner-1 und -2 sowie von Mariner-5. Obwohl Mariner-10 zum Merkur geschickt wurde, konnte die Sonde im Vorbeiflug an der Venus über 4000 Bilder auch von diesem Planeten übertragen.

Mariner-1 und -2, im Juli und August 1962 gestartet, sind eigentlich Fehlschläge gewesen. Mariner-1 ging bereits beim Start verloren, und Mariner-2 gelang lediglich ein Vorbeiflug in 35.000 km Entfernung am 14. Dezember 1962, also näher als, aber zeitlich nach Venera-1. Mariner-2 ermittelte eine Temperatur von 425 °C auf dem Planeten, womit irdisches Leben dort ausgeschlossen werden konnte. Mariner-5 schließlich flog planmäßig erfolgreich an der Venus vorbei und lieferte wichtige geografische Daten, Bodentemperatur und Atmosphärendruck (75–100 bar).

11.3.4 Pioneer-Venus

Das Pioneer-Venus-Projekt der NASA war ebenfalls ein 2-Sondenprojekt, wobei die beiden Sonden unterschiedliche Aufgaben zu erfüllen hatten. Pioneer-Venus-2 wog doppelt so viel wie die Schwestersonde, nämlich fast eine Tonne. Der Grund waren vier Landemodule, die von ihr abgesetzt wurden. Die Mission startete am 20. Mai 1978 von Cape Canaveral aus mit Pioneer-Venus-1. Die Sonde erreichte die Venus am 4. Dezember 1978 und schwenkte in eine Umlaufbahn ein. Diese Umlaufbahn konnte bis Juni 1980 durch Kurskorrekturen gehalten werden. Nachdem der Treibstoff aufgebraucht worden war, verblieb das Gerät dennoch in einem sich durch die Gravitation der Sonne ändernden Orbit bis zum 8. Oktober 1992, als sie in der Venusatmosphäre verglühte. Während dieser Zeit lieferte die Sonde sowohl Radaraufnahmen zur Kartierung unseres Nachbarplaneten als auch Fotos zur Verfolgung des Venus-Wetters. Ihre Schwester startete drei Monate später. Sie hatte eine große Tochtersonde an Bord, die am 16. November in die Venusatmosphäre ausgesetzt wurde, drei weitere kleine Tochtersonden folgten vier Tage später. Aufgabe war es, die Atmosphäre der Venus zu erforschen und die entsprechenden Daten zur Erde zurückzusenden. Weiche Landungen waren nicht geplant, obwohl eine der drei kleineren Sonden nach dem Aufprall auf der Oberfläche noch 67 min. überlebte.

11.3.5 Magellan

Bis Ende der 80er-Jahre hatte es bereits Venus-Kartierungen mithilfe eines Synthetic-Aperture-Radars gegeben und zwar durch Venera-9 und -10, Pioneer-Venus-1 und Vernera-15 und -16. Trotzdem entschloss sich die NASA, diese Ergebnisse zu verbessern. Die Sonde Magellan hatte nur diese einzige Aufgabe. An Bord befand sich ein Radargerät mit einer erheblich höheren Auflösung als die Vorläuferinstrumente: 100 m/Pixel. Magellan, benannt nach dem portugiesischen Weltumsegler, wurde am 4. Mai 1989 vom Space Shuttle Atlantis ins All befördert und nahm seinen Venus-Orbit am 10. August 1990 ein. Die Kartierung wurde 1992 beendet und die Aufnahmen zeigten spektakulär die Oberflächenbeschaffenheit des von dichten Wolken verhüllten Planeten. Die Sonde selbst verglühte im Oktober 1994 in der Venus-Atmosphäre.

11.3.6 Venus-Express

Die ESA-Mission Venus-Express (Abkürzung: VEX) wurde am 9. November 2005 mit einer Sojus-FG/Fregat-Rakete von Baikonur aus zur Venus gestartet, wo sie am 11. April 2006 in eine Umlaufbahn einschwenkte. VEX nutzte verschiedene Komponenten und auch Instrumente von Mars-Express, was den Entwicklungsaufwand und die Kosten stark reduzierte. Wissenschaftliches Ziel war die Untersuchung der Prozesse in den Wolken der Venus-Atmosphäre, des Treibhauseffekts und der chemischen Zusammensetzung von einem Orbit aus. Die 1270 kg schwere Sonde hatte dafür Instrumente mit einer Gesamtmasse von 93 kg an Bord. Nach der primären Mission wurde der Betrieb von VEX mehrfach verlängert. Der polare Orbit war stark elliptisch und reichte nach dem 50-minütigen Einschuss durch das Haupttriebwerk von 400 km bis 330.000 km mit einer Umlaufzeit von 9 Tagen. Durch weitere Triebwerkszündungen änderte man die Bahn auch eine Höhe von 250 km bis 66.000 km, mit 24 h Umlaufzeit. Im Verlauf der Mission wurde durch Aerobraking, also ohne Treibstoffverbrauch, der nächste Bahnpunkt bis auf 130 km abgesenkt und später mittels Triebwerken auf rund 400 km angehoben. Ab 2014 traten Kommunikationsprobleme auf und am 28. November 2014 verlor man endgültig den

Kontakt zu VEX, vermutlich weil der Treibstoff zur Ausrichtung der Sonde verbraucht war. Man geht davon aus, dass VEX im Januar oder Februar in der Venus-Atmosphäre verglüht ist. Die wissenschaftlichen Ergebnisse waren vielfältig, so wurde auch eine dünne Ozonschicht in der Venus-Atmosphäre entdeckt.

11.3.7 Akatsuki

Auch im japanischen Raumfahrtprogramm spielen Sonnen-, Planeten- und Astrophysik-Missionen eine wichtige Rolle. So wurde am 20. Mai 2010 der Venus Climate Orbiter Akatsuki (jap. für „Morgendämmerung“) gestartet. Zuvor war die Raumsonde mit „Planet-C“ bezeichnet worden, also die dritte planetare Mission im Programm Japans. Die 480 km schwere Sonde wurde von einer japanischen H-2 A 202-Trägerrakete auf eine Bahn zur Venus gebracht. Dort kam sie im Dezember 2010 an, aber das Bremstriebwerk zündete nicht, um sie in eine Umlaufbahn um die Venus zu bringen. Akatsuki flog weiter auf ihrer Bahn um die Sonne und kam fünf Jahre später wieder zur Venus, wo man nun die Manövertriebwerke nutzte, um den Einschuss in den Venus-Orbit vorzunehmen, was auch gelang. Seitdem beobachten fünf Kamerasysteme die Wolken der Venus in unterschiedlichen Spektralbereichen. Dadurch will man das Klima weiter erforschen, das sich von dem der Erde extrem unterscheidet, obwohl die Planeten fast gleich groß sind. Der Kontakt zu Akatsuki ging im April 2024 verloren und die Mission wurde beendet.

11.4 Erde

Die Erde ist als Planet im Sonnensystem laufend verschiedenen Umwelteinflüssen ausgesetzt, wie Strahlung, Magnetfeld und Plasma (Sonnenwind) der Sonne sowie der kosmischen Strahlung, dem Eintrag von Staubteilchen und den gelegentlichen Einschlägen von Asteroiden oder Kometen. Das kontinuierliche und variierende Zusammenspiel der Magnetfelder von Erde und Sonne mit dem umgebenden Plasma beeinflusst auch das Klima der Erde. Polarlichter sich ein sichtbares Zeichen für diese Vorgänge. Dies durch erdnahe Missionen zu untersuchen war bereits früh ein wissenschaftliches Ziel der Weltraumforschung.

11.4.1 Explorer 1

Der erste Satellit der USA war Explorer 1. Er wurde am 1. Februar 1958 von einer Jupiter-C/Juno in einen Erdorbit gebracht. Die stark elliptische Bahn reichte von 358 bis 2550 km Höhe bei einer Bahnneigung zum Äquator von rund 33 Grad. Der nur 13,9 kg schwere Satellit war 2,05 m lang und hatte einen Durchmesser von 16 cm. Er war mit mehreren Magnetometern und einem Geigerzähler ausgestattet, um das Magnetfeld und die Ionosphäre der Erde zu vermessen. Dabei wurde auch der Van Allen Strahlungsgürtel entdeckt. Durch die Reibung mit der Erdatmosphäre an seinem tiefsten Bahnpunkt wurde Explorer 1 immer weiter abgebremst und verglühte am 31. März 1970 nach 12 Jahren im All.

11.4.2 AZUR

Am 8. November 1969 startete der erste deutsche Satellit AZUR an Bord einer amerikanischen Scout-Rakete von Vandenberg, Kalifornien. Das speziell für diese Mission errichtete Deutsche Raumfahrtkontrollzentrum GSOC (German Space Operations Center) in Oberpfaffenhofen übernahm eine Woche später die Betriebsverantwortung von AZUR. Damit stieg die Bundesrepublik Deutschland in den Kreis der Staaten auf, die über einen eigenen Satelliten verfügten, nach den USA, der Sowjetunion, Großbritannien, Italien, Frankreich, Kanada, Japan und Australien.

Die Mission AZUR wurde während der Entwicklung auch als GRS A oder GRS 1 (German Research Satellite) bezeichnet. Den Namen AZUR erhielt der Satellit wegen des bläulichen Schimmers seiner Solarzellen. Die Mission wurde von der Deutschen Forschungs- und Versuchsanstalt für Luft- und Raumfahrt (DFVLR), dem heutigen Deutschen Zentrum für Luft- und Raumfahrt (DLR), in Kooperation mit der US-Raumfahrtbehörde NASA durchgeführt. Das damalige Bundesministerium für Bildung und Wissenschaft (BMBW) beauftragte die Gesellschaft für Weltraumforschung (GfW) in Bonn mit der Projektleitung von AZUR. Hauptauftragnehmer und Systemführer war die Firma Messerschmitt-Bölkow-Blohm GmbH in Ottobrunn bei München.

AZUR hatte die Aufgabe die kosmische Strahlung, den Sonnenwind und deren Wechselwirkung mit der Magnetosphäre, sowie die Polarlichter zu untersuchen. Hierfür wurden aus über 100 Vorschlägen sieben Experimente ausgewählt und entwickelt. Die wissenschaftliche Zielstellung stellte große Anforderungen besonders an die Elektronik des Satelliten. Insgesamt war die Mission AZUR technisch sehr komplex und erwies sich auch im Betrieb als äußerst anspruchsvoll. Zudem wollte man die technologischen Fähigkeiten in Deutschland schaffen, um kommende Weltraummissionen zu verwirklichen.

Der 71,2 kg schwere Forschungssatellit war 1,23 m hoch und hatte einen Durchmesser von 76 cm. Seine polare Erdumlaufbahn war stark elliptisch und reichte anfangs von 383 km bis zu 3145 km Höhe. Die Lebensdauer sollte ein Jahr betragen, aber fünf Wochen nach Start fiel das Magnetband-Speichergerät aus, sodass die Messwerte und Kontrolldaten nur in Echtzeit übertragen werden konnten. Zahlreichen kleine Bodenstationen ermöglichten es dennoch, etwa 80 % der Daten zu empfangen. Am 29. Juni 1970 brach die Verbindung zu AZUR aus unbekannter Ursache ganz ab. Trotzdem wurde der erste deutsche Satellit AZUR von Politik, Forschung und Industrie als großer Erfolg bewertet und ermöglichte die erfolgreiche Durchführung nachfolgender Weltraummissionen. Zum 50. Jubiläum von AZUR im Jahre 2019 konnte man auf 173 Satellitenmissionen mit deutscher Beteiligung zurückblicken.

11.4.3 ISEE-3/ICE

Im Jahre 1977 begann ein Gemeinschaftsprogramm zwischen der NASA und der ESA, um das Erdmagnetfeld zu erforschen. Dazu wurden drei Sonden eingesetzt. ISEE-1 und -2 (International Sun Earth Explorer) nahmen ihre Arbeit in Erdumlaufbahnen 1977 auf, während ISEE-3 dazu ausersehen war, das Erdmagnetfeld in größerer Entfernung zu erkunden. Sie wurde am 12. August 1978 auf die Reise geschickt und am 20. November 1978 am Lagrange-Punkt 1 in 1,5 Mio. km Entfernung von der Erde in Position gebracht. An Bord befanden sich 14 wissenschaftliche Instrumente – allerdings keine Fotokamera. ISEE-3 erfüllte ihre Mission durch Untersuchungen des Erdmagnetfeldes in großer Entfernung von unserem Heimatplaneten und des Sonnenwindes der Sonne.

Dabei entdeckte die Sonde eine riesige geladene Plasma-Wolke, die von der irdischen Magnetosphäre ausgesandt wurde. Da die Sonde noch voll funktionsfähig war, beschloss die NASA, sie ab 1982 für andere Zwecke einzusetzen. Sie wurde umbenannt in ICE (International Cometary Explorer) und umgeleitet zu einem Rendezvous mit dem Kometen 21P/Giacobini-Zinner, den sie am 11. September 1985 in einer Entfernung von 7862 km passierte. Das Rendezvous bestätigte die Theorie, dass es sich bei Kometen um „schmutzige Schneebälle" handelt. ICE passierte im März 1986 gleichermaßen den Halleyschen Kometen in einer Entfernung von 31 Mio. km. ICE unterstützte auch die Mission Ulysses und die NASA beendete die Mission zunächst im Dezember 1995, ließ aber den Sender an, um ihre Position weiter verfolgen zu können. Im Mai 2014 nahm eine Gruppe von Wissenschaftlern erneut Kontakt mit ihr auf und es gelang ihnen, nach 27 Jahren, die Triebwerke erneut zu zünden. Allerdings wurde der Kontakt im September 2014 wieder verloren. Das 390 kg schwere Raumschiff befindet sich in einem heliozentrischen Orbit.

11.4.4 Wind

Zur weiteren Erforschung des Sonnenwindes wurde die Sonde „Wind" am 1. November 1994 ins All befördert. Nach ersten Untersuchungen der irdischen Magnetosphäre platzierte die NASA das Gerät in die Nähe des Lagrange-Punktes L1 im Jahre 1996, um den Sonnenwind zusammen mit Plasma, hochenergetischen Teilchen und dem Magnetfeld zu erkunden. Im Jahre 1998 wurde sie in einen Erdorbit verlagert, von dem aus sie heute noch aktiv ist und Daten übermittelt.

11.4.5 ACE

Der Advanced Composition Explorer (ACE) hob am 25. August 1997 von Cape Canaveral ab und wurde am Lagrange-Punkt 1 in Stellung gebracht, von wo aus er ab dem 21. Januar 1998 seine Operation begann. Bei dieser Sonde handelt es sich um eine Art planetarischen Wettersatelliten, der laufend Informationen über geomagnetische Stürme übermittelt. Im Hintergrund sammeln seine neun Spektrometer kontinuierlich Daten über die Zusammensetzung des Sonnenwindes und andere Teilchen, die von der Sonne und aus dem interstellaren und galaktischen Raum stammen. Sie ist mit vier Solarpaneelen ausgerüstet, immer noch in Betrieb. Inzwischen ist lediglich das „Real Time Solar Wind Experiment" ausgefallen.

11.4.6 Cluster

Die ESA-Mission Cluster besteht aus vier baugleichen Satelliten, die auf langgestreckten Ellipsen die Erde umfliegen und so verschiedene Bereiche des Magnetfeldes kreuzen. Die vier Satelliten sollten beim Erstflug der Ariane 5 am 4. Juni 1996 gestartet werden, doch die Trägerrakete explodierte kurz nach dem Abheben. Da noch einige Elemente der Satelliten aus der Entwicklung vorhanden waren, entschloss sich die ESA die vier Satelliten nachbauen zu lassen. Bereits vier Jahre später erfolgte am 16. Juli 2000 dann der erfolgreiche Start von zwei der vier neuen Satelliten mit einer Sojus-Fregat-Rakete vom Weltraumbahnhof Baikonur aus. Der Start der letzten beiden Cluster-Satelliten erfolgte am 9. August, ebenfalls mit einer Sojus-Fregat. Die Startmasse der Cluster-Satelliten lag bei jeweils 1200 kg, wovon 650 kg auf den Treibstoff entfielen. Sie bewegen sie sich auf ähnlichen Bahnen um die Erde, die zwischen 19.000 und 119.000 km liegen. Nach einem Wettbewerb erhielten die Satelliten die Namen Rumba, Salsa, Samba und Tango.

Die Satelliten besitzen jeweils elf Instrumente. An zwei Instrumenten sind deutsche Forscher teils führend beteiligt. Cluster dient der dreidimensionalen Untersuchung von Strukturen und Prozessen in der Plasma-Umgebung der Erde unter terrestrischen und solaren Einflüssen. Die Mission hat die in sie gesteckten Erwartungen bei weitem übertroffen. Am 8. September 2024 trat Samba in die Erdatmosphäre ein und verglühte. ESA erklärte die Mission für beendet. Die drei verbliebenen Satelliten werden bis September 2026 nacheinander ebenso verglühen. Bis dahin werden sie aber weiter von ESA überwacht und die Atmosphäreneintritte werden genau verfolgt, um mehr über De-Orbit-Manöver von Satelliten zu erfahren, was helfen soll, weiteren Weltraumschrott zu vermeiden.

11.5 Kleine Körper

Bei der Entstehung des Sonnensystems bildeten sich außer der Sonne, den Planeten und deren Monden, auch die Kleinplaneten Pluto und Ceres sowie unzählige kleinere Objekte, die Kleine Körper genannt werden. Zu den Kleinen Körpern zählen Asteroiden und Kometen bis hin zu Staub, aber auch drei interstellare Objekte, die vermutlich Kometen anderer Sterne sind. Das erste interstellare Objekt 1I/'Oumuamua wurde 2017 entdeckt und anfangs mit C/2017 U1 und A/2017 U1 bezeichnet. 2019 kam noch das Objekt 2I/Borisov hinzu, 3I/ATLAS 2025. Alle befanden sich auf hyperbolischen Bahnen und waren schneller als alle anderen Objekte im Sonnensystem, sodass sie nach einem Vorbeiflug an der Sonne wieder in der Unendlichkeit des Weltraums verschwanden.

11.5.1 Giotto

Am 2. Juli 1985 setzte die ESA mithilfe einer Ariane-1-Trägerrakete – vom Weltraumbahnhof Kourou aus – eine Sonde im Weltraum ab, deren Ziel ein Rendezvous mit dem Kometen 1P/Halley war. Es war die erste ESA-Mission in den interplanetaren Raum. Die Begegnung mit Halley fand in der Nacht vom 13. auf den 14. März 1986 statt und wurde von 50 Fernsehstationen live übertragen. Zugleich hatten die Sowjetunion mit Vega 1 und 2 und Japan mit Sakigake und Suisei ebenfalls Sonden zum Halleyschen Kometen geschickt. Auch die NASA-Mission ICE flog allerdings in größerer Entfernung an Halley vorbei. Giotto kam bis auf 596 km an den Kometen heran, was ein Rekord war. Bei der sehr hohen Relativgeschwindigkeit von 68,7 km/s wurde die Kamera von einen Staubpartikel des Kometen getroffen und zerstört. Giotto setzte dennoch ihre Reise fort, passierte am 10. Juli 1992 noch den Kometen 26P/ Grigg-Skjellerup in nur 200 km Entfernung und flog im deaktivierten Zustand 1999 an der Erde vorbei und umkreist weiter die Sonne.

Giotto wurde benannt nach dem berühmten italienischen Maler Giotto di Bondone, der auf einem Fresko den Halleyschen Kometen von 1301 darstellte. Die Sonde sandte einige bemerkenswerte Ergebnisse und erste Fotos eines Kometenkerns von ihrer Mission zur Erde: Der Kern des Kometen Halley war etwa 15 km lang und 7 bis 10 km breit, teilweise aktiv mit Gasausbrüchen auf der der Sonne zugewandten Seite. Er musste vor etwa 4,5 Mrd. Jahren entstanden sein. Das Gas, das er ausstieß, bestand zum größten Teil aus Wasserdampf (80 %). Weiterhin fanden sich Kohlenmonoxid (10 %), Methan und Ammoniak. Der ausgestoßene Staub bestand im Wesentlichen aus Kohlenstoff, Wasserstoff und Sauerstoff, gebunden in Mineralien zusammen mit Natrium, Magnesium, Silizium und Calcium. Auch an dieser Mission waren deutsche Wissenschaftler, speziell an der Kamera, führend beteiligt.

11.5.2 NEAR Shoemaker

Der Asteroid Eros mit einem mittleren Durchmesser von $34{,}4 \times 11{,}2 \times 11{,}2$ km befindet sich etwa 1,13 und 1,78 AE von der Sonne entfernt und schneidet die Mars-Bahn (Abb. 11.4). Am 17. Februar 1996 hob die Sonde NEAR (Near Earth Asteroid Rendezvous) Shoemaker (zu Ehren

Abb. 11.4 NEAR-Aufnahme des Asteroiden Eros; NASA

des US-Geologen und Kraterforschers Eugene M. Shoemaker) von Cape Canaveral mittels einer Delta-7925-8-Trägerrakete ab und wurde in Richtung Eros gebracht. Es handelte sich um ein NASA-Projekt mit deutscher Beteiligung. An Bord befanden sich diverse Spektrometer für unterschiedliche Wellenlängenbereiche, ein Magnetometer, ein Laser und ein Gravitationsexperiment. Anfang 1999 sollte die Sonde auf einen vorausberechneten Orbit um den Asteroiden gebracht werden. Aufgrund eines Triebwerkssteuerungsfehlers gelang das nicht. Erst gut ein Jahr später, am 14. Februar 2000 wurde der ursprüngliche Zielorbit erreicht. Von zunächst 350 km Entfernung (vom Schwerpunkt des unregelmäßig geformten Himmelskörpers aus gerechnet) wurde die Umlaufbahn auf 50 km abgesenkt.

Dem Bodenpersonal gelang es, die Flughöhe bis auf wenige Kilometer einzustellen und das Gerät am Ende der Mission auf dem Himmelskörper zu landen. Das war eine Sensation, denn NEAR war nicht als Landegerät ausgestattet. Dennoch setzte es weich genug auf, um nicht beschädigt zu werden und kommunizierte noch für weitere zwei Wochen von der Oberfläche aus. Letzter Kontakt war am 28. Februar 2001. Insgesamt wurden 160.000 Fotos zur Erde geschickt. Die Messungen ergaben auch, dass Eros kein magnetisches Feld besitzt. Seine Dichte entspricht etwa der der Erdkruste.

11.5.3 Deep Space 1

Deep Space 1 (engl. für „tiefer Raum") wurde von der NASA entwickelt, um neue Antriebstechniken im interplanetarischen Raum zu testen. Die Sonde wurde mit einem Xenon-Ionentriebwerk ausgestattet, um technisch anspruchsvolle Steuerungsmanöver in der Nähe von Kometen und Asteroiden durchführen zu können (Abb. 11.5).

Deep Space 1 wurde am 24. Oktober 1998 mit einer Delta-II-Trägerrakete ins All gebracht. Am 29. Juli 1999 passierte sie den Asteroiden Braille in 27 km Entfernung. Braille ist etwa 2 km lang und 1 km breit und befindet sich

Abb. 11.5 Deep Space 1 Ionentriebwerk; NASA

im Asteroidenhauptgürtel, wo er im Abstand von 1,3 bis 3,3 AE um die Sonne kreist.

Auf dem weiteren Weg zum Kometen 19P/Borrelly fiel das Orientierungstool, der „Star Tracker", aus, sodass die NASA ein Software-Update durchführen musste, bei dem eine der On-Bord-Kameras als Navigationsinstrument umgewidmet wurde. Am 22. September 2001 sandte die Sonde die bis dahin besten Nahaufnahmen eines Kometen zur Erde. Sie flog im Abstand von 2200 km an Borrelly vorbei. Borrelly selbst bewegt sich auf einer elliptischen Umlaufbahn um die Sonne zwischen der Mars-Bahn und außerhalb der Jupiterbahn. Am 18. Dezember 2001 wurde Deep Space 1 abgeschaltet.

11.5.4 Deep Impact – EPOXI

Der Komet 9P/Temple 1 umkreist die Sonne mit einer Periode von fünfeinhalb Jahren. Seine kürzeste Entfernung zur Erde beträgt rund 133 Mio. km. Seine Größe wurde mit etwa $7{,}6 \times 4{,}9$ km bestimmt. Diesen Kometen hatte die NASA zusammen mit der University of Maryland, dem Jet Propulsion Laboratory des California Institute of Technology und Ball Aerospace ausgewählt, um erstmals in die Oberfläche eines solchen Himmelskörpers mithilfe eines Geschosses (Impaktor) einzudringen. Über die Analyse des dabei herausgeschleuderten Kometenmaterials erhoffte man sich Aufschlüsse über die Natur der Kometen im Allgemeinen und die Entstehungsgeschichte unseres Sonnensystems, da man davon ausging, dass die Kometenmaterie aus der Entstehungszeit präserviert worden war.

Die Sonde Deep Impact (engl. für „tiefer Einschlag") bestand also aus zwei Komponenten: einem Vorbeiflugapparat und dem Impaktor (Abb. 11.6). Beide waren mit Kamerasystemen und unabhängigen Kommunikationssystemen

Abb. 11.6 Deep Impact Endmontage; NASA

ausgerüstet. Die Vorbeiflugsonde hatte außerdem ein Spektrometer an Bord, der Impaktor besaß einen Zielsensor. Der Impaktor hatte einen Durchmesser von 1 m und war ebenso hoch. Seine Gesamtmasse betrug 372 kg, wovon 113 kg aus Kupferplatten bestanden, um einen Krater auf dem Kometen zu erzeugen.

Der Start der Sonde erfolgte am 12. Januar 2005. Nach diversen Bahnmanövern erreichte die kombinierte Sonde Temple 1 Anfang Juli 2005. Der Impaktor wurde am 3. Juli von der Vorbeiflug-Sonde mittels eines Federmechanismus gelöst und bewegte sich ab da eigenständig auf den Kometen zu. Während des Anflugs machte er ununterbrochen Fotoaufnahmen des Himmelskörpers. Der Einschlag fand etwa 24 h nach dem Abtrennen mit einer Geschwindigkeit von rund 37.000 km/h statt. Währenddessen befand sich die Vorbeiflugsonde in ca. 8600 km Entfernung.

Der Einschlag erzeugte einen Krater, der allerdings wegen der aufgewirbelten Staubmasse nicht fotografiert werden konnte. Im Februar 2011 wurde Temple 1 von der Sonde Stardust-NExT besucht, die ihn dann fotografieren konnte. Das geschmolzene Kernmaterial aus dem Krater hatte eine Temperatur von 3500 °C. Mit ihm wurden etwa 20.000 t Material in Form von Gas und Staub in den umgebenden Raum geschleudert. Analysen der Messergebnisse ergaben, dass der Komet eine Dichte von ca. 0,62 g/cm besitzt, keine harte Kruste hat und größtenteils von einer Staubschicht umgeben ist. Nachgewiesen wurden in der Staub- und Gaswolke Wasser, Kohlendioxid und komplexere Kohlenstoffverbindungen, Silikate und Tonmineralien.

Da die Vorbeiflugsonde noch über ausreichend Treibstoff verfügte, wurde sie umprogrammiert und neue Missionsziele wurden unter der Bezeichnung EPOXI (Extrasolar Planet Observation Extended Investigation) definiert. Zum einen sollte sie mithilfe ihres HRI-Teleskops Jagd auf Exoplaneten machen, zum anderen weitere Kometen besuchen. Letzteres erfolgte durch die Vorbeiflüge am Kometen 103P/ Hartley am 4. November 2010 und am Kometen C/2012

S. 1 (ISON) im Februar 2013. Der letzte Kontakt zur Sonde erfolgte am 8. August 2013. Danach wurde die Mission für beendet erklärt.

11.5.5 Rosetta

Rosetta war ein weiteres großes ESA-Projekt. Die Mission wurde nach dem Stein von Rosetta in Ägypten benannt, auf welchem der gleiche Text in drei antiken Sprachen eingemeißelt war. Da man alt-griechisch kannte, konnte man die beiden anderen Texte übersetzen – im übertragenen Sinne hofft man, mit der Mission Rosetta die Kometen und das Sonnensystem besser zu verstehen.

Das Missionskonzept umfasste ein Rendezvous mit einem Kometen, um dessen Eigenschaften zu untersuchen und ein kleines Landemodul auf ihm abzusetzen. Eigentlich war das Ziel der Komet 46P/Wirtanen, aber durch den Fehlstart der Ariane 5 Trägerrakete bei der Mission vor Rosetta wurde deren Start um über ein Jahr verschoben und Wirtanen war dann nicht mehr erreichbar. Man musste daher einen anderen Zielkometen finden und wählte 67P/Churyumov-Gerasimenko aus.

Die Muttersonde war mit insgesamt 11 Instrumenten ausgerüstet, darunter Kameras, fünf Spektrometer zur Suche nach Edelgasen, der Verteilung von Elementen im Kometenkern, Kohlenstoffverbindungen und der Analyse von Kometenstaub. Weitere Instrumente dienten der Untersuchung der Staubfeinstruktur, der Struktur des Kometenkerns sowie der Wechselwirkung zwischen Kometenkern und Koma, der den Kern umgebenden Staub- und Plasmawolke.

Das Landemodul Philae (nach dem Obelisken von Philae) war mit zehn Instrumenten ausgestattet, darunter ein Röntgenspektrometer, ein Experiment, um Proben zu entnehmen und zu analysieren, ein Gasanalysator und weitere Instrumente für die Analyse der Oberfläche des Kometenkerns. Der Lander wurde unter der Federführung des DLR entwickelt.

Die Mission wurde mit einer Ariane-5 G+am 2. März 2004 gestartet und endete mehr als 12 Jahre später am 30. September 2016. Während des Fluges gab es drei Fly-By-Manöver mit der Erde und eines mit Mars. Am 5. September 2008 passierte Rosetta den Asteroiden Steins und am 10. Juli 2010 den Asteroiden Lutetia, wo jeweils Messungen durchgeführt wurden. Danach flog Rosetta weiter nach außen bis zur Jupiter-Bahn und wurde vorher für 31 Monate in einen Winterschlaf versetzt, um Energie zu sparen. Nur der Bordrechner blieb aktiv und erweckte Rosetta wieder, als sie sich der Sonne soweit genähert hatte, dass über die Solarpaneele genügend Strom erzeugt werden konnte. Sie erreichte den Zielkometen am 6. August 2014.

Dann erfolgte nach Analyse von Fotoaufnahmen die Auswahl des Landeplatzes für Philae. Aus sieben möglichen Kandidaten wurde schließlich ein Ort ausgewählt, der am geeignetsten erschien: sieben Stunden Sonneneinstrahlung pro Kometentag (13 h) für die Energieversorgung, keine steilen Hänge oder Klüfte. Das Gravitationsfeld des Kometen variierte wegen seiner unregelmäßigen Form und betrug im Durchschnitt ca. 1/100.000 der Erdbeschleunigung. Der Lander hatte eine Masse 100 kg, was auf der Kometenoberfläche dem Gewicht einer Fliege entsprach. Allerdings bleibt die Massenträgheit erhalten, d. h. der Aufprall des Landers mit etwa 1 m/s, bei seiner gegeben Masse, würde einen ordentlichen Schlag bedeuten, den man abfedern musste. Hierfür waren die drei Landebeine so konstruiert, dass sie beim Bodenkontakt einknicken und so Energie aufnehmen konnten.

Bei der Landung am 12. November 2014 nach mehr als zehn Jahren Hinreise war vorgesehen, dass eine Anpress-

Rückstoßdüse zum Einsatz kommen sollte und der Lander beim ersten Bodenkontakt vermittels Harpunen und Eisschrauben in die Oberfläche des Kometen platzieren sollte. Weder die Rückstoßvorrichtung noch die Harpunen oder Eisschrauben funktionierten. Das Ergebnis war, dass der Lander, der mit rund 1 m/s auf den Kometen zuflog, zwar durch die eingeknickten Landebeine abgefedert wurde, aber dennoch zwei Hüpfer machte, bis er weiter entfernt zur Ruhe kam. Das Magnetometer zeichnete während der Hüpfer Messdaten auf, die alle das gleiche Ergebnis hatten: Der Komet besitzt kein eigenes Magnetfeld, man hat nur das Magnetfeld der Sonne gemessen.

Schließlich lag Philae auf der Seite neben einem Eisblock, sodass er anfangs lediglich 1,5 h Sonneneinstrahlung pro Kometentag empfangen konnte. Das führte dazu, dass nach nur 2 Tagen und 8 h die Akkus leer waren und nicht mehr geladen wurden. Spätere Kontaktversuche blieben erfolglos, bis man im Frühjahr 2015 kurz Signale empfangen konnte. Da hatte der Komet seine Position zur Sonne soweit geändert, dass Philae anscheinend wieder mehr beleuchtet wurde und kurzzeitig elektrische Energie erhielt. Danach verstummte Philae endgültig. Seine Position auf der Kometenoberfläche war unbekannt, aber man wollte die wertvolle Missionszeit lieber für Forschungsaufgaben nutzen und nicht für eine Suche nach dem Lander. Etwa einen Monat vor Missionsende wurde Philae dann doch noch zufällig auf einem Foto entdeckt, wie erwartet auf der Seite liegend in einer Eisspalte.

Die Muttersonde wurde am 30. September 2016, nachdem sie den Kometen bei seinem Flug um die Sonne fast zwei Jahre begleitet hatte, gezielt auf die Oberfläche von Churyumov-Gerasimenko abgesetzt, wo sie beim Aufprall zerschellte.

Wissenschaftlich gesehen war Rosetta ein riesiger Erfolg. Zum ersten Mal überhaupt konnte man einen Kometen über längere Zeit aus der Nähe studieren und auf ihm landen. Dies wurde genutzt, um ihn eingehend zu untersuchen und seine variable Aktivität zu verfolgen, als er sich immer mehr an die Sonne annäherte und dann wieder von ihr entfernte. Es konnten auch Aminosäuren, also die Bausteine des Lebens, nachgewiesen werden.

11.5.6 Dawn

Da vermutet wird, dass der Asteroidengürtel Himmelskörper enthält, die sich noch in einem Zustand befinden, wie er in den Anfangsstadien der Entwicklung unseres Planetensystems herrschte, schickte die NASA eine Sonde zu den beiden größten Objekten im Hauptgürtel: dem Asteroiden Vesta und dem Zwergplaneten Ceres, dem größten Objekt im Asteroidengürtel. Die Aufgabe der Sonde Dawn (engl. für „Dämmerung") war, jeweils in einen Orbit um diese beiden Himmelskörper einzutreten, sie zu fotografieren und spektroskopische Messungen durchzuführen. Neben der in Deutschland von MPS, DLR und IDA entwickelten Multispektral-Kamera, die auch zur optischen Navigation genutzt wurde, befanden sich ein Infrarotspektrometer im sichtbaren Bereich sowie ein Spektrometer zur Messung von Gammastrahlung und Neutronen an Bord.

Dawn startete am 27. September 2007. Nach einem Fly-By-Manöver am Planeten Mars erreichte sie Vesta am 16. Juli 2011. Sie blieb in einem Vesta-Orbit bis zum 5. September 2012 (Abb. 11.7). Ihre größte Annäherung an den Asteroiden betrug 200 km über der Oberfläche. Anschließend flog die von einem Ionentriebwerk auf Xenon-Basis angetriebene Sonde zum Zwergplaneten Ceres weiter, wo sie am 6. März 2015 ankam und mit dem Kartografieren begann. Auf Ceres hatten einst Wasser und Ammoniak mit dem Silikat des Oberflächenmaterials reagiert,

Abb. 11.7 Falschfarbenbild von Ceres, das die verschiedenen Oberflächenmerkmale erkennen lässt; 2018; NASA/JPL-Caltech/UCLA/MPS/DLR/IDA

nachdem sie durch Kryovulkanismus nach oben befördert worden waren. Übrig geblieben waren Salze und andere Mineralien, die heute auf der Oberfläche als weiße Flecken deutlich sichtbar sind. Die Sonde entdeckte weiterhin eine Anzahl unterschiedlicher organischer Verbindungen. Die gesamte Oberfläche konnte teils in sehr hoher Auflösung fotografiert werden und es wurden auch 3D-Bilder erstellt. Die Mission endete am 1. November 2018.

11.5.7 Stardust – NExT

Am 7. Februar 1999 setzte die NASA die Sonde Stardust (engl. für „Sternenstaub") im All ab mit der Aufgabe, Partikel aus der Koma des Kometen 81P/Wild 2 zu sammeln und dieses Material zur Erde zu bringen. Gesammelt wurde der Staub mittels Silikat-Aerogel-Blöcken. Die Orientierung dieser Blöcke ermöglichte die Unterscheidung der Herkunft der Partikel – aus der Kometenkoma oder aus der ihr abgewandten Seite aus dem interstellaren Raum. Die

Mission verlief erfolgreich. Die Bedeutung der Materieprobe liegt darin, dass Kometen Materie enthalten, die aus der Frühzeit der Entstehung unseres Sonnensystems stammt. Die Analyse des Kometenstaubs kann Aufschlüsse über dessen chemische Zusammensetzung, seiner Ähnlichkeit mit Meteoriten, das Vorhandensein von Wasser, seine Isotopen und das Vorkommen von Kohlenstoffverbindungen ergeben.

Nach diversen Fly-by-Manövern im Gravitationsfeld der Erde und Begegnungen mit dem Asteroiden (5535) Annefrank sowie einer Passage durch einen Sonnenwindsturm fand das Rendezvous mit Wild 2 am 2. Januar 2004 in einer Entfernung von 240 km statt. Zu den verblüffenden Ergebnissen der Mission gehörten das Vorhandensein von großen Polymermolekülen und Aminosäuren sowie das Vorhandensein von Wasser.

Am 15. Januar 2006 entließ Stardust seine Landekapsel in einer Entfernung von 111.000 km von der Erde aus. Die Kapsel landete auf einer Militärbasis in Utah. Insgesamt wurden über eine Millionen Staubteilchen des Kometen eingesammelt, darunter 45 aus dem interstellaren Raum. Stardust selbst verblieb im Sonnenorbit und wurde 2007 zu einem neuen Ziel, dem Kometen 9P/Temple 1 umgelenkt. Temple 1 war 2005 schon von Deep Impact – EPOXI besucht worden.

Der Missionsname wurde dafür in Stardust – NExT (New Exploration of Tempel) umbenannt. Der Vorbeiflug an Tempel 1 erfolgte am 14. Februar 2011 und man hatte das Manöver so geplant, dass man nun den Einschlagskrater des Impaktors von Deep Impact – EPOXI sehen konnte, der damals unter einer Staubwolke verborgen geblieben war. Danach war Stardust – NexT noch bis zum 25. März 2011 in Betrieb, als dann in 312 Mio. km Entfernung von der Erde der Funkkontakt endgültig abbrach.

11.5.8 Hayabusa 1 und 2

Die japanische Raumfahrtagentur JAXA schickte am 9. Mai 2003 die Raumsonde Hayabusa 1 (jap. für Wanderfalke) mit einer japanischen M-V Trägerrakete zum Asteroiden Itokawa. Dort 2005 angekommen sollte Hayabusa, die zuvor als „Muses-C" bezeichnet wurde, sich der Asteroidenoberfläche bis auf wenige cm nähern, um mittels eines kleinen Geschosses Staub aufzuwirbeln und einzufangen. Eine winzige Landesonde wurde auch ausgesetzt, verfehlte aber den Asteroiden. Beim Rendezvous-Anflug geriet Hayabusa 1 wegen eines technischen Fehlers außer Kontrolle und gelangte ungeplant für einige Minuten auf die Oberfläche, bis sie automatisch wieder abhob. Ob dabei eine Staubprobe eingefangen wurde war unklar. Man analysierte was passiert war und fand heraus, dass eines der Drallräder defekt war. Auch gab es später noch Probleme mit dem Hydrazin-Antrieb und bei der Datenübertragung. Man konnte dies durch verschiedene Maßnahmen in den Griff bekommen, verpasste aber das Startfenster für den Rückflug und musste drei Jahre warten. Dann klappte der Rückflug, die Rückkehrkapsel und die Sonde trennten sich und traten am 13. Juni 2010 die Erdatmosphäre ein. Die Sonde verglühte wie geplant und die Kapsel landete im Zielgebiet in Australien. Im Labor zeigte sich, dass doch einige Krümel Asteroidenmaterial eingesammelt wurden und nun untersucht werden konnten. Die Mission war trotz aller Probleme ein Erfolg geworden.

Aus den Fehlern zog man einige Lehren und setze die Verbesserungen in der Nachfolgesonde Hayabusa 2 um, welche am 3. Dezember 2014 mit einer japanischen H-IIA Rakete startete. Hayabusa 2 erreichte den Asteroiden Ryugu 2018 und hatte vier kleine Rover mitgenommen, welche alle gut funktionierten, darunter auch den vom DLR entwickelten MASCOT (Mobile Asteroid Surface Scout) mit mehreren Instrumenten. Zudem gelang es eine Materialprobe von 5,4 g aufzunehmen. Ende 2019, nach Abschluss des wissenschaftlichen Programms, begab sich Hayabusa 2 auf den Rückflug zur Erde, wo sie am 5. Dezember 2020 wie Hayabusa 1 in Australien landete. Das Mutterschiff von Hayabusa 2 wurde diesmal an der Erde vorbei gelenkt und soll in 2027 und 2031 weitere Asteroiden besuchen.

11.5.9 OSIRIS-REx

Mit ähnlichen Aufgaben betraut wie Hayabusa 1 und 2 war die NASA-Sonde OSIRIS-REx (Origins Spectral Interpretation Resource Identification Security – Regolith Explorer). Sie wurde am 8. September 2016 mit einer Atlas-V Trägerrakete zum Asteroiden Bennu (Abb. 11.8) gestartet. Die Startmasse lag bei 2100 kg, wovon mehr 1220 kg auf Treibstoff entfielen. Von 2017 bis 2021 umkreiste sie Bennu und führte verschiedene Messungen durch. Dafür hatte sie

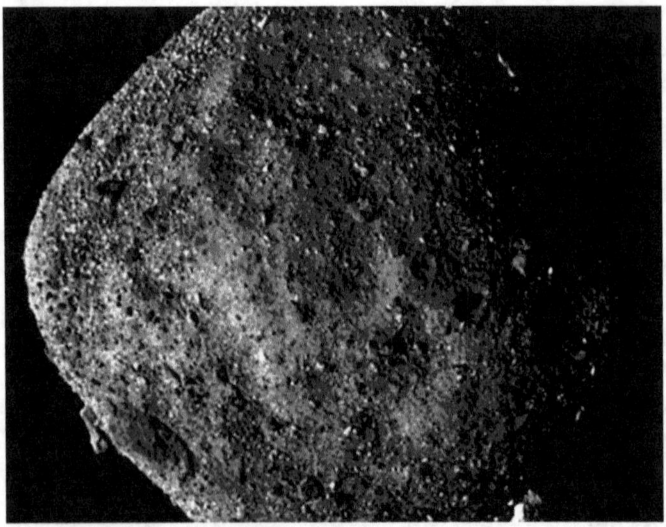

Abb. 11.8 Asteroid Bennu; NASA

mehrere Kameras und Spektrometer sowie ein Laser-Altimeter an Bord. Durch einen speziellen Mechanismus, bei dem Druckgas Staub und kleine Steine an der Oberfläche aufwirbelte und diese eingefangen wurden, konnte auch eine Materialprobe von über 120 g eingesammelt werden. OSIRIS-REx flog zurück zur Erde, wo eine Kapsel mit der Probe am 24. September 2023 landete. Das Mutterschiff flog an der Erde vorbei und soll 2029 mit dem neuen Namen OSIRIS-APEX den Asteroiden Apophis besuchen.

11.5.10 Lucy

Die NASA-Mission Lucy soll zwei Asteroiden und fünf Trojaner-Objekte des Jupiter erforschen. Die 1550 kg schwere Sonde wurde am 16. Oktober 2021 mit einer Atlas V ins All gebracht. Auf dem Weg zu den Trojanern wurden im November 2023 der Asteroid Dinkinesh und im April 2025 Donaldjohanson besucht. Die beiden größten Zielobjekte, das Asteroiden-Paar Patroclus und Menoetius, haben Durchmesser von über 100 km und sollen am Ende der Mission 2033 angeflogen und erforscht werden.

11.5.11 DART/Hera

Am 24. November 2021 startete die NASA-Asteroidenmission DART (Double Asteroid Redirection Test), die ein Experiment zur Asteroidenabwehr darstellt. Hierbei wurden der 780 m große Asteroid Didymos und sein 160 m großer Mond Dimorphos am 26. September 2022 besucht. Die 610 kg schwere Sonde kollidierte dabei mit dem Mond Dimorphos und brachte diesen dadurch etwas von seiner Bahn ab. Dies wurde von der Erde aus und von der kurz davor abgetrennten italienische Tochtersonde LICIACube beobachtet und gemessen.

Um die Auswirkungen des Einschlags auf die Bahn und die getroffene Oberfläche des Mondes noch genauer zu untersuchen wurde die ESA-Sonde Hera am 7. Oktober 2024 zu Didymos gestartet und soll ihn im Dezember 2026 erreichen. Am 12. März 2025 gelang ein Vorbeiflug am Mars, wobei auch dessen Mond Deimos beobachtet wurde. Hera wird mit den beiden Cubesats Milani und Juventas gemeinsam die beiden Asteroiden fotografieren, deren Massen bestimmen, die Einschlagsstelle von DART analysieren und mit verschiedenen Instrumenten detailliert untersuchen. So soll neben wissenschaftlichen Fragestellungen auch geklärt werden, wie effektiv die Abwehrmaßnahme war und wie sie sich auf Dimorphos ausgewirkt hat.

11.5.12 Psyche

Am 13. Oktober 2023 startete die NASA-Raumsonde Psyche zum Asteroiden (16) Psyche, der vermutlich hauptsächlich aus Metall besteht und somit den Rest des Kerns eines größeren Asteroiden darstellt, der durch Kollisionen mit anderen Körpern zerstört wurde, sodass das innere Material freigelegt wurde. Die Sonde hat eine Masse von 2747 kg und soll mit drei Instrumenten verschiedenen Fragestellungen zur Entstehung und Entwicklung des Asteroiden nachgehen. Auch deutsche Forschende sind an der Mission beteiligt. hat.

11.5.13 Tiawen-2

Am 28. Mai 2025 wurde die chinesische Sonde Tianwen-2 (Himmelsfrage-2) mit einer Trägerrakete des Typs Langer Marsch 3B gestartet. Sie soll im Juli 2026 den erdnahen Asteroiden Kamoʻoalewa für sieben Monate besuchen und Ende 2027 mit einer Landekapsel Proben zur Erde bringen.

Das Mutterschiff soll dann an der Erde vorbeifliegen und sechs Jahre später den Kometen 311P/PANSTARRS ansteuern.

11.6 Jupiter and beyond

Jupiter ist mit Abstand der größte Planet des Sonnensystems, gefolgt von Saturn. Nach außen kommen dann die Planeten Uranus und Neptun und dahinter der Kuiper-Gürtel, der Bereich wo sich bei der Entstehung des Sonnensystems die Kometen gebildet haben. Dort gibt es noch viele dieser Objekte, die teils über 1000 km Durchmesser erreichen können. Aufgrund der großen Entfernung zur Sonne und der geringen Lichteinstrahlung sind sie nur schwer zu entdecken und zu erreichen.

11.6.1 Die Pioneer-Sonden

Ende der 60er-Jahre begann die NASA, ernsthaft über die Erforschung des Weltraums jenseits der Mars-Bahn nachzudenken. Neben dem Asteroidengürtel wurde als primäres Ziel der Jupiter anvisiert. Es wurden zwei baugleiche Sonden konzipiert, die im Abstand von 13 Monaten gestartet werden sollten. 13 Monate ist der jeweilige zeitliche Abstand zwischen zwei günstigen Startfenstern von der Erde aus. Ziele der Missionen waren die Erforschung des Asteroidengürtels, des interplanetaren Raumes sowie des Planeten Jupiter und seiner Monde.

Die Sonden wogen knapp 260 kg. Zur Energieversorgung kamen wegen der zunehmenden Sonnenferne während der Expedition Solarpaneele nicht infrage, sodass man sich für Plutonium-Radionuklidbatterien entschied. An der Außenseite des Raumkörpers wurde eine Plakette angebracht, auf der Symbole dargestellt waren, die etwas über

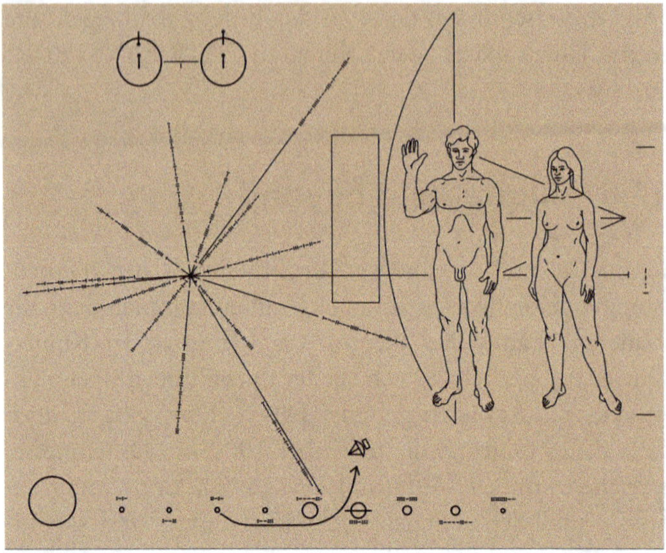

Abb. 11.9 Bild der Pioneer-Plakette, NASA

das menschliche Leben auf der Erde aussagten – falls die Sonde jemals von außerirdischen intelligenten Wesen gefunden werden sollte (Abb. 11.9). Die Plakette bestand aus Aluminium mit einem Überzug aus Gold. Die Bildelemente waren ein nackter Mann und eine nackte Frau im Größenverhältnis zum Raumfahrzeug selbst, die Position der Erde bezogen auf 14 Pulsare, eine Darstellung des Sonnensystems sowie die Struktur des Wasserstoffatoms.

An Bord befand sich eine Anzahl von Instrumenten, darunter eines zur Messung der Verteilung von Gesteinsbrocken im Asteroidengürtel, ein Detektor von Mikrometeoroiden, natürlich hochempfindliche Fotokameras, Infrarot- und Ultraviolettinstrumente, ein Analysegerät für geladene Teilchen, Szintillations- und Tscherenkow-Zähler zur Messung von Elektronen und Protonen, ein Spektrometer für kosmische Strahlung, ein Geigerzähler, ein Magnetometer und ein Analysegerät für niederenergetische Teilchen.

Pioneer-10 startete am 3. März 1972 von Cape Canaveral und nahm Kurs auf den Jupiter mit einer Geschwindigkeit von 14,36 km/s. Im Februar 1973 wurde der Asteroidengürtel erreicht. Im November kreuzte die Sonde die Bahn des äußersten bis dahin bekannten Mondes des Jupiters, Sinope. Am 3. Dezember kam es zur größten Annäherung an den Planeten selbst. Die Sonde wurde manuell gesteuert. Um den Planeten fand Pioneer-10 einen Strahlungsgürtel, dessen Dosis 1000-mal höher war, als die auf der Erde für Menschen als tödlich festgelegte. Gravitationsmessungen ergaben zunächst, dass Jupiter einen kleinen flüssigen Kern besitzen muss.

Das Raumfahrzeug näherte sich dem Planeten bis auf etwa 130.000 km. Durch das fällige Fly-by-Manöver erreichte es eine Geschwindigkeit von 36,67 km/s. Nach Jupiter ging das Abenteuer weiter. Drei Jahre später, 1976, kreuzte Pioneer-10 die Saturn-Bahn, nach weiteren drei Jahren, 1979, die des Uranus und schließlich am 13. Juni 1983 die Bahn des Neptuns. Nach und nach wurden einzelne Instrumente der Sonde abgeschaltet, da die elektrische Leistung der Plutonium-Batterie geringer wurde – der Kontakt bestand aber weiterhin. Die letzten verwertbaren Daten erreichten die Erde am 27. April 2002, das letzte Signal überhaupt am 22. Januar 2003. Der Energievorrat war zu Ende. Offiziell endete die Mission in einer Entfernung von 12 Mrd. km nach 31 Jahren, doch die Sonde fliegt weiter hinaus ins All.

Ein Jahr nach dem Start von Pioneer-10 wurde ihre Schwestersonde Pioneer-11 auf die Reise geschickt – am 6. April 1973. Am 3. Dezember 1974 flog sie an Jupiter in einer Entfernung von 43.000 km vorbei. Am 1. September 1979 passierte sie den Saturn. Dabei wurden bisher unbekannte Details der Saturnringe und ein weiterer Saturnmond entdeckt. Die Mission wurde am 30. September 1995 offiziell für beendet erklärt, letzte verwertbare Daten kamen am 24. November 1995 auf der Erde an. Pioneer-11 bewegt sich mit einer Geschwindigkeit von 11,4 km/s aus dem Sonnensystem heraus.

11.6.2 Die Voyager-Sonden

Voyager-1 (engl. für „Reisender") und Voyager-2 sind die beiden von Menschen gefertigten Objekte, die neben Pioneer-10 bisher am weitesten in den interstellaren Raum vorgedrungen sind. Es handelt sich um zwei baugleiche Sonden der NASA, wobei Voyager-2 als erste gestartet wurde, und zwar am 20. August 1977, ihre Schwestersonde Voyager-1 am 5. September 1977, überholte aber Voyager-2 am 15. Dezember. Die ursprünglichen Missionsziele galten den beiden Gasriesen Jupiter und Saturn. Deren Atmosphäre sollte untersucht werden, ebenso die Magnetfelder sowie das Vorkommen energetischer Teilchen in ihrer Umgebung. Besondere Aufmerksamkeit sollte den Monden beider Planeten sowie den Ringen des Saturns gewidmet werden. Auch die Voyager-Sonden waren außen mit einer vergoldeten Plakette ausgestattet, auf der sich Schlüsselinformationen über das menschliche Leben auf der Erde befanden.

Voyager-1 erreichte den Jupiter am 4. März 1979 bis auf 18.460 km, Voyager-2 traf am 25. April im Jupitersystem ein. Zu den wichtigsten Entdeckungen, die die Missionen lieferten, gehörte eine Anzahl neuer Monde beider Planeten, neun aktive Vulkane auf dem Mond Io des Jupiters sowie ein schwaches Ringsystem um den Jupiter selbst. Der Mond Titan des Saturn besitzt eine Atmosphäre, die im Wesentlichen aus Methan besteht. Detaillierte Fotografien erwiesen, dass der Saturnring sich aus vielen Einzelringen zusammensetzt.

Die Energieversorgung der Sonden erfolgte über Radionuklid-Batterien. Nach Erfüllung der ursprünglichen Missionsziele wurde Voyager-2 zunächst auf eine Bahn gelenkt, die sie zu dem nächsten großen Planeten leitete. Die Neuausrichtung der Mission bedingte massive Änderungen der Software an Bord, eine Reduktion des Datenverkehrs sowie ein Sparprogramm bei der Nutzung diverser wissenschaftlicher Instrumente. Voyager-2 erreichte den Uranus am 4. November 1985 und schickte Aufnahmen vom Planeten und seinen Monden Miranda, Umbriel und Ariel zur Erde. Auch der Uranus ist von einem Ringsystem umgeben.

Damit war die Arbeit von Voyager-2 aber weiterhin noch nicht zu Ende. Die Lebensdauer der Sonde hatte bereits die ursprünglichen Projektionen weit übertroffen, sodass als Nächstes der Neptun angepeilt wurde. Wegen der sich kontinuierlich abschwächenden Signale mussten auf der Erde auf der Empfangsseite technische Maßnahmen getroffen werden: Empfänger mussten rauschärmer gemacht, Antennen vergrößert oder zusammengeschaltet werden. Voyager-2 flog am 26. August 1989 in einer Entfernung von knapp 5000 km am Neptun vorbei. Neben zahlreichen Fotografien, die auch für Neptun ein Ringsystem offenbarten, wurde die Rotationsgeschwindigkeit des Planeten genau bestimmt sowie das Magnetfeld gemessen. Neben dem bekannten Mond Triton, dessen Durchmesser exakt bestimmt wurde, entdeckte die Sonde neun weitere Monde. Auf Triton selbst wurde vulkanische Aktivität in Form von Geysiren, die flüssigen Stickstoff ausschleuderten, entdeckt.

Während Voyager-2 also ihre Arbeit in den Außenbereichen des Planetensystems erledigte, wurden auch die Missionsziele von Voyager-1 modifiziert. Am 1. Januar 1990 begann die Phase der interstellaren Mission. Dabei überholte die Sonde Pioneer-10 im Februar 1998. Im August 2002 näherte sie sich dem Heliosheath, ein Bereich am äußeren Rande der Heliosphäre, wo sich der Sonnenwind mit interstellarer Materie vermischt. Die Heliosheath wurde tatsächlich am 24 Mai 2005 erreicht. Die Sonde meldete im Laufe der weiteren Mission bis 2012 starke Veränderungen des Magnetfeldes, das auf eine Kombination verschiedener Ursachen zurückgeführt wurde: einerseits die Sonnenrotation, andererseits eine starke Magnetisierung der interstellaren Wolke außerhalb des Sonnensystems. Ende 2012 verließ Voyager-1 die Heliosphäre und erreichte als erstes menschengemachtes Objekt den interstellaren Raum. Voyager-2 hatte den Heliosheath im August 2007 erreicht.

Beide Sonden senden nun seit 48 Jahren (Stand 2025) Daten zur Erde (Abb. 11.10). Der Treibstoff zur Lageregelung für Voyager-1 reicht noch bis 2040. Die elektrische Energie wird kontinuierlich weniger und reicht noch bis etwa 2036, aber nach und nach mussten und müssen wissenschaftliche Instrumente abgeschaltet werden. Aktuell reist Voyager-1 mit 17 km/s auf den Stern Gliese 445 zu, den es in 40.000 Jahren in großem Abstand passieren wird.

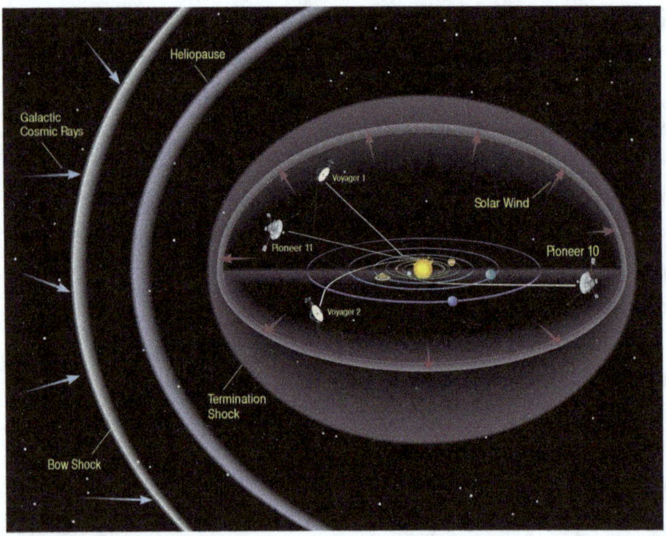

Abb. 11.10 Flugbahnen der Pioneer 10 & 11 und Voyager 1 & 2 Sonden, nicht maßstäblich, NASA

11.6.3 Galileo

Im Gegensatz zu den Pioneer- und Voyager-Sonden, die „lediglich“ einen Vorbeiflug an Jupiter absolvierten, plante die NASA auf Basis der durch die ersten vier Sonden gewonnenen Daten eine detaillierte Erkundung des Riesenplaneten und seiner wichtigsten Monde. Dazu war ein schwereres Gerät, bestehend aus einer Mutter- und einer Tochtersonde, erforderlich. Das wiederum bedingte einen anderen Startmodus.

Die Sonde wurde benannt nach dem Physiker Galileo (Galilei), der als Erster vier Jupitermonde entdeckt hatte. Neben der eigentlichen Aufgabe rund um den Planeten Jupiter sollte das Raumschiff auf seinem Weg dorthin noch eine Reihe weiterer Aufgaben erfüllen (Abb. 11.11).

Galileo startete am 18. Oktober 1989 von der Raumfähre Atlantis aus. Das erste Highlight auf dem Weg war ein Vorbeiflug am Asteroiden Gaspra am 29. Oktober 1991 in einer Entfernung von 1600 km. Es wurden zahlreiche Fotoaufnahmen gemacht. Zwei Jahre später passierte die Sonde den Asteroiden Ida in 2400 km Entfernung. Die sensationelle Entdeckung war, dass Ida einen kleinen Mond von 1–2 km Durchmesser besaß, den man Dactyl nannte. Als Galileo noch fast 240 Mio. km vom Jupiter entfernt war (Juli 1994), konnte sie den Absturz der Fragmente des Kometen Shoemaker-Levy-9 in die Jupiter-Atmosphäre beobachten.

Im Juli 1995 in einer Entfernung von 82 Mio. km wurde die Tochtersonde auf ihre Reise in die Atmosphäre des Jupiters geschickt, in die sie am 7. Dezember eintauchte. Durch die Atmosphärenreibung verlangsamte sich die Geschwindigkeit des Flugkörpers von 170.000 km/h auf 3000 km/h. Ihr Fallschirm öffnete sich in 40 km Höhe, wobei das Nullniveau des Planeten bei 1 bar Druck festgelegt wurde, welches immer noch 72.000 km vom Planetenmittelpunkt

Abb. 11.11 Galileo wird für den Start vorbereitet; NASA

entfernt war. Der Kontakt zur Sonde brach nach einer Stunde bei einer Tiefe von 160 km, einem Druck von 22 bar und einer Temperatur von 152 °C ab.

Ein großes Problem stellte der Ausfall der Hauptantenne der Muttersonde dar, die sich nicht voll entfaltete. Somit mussten alle Daten über eine kleine Telemetrieantenne gesendet werden, was wesentlich länger dauerte, aber dank Zwischenspeicherung und Datenkompression an Bord funktionierte. Die Muttersonde schwenkte im März 1996 auf eine elliptische Bahn um den Gasplaneten ein und erkundete das Wettergeschehen. Dann wandte sie sich den vier galileischen Monden zu (Europa, Ganymed, Kallisto und Io). Nach Verbrauch des Treibstoffs wurde sie am 21. September 2003 in die Jupiter-Atmosphäre gelenkt, wo sie anschließend verglühte.

Die wichtigsten Forschungsergebnisse dieser kombinierten Mission waren: innerhalb der Jupiter-Atmosphäre herrschten Windgeschwindigkeiten von bis zu 500 km/h, die sich häufig auch als Fallwinde manifestierten. Unter den Eiskrusten von Europa, Ganymed und Kallisto befinden sich Salzwasser-Ozeane. Ganymed besitzt ein Magnetfeld und damit einen Eisenkern, während auf Io heftige vulkanische Aktivität herrscht, was zu einer laufenden Veränderung seiner Oberfläche führt.

11.6.4 Cassini-Huygens

Wie der Doppelname (Cassini war ein italienischer Astronom, Huygens ein niederländischer Physiker) verrät, handelt es sich bei der Raumsonde Cassini-Huygens um eine kombinierte Konfiguration: Auch hier wieder eine Mutter- und eine Tochtersonde, wobei die Tochtersonde allerdings – was die Ausstattung mit Instrumenten betrifft – ihrer Mutter in nichts nachsteht. Hinzu kommt, dass die beiden Komponenten Projekte unterschiedlicher Raumfahrtorganisationen waren. Der Orbiter Cassini war ein NASA-Projekt, das Landegerät Huygens wurde unter der Ägide der ESA und hier besonders der italienischen Raumfahrtbehörde ASI entwickelt. Ziele der Mission waren der Planet Saturn und seine Monde.

Am 15. Oktober 1997 hob die Kombination mittels einer Titan-IVB-Trägerrakete von Cape Canaveral ab. Sie benötigte fast sieben Jahre, bis die vorgesehene Umlaufbahn um den Saturn am 1. Juli 2004 erreicht wurde. Danach stand sie insgesamt, inklusive Reisezeit, fast 20 Jahre im Dienst, der am 15. September 2017 durch einen kontrollierten Absturz auf den Saturn beendet wurde. Beim Start wog die gesamte Sonde 2523 kg. Um den Zielplaneten zu erreichen, mussten mehrere Fly-by-Manöver durchgeführt werden: zweimal an Venus, an der Erde und schließlich am Jupiter. Die Energieversorgung der Konfiguration wurde durch Radionuklid-Batterien auf Basis von Pu-238 sichergestellt.

Neben fotografischer Ausrüstung im sichtbaren Bereich, Bordelektronik und Kommunikationsmitteln war die Cassini mit folgenden wissenschaftlichen Instrumenten ausgestattet: einem Ultraviolett-Spektrografen, zwei Infrarotspektrometer, die in unterschiedlichen Wellenlängenbereichen arbeiteten, ein Radiowellentransmitter zur Untersuchung der Saturnringe, ein Instrument zur Erforschung interplanetaren Plasmas, ein weiteres Plasmaspektrometer zur Messung geladener Teilchen, ein Magnetometer, ein Instrument zur Untersuchung der Magnetosphäre, ein Spektrometer zur Untersuchung von Ionen und Neutronen und schließlich ein Analysegerät von kosmischem Staub.

Ähnlich komplex sah die Ausrüstung von Huygens aus. Auch hier waren aufwendige fotografische Instrumente an Bord, insbesondere für Aufnahmen während des Abstiegs der Sonde in die Titan-Atmosphäre, zusätzlich ein Aerosolsammler kombiniert mit einem Pyrolysegerät für die Suche nach bestimmten Molekülen, z. B. Cyanwasserstoff oder Cyanoacetylen in den höheren Schichten der Atmosphäre, ein Gas-Chromatograf, ein Experiment zur Messung von Luftströmungen auf Basis des Doppler-Effekts, ein Instrument zur Untersuchung der Atmosphäre des Saturnmondes Titan und ein ganzes Paket von Sensoren zur Untersuchung der Oberflächenbeschaffenheit des Titan kurz vor dem Aufschlag.

Beim Einschwenken in den Saturn-Orbit passierte die Sonde den Mond Phoebe und machte hervorragende Aufnahmen von diesem Ur-Relikt aus der Entstehungszeit unseres Sonnensystems, bevor sie durch das Ringsystem flog, wobei zwei bisher unbekannte kleinere Monde entdeckt wurden. Dann wurde Titan erreicht, Huygens abgetrennt und auf die Reise zu dem Saturnmond geschickt. Das war am 25. Dezember 2004. 20 Tage später, am 14. Januar 2005, trat die Tochtersonde in die Atmosphäre des Titans ein. Nachdem durch Abbremsung eine Geschwindigkeit von 400 m/s erreicht worden war, wurde in einer Höhe von 180 km ein System von drei sukzessiven Fallschirmen aktiviert. Schließlich landete Huygens mit einer Geschwindigkeit von 17 km/h auf der Oberfläche des Titans. Die Temperatur betrug - 180 °C, der Druck 145,7 kPa (Abb. 11.12).

Cassini setzte seine Mission für 12 weitere Jahre fort. Neben fast einer halben Million Bilder, die zur Erde gesandt wurden und einer Vielzahl von Messdaten und Einzelentdeckungen – hier die wichtigsten Ergebnisse der gesamten Mission: Mehr als 60 Monde wurden registriert. Auf dem Mond Enceladus, der nur 500 km Durchmesser hat, existieren Geysire, die Wassermoleküle und Partikel ausstoßen, die sich im E-Ring des Saturn sammeln. Auf dem Mond Titan befinden sich große Methan-Meere. Unter der Einwirkung der Sonnenstrahlung verdampft das Methan und bildet so den Großteil der Titanatmosphäre. Der Mond Iapetus im äußeren Bereich des Saturnsystems ist optisch zweigeteilt in eine helle und eine dunkle Seite. Die Dunkelheit der Seite in Richtung der Umlaufbewegung des Mondes rührt von einer Ablagerung von Staub der äußeren kleinen Saturnmonde her. Rätsel gibt der Mond Hyperion auf. Zum einen deuten seine Form und die Struktur seiner Einschlagkrater an, dass er Teil eines ehemals größeren Himmelskörpers gewesen sein muss, zum anderen haben Dichtemessungen ergeben, dass er in seinem Inneren

Abb. 11.12 Titan-Oberfläche nach der Landung (ESA/NASA/JPL/ University of Arizona); http://Photojournal.jpl.nasa.giv/catalog/ PIA07232

ebenfalls sehr porös sein muss. Rätsel gibt ebenfalls eine atmosphärische sechseckige Struktur am Nordpol des Saturn selbst auf. Sie wird als stehende Welle gedeutet, deren Ursprung jedoch unbekannt ist. Während der langen Beobachtungszeit konnte auch die Entstehung eines gewaltigen Sturmes auf dem Planeten beobachtet werden. Dieser Sturm manifestierte sich durch einen großen hellen Fleck auf der Nordhalbkugel, der von heftigen Blitzgewittern durchdrungen war.

Gegen Ende der Mission wurden Aufnahmen von drei Monden – Pan, Atlas und Daphnis – gemacht, die um ihre Äquatoren seltsame Materialansammlungen aufwiesen. Der Ursprung dieses Materials sind Partikel, die von den Saturnringen herrühren und von den Monden eingesammelt werden. Ein weiteres Ergebnis des Zusammenspiels von Monden und Ringen sind gebirgsähnliche Strukturen innerhalb der Ringe, die durch die Gravitationswirkung der Monde erzeugt werden und die mehrere Kilometer aus den Ringen herausragen. Die Saturn-Ringe selbst besitzen nur eine Dicke zwischen 10 und 100 m, aber eine Breite von 76.000 km. Am Ende ging Cassini der Treibstoff aus. Man beschloss, sie kontrolliert auf den Saturn abstürzen zu lassen und führte entsprechende Steuerungsmanöver durch. Am 15. September 2017 verglühte die Sonde in den Tiefen der Saturn-Atmosphäre.

11.6.5 New Horizons

Forscherdrang und menschliche Neugier wollten aber vor den Grenzen, die durch die großen Gasplaneten gesetzt waren, nicht haltmachen. Die NASA betitelte die weiteren Vorstöße an diese Grenzen und darüber hinaus in unserem Sonnensystem „New Frontier Program". Und im Rahmen dieses Programms startete am 19. Januar 2006 die Raumsonde „New Horizons" (engl. für „neue Horizonte"). Sie ist mittlerweile (2022) mehr als 16 Jahre unterwegs und hat unser Planetensystem bereits verlassen, befindet sich jetzt mehr als 50 AE – also über 7,5 Mrd. km – von der Sonne entfernt. Ursprüngliches Reiseziel war die Erforschung des mittlerweile zum Zwergplaneten herabgestuften Pluto und seines Mondes Charon. Dieser Missionsteil ist erfolgreich erfüllt worden und es wurden unglaubliche Details beobachtet. Aber die Reise geht weiter. Die Sonde ist in den Kuipergürtel eingedrungen. Der Kuipergürtel befindet sich am Rande des Sonnensystems und umfasst mehr als 70.000 Objekte, die einen Durchmesser von über 100 km besitzen. New Horizons besitzt noch ausreichend Energiereserven, um bis zum Jahre 2070 und einer Entfernung von 200 AE

Daten zur Erde zu senden. Basis für die Energieversorgung ist ein Radioisotopengenerator auf der Grundlage von Pu-238. Die Sonde ist neben hochauflösenden Kamerasystemen mit Instrumenten ausgestattet zur Messung des Sonnenwindes, energetischer Teilchenströme und Staubpartikel sowie zur Durchführung von Radiowellenexperimenten, um die Atmosphäre von Pluto zu analysieren.

Am 28. Februar 2007 passierte die Sonde den Planeten Jupiter, am 8. Juni 2008 die Umlaufbahn des Saturn. Die ersten Fotoaufnahmen von Pluto und Charon erreichten die Erde am 15. April 2015. Die größte Annäherung an den Zwergplaneten erfolgte am 14. Juli 2015 (Abb. 11.13). Von der Erde aus ist Pluto nur als winziger verwaschener Punkt zu sehen, auch mit den stärksten Weltraumteleskopen. Wegen der weiten Entfernung und der niedrigen Übertragungsrate wurden die Daten zunächst in einen Zwischenspeicher geladen, von dem aus sie dann zur Erde

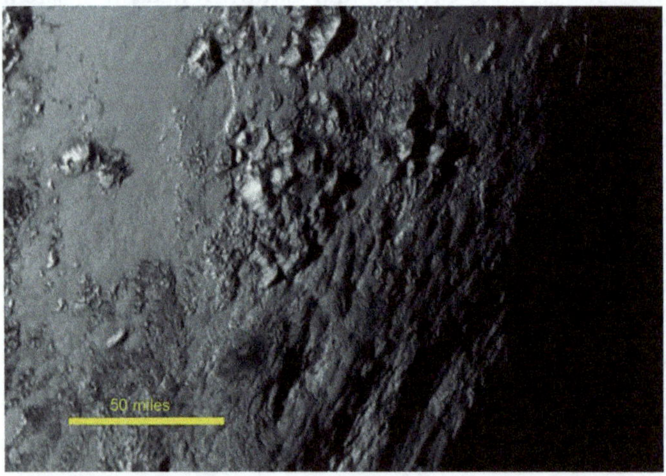

Abb. 11.13 Details von Plutos Oberfläche (NASA/JHU APL/SwRI; http://www.nasa.gov/sites/default/files/Thumbnails/image/15-152.png)

übertragen wurden. Die Gesamtübertragungszeit von diesem Datenpuffer aus betrug mehr als 15 Monate. Von den Monden Styx, Nix, Kerberos und Hydra wurden ebenfalls Fotoaufnahmen gemacht.

Die NASA hatte in Zusammenarbeit im Rahmen des Citizen-Science-Projektes ein Objekt im Kuipergürtel als nächstes Reise- und Forschungsziel ausgemacht. Es firmierte zunächst unter der Katalogbezeichnung (486958) 2014 Mu, im weiteren Missionsverlauf dann unter Ultima Thule. Am 1. Januar 2019 flog New Horizons an Ultima Thule in einer Entfernung von 3500 km vorbei und schickte Bilder zur Erde von dem kartoffelförmigen Himmelskörper (Abb. 11.14). Nach Analyse der Daten hat die NASA mittlerweile festgestellt, dass es sich um ein System aus zwei sich berührenden Körpern handelt. Im November 2019 wurde die Bezeichnung in „Arrokoth" („Himmel" in der Algonkin-Sprache) umbenannt.

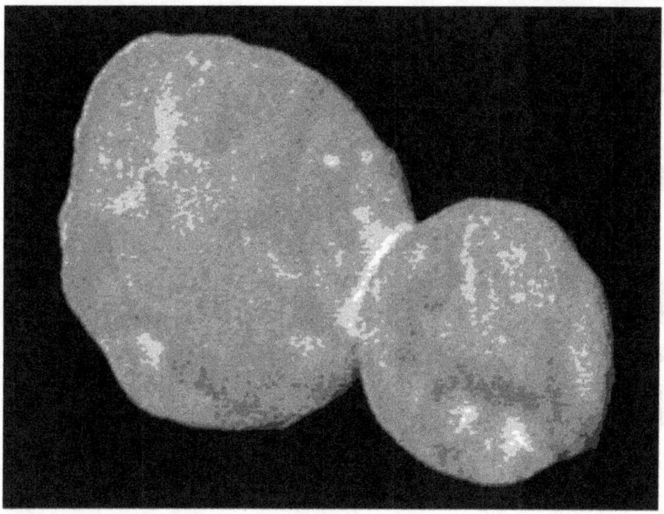

Abb. 11.14 Ultima Thule/Arrokoth; NASA

Neben Beobachtungen und Messungen der Heliosphäre machte die Raumsonde Aufnahmen von weiteren Himmelsobjekten im Kuipergürtel: Arawn, Quaoar und noch zwei weiteren. Die Reise geht weiter, man sucht laufend nach neuen Objekten, die von New Horizons erreicht werden können.

11.6.6 Juno

Die zweite Raumsonde im Rahmen des New Frontiers Program der NASA heißt Juno (nach einer römischen Göttin) und wurde am 5. August 2011 in Richtung Jupiter gestartet, wo sie am 5. Juli 2016 in einen speziellen Orbit einschwenkte. Es handelt sich dabei um eine elliptische polare Umlaufbahn mit einer Periode von 14 Tagen, die vermeidet, dass die Sonde in den Schatten Jupiters gerät und auch nicht zu tief in den für die Sonde schädlichen Strahlungsgürtel des Planeten eintritt. Das erste Kriterium ist erforderlich, da Junos Energieversorgung über Solarzellen und nicht über Radionuklidbatterien sichergestellt wird. Das zweite Kriterium folgt aus der Tatsache, dass Jupiter ein 20-mal stärkeres Magnetfeld besitzt als die Erde und die von ihm eingefangenen Teilchen eine entsprechend hohe Energiedichte besitzen, um die Bordelektronik zerstören zu können.

Juno hat – neben Erzeugung hochauflösender Fotografien – als Missionsziele die Suche nach dem spekulativen festen Kern des Planeten, die Messung der Zusammensetzung der Atmosphäre, die Erforschung von Wetterphänomenen wie Windgeschwindigkeit und die Entstehung von Blitzen und schließlich die Untersuchung des Magnetfeldes. Für diese Zwecke wurde die Sonde mit insgesamt neun verschiedenen Instrumenten ausgestattet. Schon erste Messungen im Februar 2017 ergaben, dass gängige Theorien über einen festen Kern und die Beschaffenheit der Magnetosphäre infrage gestellt werden müssen. Ein fester Kern wurde bis heute auf jeden Fall noch nicht lokalisiert. Messungen des Gravitationsfeldes haben ergeben, dass es asymmetrisch bezogen ist auf die Nord-Süd-Achse. Außerdem setzen sich die Rotationsbänder aus Wasserstoff und Helium bis tief in die atmosphärischen Schichten fort und sind kein Phänomen allein der oberen Atmosphäre.

Das Missionsende war für den 30. September 2025 geplant, wonach ein Absturz in die Jupiter-Atmosphäre erfolgen soll.

11.6.7 JUICE

JUICE (Jupiter Icy Moons Explorer) ist die erste L-Mission (L = large) im Cosmic Vision Programm der ESA. Der Start erfolgte am 14. April 2023 vom europäischen Startzentrum in Kourou aus mit der vorletzten Ariane 5, welche JUICE so exakt auf ihre Bahn brachte, dass wertvoller Treibstoff für Korrekturmanöver gespart wurde und für den Betrieb am Jupiter genutzt werden kann, was die Mission verlängert.

JUICE soll das Jupiter-System erkunden und die Struktur, Dynamik und Zusammensetzung der Atmosphäre des Jupiters sowie die Magnetfelder von Jupiter und Ganymed studieren (Abb. 11.15). JUICE soll drei der vier Galileischen Monde ansteuern. Von diesen Eismonden Europa, Kallisto und Ganymed wird angenommen, dass sich unter ihren Eispanzern Ozeane aus flüssigem Wasser verbergen, in denen sich vielleicht primitives Leben entwickelt haben könnte. Ganymed ist nicht nur der größte Jupiter-Mond, sondern auch der einzige Mond in unserem Sonnensystem, der über ein eigenes Magnetfeld verfügt.

Neben zehn wissenschaftlichen Instrumenten an Bord sollen detaillierte Untersuchungen durchgeführt werden: GALA (Ganymede Laser Altimeter), SWI (Sub-millimetre

Abb. 11.15 Die Raumsonde JUICE vor dem Jupiter, ESA

Wave Instrument), JANUS (Jovis, Amorum ac Natorum Undique Scrutator, camera system), J-MAG (Magnetometer for JUICE), PEP (Particle Environment Package), RIME (Radar for Icy Moons Exploration), RPWI (Radio & Plasma Wave Investigation), 3GM (Gravity & Geophysics of Jupiter and Galilean Moons), MAJIS (Moons and Jupiter Imaging Spectrometer), PRIDE (Planetary Radio Interferometer & Doppler Experiment) und UVS (UV Imaging Spectrograph). Deutschland war an der Entwicklung von sieben Instrumenten beteiligt, bei GALA und SWI führend. UVS kommt von NASA und auch JAXA ist an der Mission beteiligt.

JUICE ist mit 6070 kg (davon 3650 kg Treibstoff und 280 kg Instrumente) eine der schwersten interplanetaren Sonden überhaupt, weshalb ein Einschuss auf eine direkte Bahn zum Jupiter nicht möglich war. JUICE muss mehrfach bei Planetenvorbeiflügen Schwung holen, so an Erde und Mond (19./20. August 2024), Venus (31. August 2025) und noch zweimal an der Erde (September 2026 und Januar 2029). Erst dann fliegt JUICE Richtung Jupiter, wo sie im Juli 2031 ankommen und in einen Orbit um Jupiter eintreten wird. Im Jupiter-System sind 2 Vorbeiflüge an Europa geplant, 21 an Kallisto und 12 an Ganymed, bevor JUICE sich in eine Umlaufbahn um Ganymed steuern wird. Dort bleibt JUICE in verschiedenen Bahnhöhen, bis die Mission Ende 2035 durch einen gezielten Absturz auf Ganymed beendet werden soll.

Mit der fast zeitgleich am Jupiter befindlichen NASA-Mission Europa Clipper stimmt man sich bereits jetzt eng ab, um so gemeinsam bessere Forschungsergebnisse gewinnen zu können.

11.6.8 Europa Clipper

Die NASA-Sonde Europa Clipper wurde am 14. Oktober 2024 gestartet und soll aus einer Jupiter-Umlaufbahn heraus 4-mal Ganymed und 45-mal Europa im Vorbeiflug besuchen. Die wissenschaftlichen Ziele sind ähnlich denen von JUICE, sodass auch gemeinsame Messungen geplant sind.

Hierfür verfügt Europa Clipper über 13 Instrumente, wie Kameras, Spektrometer, Radar, usw., mit ähnlichen Fähigkeiten wie die JUICE-Instrumente.

Obwohl die Startmasse von rund 6065 kg der von JUICE entspricht, konnte durch die stärkere Falcon Heavy Trägerrakete der Firma Space-X eine schnellere Bahn erreicht werden. Es stehen aber auch hier Vorbeiflüge an Mars (am 1. März 2025 erfolgt) und Erde (Januar 2026) an. Im April 2030 soll Jupiter erreicht werden, das Missionsende ist für Herbst 2034 geplant.

12

Die Reise zum Mars

Zusammenfassung Im vorhergehenden Kap. 11 haben wir wichtige Missionen zu anderen Körpern im Sonnensystem, darunter alle Planeten, erläutert. Es fehlte der Mars. Ihm widmen wir hier ein ganzes Kapitel.

Im vorhergehenden Kap. 11 haben wir wichtige Missionen zu anderen Körpern im Sonnensystem, darunter alle Planeten, erläutert. Es fehlte der Mars. Ihm widmen wir hier ein ganzes Kapitel. Grund dafür ist die realistische Perspektive, dass noch zu Lebzeiten vieler Leser ein Besuch dieses Planeten durch Menschen möglich ist. Tatsächlich sind viele der bisher unbemannten Marsmissionen – zumindest in den letzten beiden Jahrzehnten – sowohl bereits als vorbereitende Erkundungen unseres Nachbarplaneten sowie auch als Erprobungen von Landetechnologien zu werten.

Teleskopische Beobachtungen und erste Sondierungen durch Proben hatten ergeben, dass von allen Planeten des Sonnensystems nur der Mars eine Perspektive für einen zu-

W. Osterhage, C. Gritzner, *Die Geschichte der Raumfahrt*,
https://doi.org/10.1007/978-3-662-72501-6_12

künftigen Besuch durch Raumfahrer bietet. Alle anderen Planeten sind zu unwirtlich für menschliche Gäste, geschweige denn Kandidaten für eine zukünftige Stationierung oder Besiedlung. Deshalb konzentrierten sich die Weltraumbehörden der wichtigsten Mitspieler verstärkt auf diesen Planeten, wobei man durch die Erfahrungen mit Raumstationen in erdnahen Bahnen nun zuerst den Mond besuchen will, bevor man den noch größeren Schritt zum Mars unternehmen wird. War zuerst nur die übliche wissenschaftliche Neugier die Triebfeder, so wurde im Laufe der Zeit der Planet immer stärker auf mögliche Landetechnologien und Landplätze hin untersucht (Abb. 12.1).

Abb. 12.1 Mars in natürlichen Farben, die Daten für das computergenerierte Bild wurden im April 1999 mit dem Mars Global Surveyor aufgenommen. (© NASA/JPL/MSSS; https://www.jpl.nasa.gov/spaceimages/details.php?id=PIA02653)

Mars ist der zweitkleinste Planet im Sonnensystem. Er ist gleichzeitig der erdähnlichste, obwohl seine Masse nur etwa ein Zehntel der Erdmasse beträgt. Seine Fallbeschleunigung beträgt 3,69 m/s^2. Dadurch, dass seine Rotationsachse eine ähnliche Neigung wie die Erde besitzt, gibt es auf dem Mars auch Jahreszeiten. Die Höchsttemperatur beträgt angenehme 20 °C, allerdings liegt das Mittel bei -63 °C, die niedrigste Temperatur bei -153 °C. Die Atmosphäre besteht zu 96 % aus Kohlendioxid mit geringen Anteilen von Stickstoff, Argon und Sauerstoff. Der Atmosphärendruck ist mit 6,3 hPa sehr niedrig (auf der Erde im Mittel 1013 hPa). Bei der bisherigen Erforschung ist auch eingelagertes Wassereis u. a. an den Polkappen entdeckt worden.

Die Oberfläche des Mars hat seit den ersten Beobachtungen mittels Fernrohren die Menschen fasziniert. So hat man grabenartige Strukturen und Vulkane, Stromtäler, die auf vergangene Wasserfluten hinweisen, und wüstenartige Gebiete ausgemacht. Mars besitzt zwei kleine Monde: Phobos mit einem Durchmesser von ca. 27 km und Deimos mit einem Durchmesser von lediglich etwa 18 km – beides unregelmäßig geformte Gesteinsbrocken.

12.1 Das sowjetische Marsprogramm

Die Sowjetunion begann sich bereits 1960 für den Mars zu interessieren. Die ersten beiden Versuche, eine Sonde zu unserem Nachbarplaneten zu schicken, schlugen fehl. Mit der Nummerierung dieser Raumsonden, die allesamt „Mars“ hießen, verhielt es sich ähnlich wie bei den Venussonden: Schlugen sie fehl, wurden sie als Sputnik katalogisiert, ansonsten erhielten sie eine fortlaufende Nummer. Insgesamt gab es sieben Marsraumsonden unter dieser Bezeichnung. Ähnlich wie die Venussonden war auch die

Bauart der Marssonden. Und zudem gab es bei den frühen Marserkundungen auch einen Wettlauf mit den USA, welche von 1964 bis 1971 die Sonden Mariner 3 und 4, 6 und 7 sowie 8 und 9 zum Mars schickten.

Mars-1 startete am 1. November 1962. Sie hatte neben einer Fotoausrüstung Instrumente an Bord zur Untersuchung kosmischer Strahlung und ein UV-Spektrometer. Wegen eines Stabilisierungsproblems aufgrund mangelhafter Energieversorgung verlor die Sonde die Orientierung im Raum. Außerdem ging der Funkkontakt am 21. März 1963 verloren. Mars-1 passierte den Planeten Mars am 19. Juni 1963 in mehr als 100 Mio. km Entfernung.

Mars-2 und -3 hatten die ambitionierte Aufgabe, jeweils einen Lander auf dem Mars auszusetzen. Die Lander führten außerdem je einen Rover mit sich, der sich bis zu 15-m von den Landegeräten entfernen konnte. Die Muttersonden hatten Instrumente zur Messung von Temperatur und Zusammensetzung der Marsatmosphäre an Bord. Die Sonden starteten am 19. bzw. am 29. Mai 1971 und erreichten den Mars am 27. November und 2. Dezember 1971. Insgesamt muss man die Missionen allerdings als Fehlschläge bezeichnen. Die Orbits entsprachen nicht den vorausberechneten, der Lander von Mars-2 zerschellte auf der Marsoberfläche, und der Lander von Mars-3 kommunizierte nur 20 s nach erfolgreicher Landung.

Mars-4 startete am 21. Juli 1973. Während des Transits fiel die Elektronik aus, und einige Instrumente konnten nur noch wenige Daten beim Vorbeiflug am 10. Februar 1974 in 2200 km Entfernung vom Mars zur Erde funken.

Mars-5 startete am 25. Juli 1973 und ging am 12. Februar 1974 in den vorhergesehen Marsorbit. Durch den Einschlag eines kleinen Meteoriten entstand ein Druckverlust in der Kapsel, sodass das gesamte Messprogramm in Mitleidenschaft gezogen wurde.

Mars-6 war nicht weniger erfolglos. Sie startete am 5. August 1973, und wenige Tage später fiel das Kommunikationssystem bereits aus. Dennoch wurde der Lander am 12. März 1974 abgekoppelt. Ob er erfolgreich aufsetzen konnte, ist nicht bekannt. Er schickte lediglich bis kurz vor der Landung Daten zur Erde. Danach verstummte auch er.

Mars-7 war der letzte Versuch in diesem Programm, und auch er scheiterte. Die Kommunikation zur Muttersonde brach ebenfalls kurz nach dem Start am 9. August 1973 zusammen, der Lander koppelte am 9. März 1974 automatisch ab, verfehlte aber den Planeten und flog in 1300 km Entfernung an ihm vorbei.

Insgesamt war das sowjetische Marsprogramm eine einzige Serie von Fehlschlägen.

12.2 Fobos, Mars 96 und Phobos-Grunt

Vierzehn Jahre später versuchten es die Sowjets noch einmal – zum letzten Mal. Dieses Mal ging es nicht um den Mars selbst, sondern um dessen Mond Phobos. Beteiligt an diesem Projekt waren auch die ESA und die DDR. Am 7. Juli 1988 startete die Sonde Fobos-1, ihre Schwester Fobos-2 fünf Tage später. Durch ein fehlerhaftes Steuerungskommando wurde der Kontakt zur ersten Sonde bereits am 2. September 1988 verloren. Fobos-2 erreichte den Mars planmäßig am 28. Januar 1989. Während des Ansteuerns von Phobos verlor man auch den Kontakt mit ihr am 27. März 1989. So endete die letzte interplanetarische Mission der Sowjetunion.

Russland entwickelte danach die Missionen Mars 94 und Mars 96 mit starker Beteiligung der ESA und auch Deutschlands (HRSC Kamera des DLR). Die erste Mission wurde verschoben und als Mars 96 am 16. November 1996 gestartet. Durch einen Fehler der Oberstufe stürzte die Sonde auf die Erde zurück und ging verloren. Zu einer zweiten Mission kam es nicht mehr.

Mit der Mission Phobos-Grunt wurde am 8. November 2011 nochmals eine russische Mission zum Marsmond Phobos gestartet. Deutschland war mit dem Instrument MIMOS II der Universität Mainz beteiligt sowie China mit der kleinen Marssonde Yinghuo-1. Durch Probleme mit der Bordelektronik konnte sich die Sonde aber nicht korrekt ausrichten und verblieb im Parkorbit um die Erde, bis sie am 15. Januar 2012 in der Atmosphäre verglühte. Russland hat seitdem keine eigenen Marsmissionen mehr gebaut.

12.3 Das Viking-Projekt

Viking (engl. für „Wikinger") war der erste amerikanische Versuch, Landekapseln weich auf einen anderen Planeten abzusetzen. Der Doppelversuch mit Viking-1 und -2 gelang und gehört zu den erfolgreichsten Weltraumunternehmungen der NASA. Im August und September 1975 starteten die beiden baugleichen Raumfahrzeuge in Florida mithilfe einer Titan IIIE/Centaur-Trägerrakete. Viking-1 wurde am 20. August 1975 in den Himmel gehoben, Viking-2 am 9. September. Alle Instrumente arbeiteten fehlerfrei. Beide erreichten ihre Umlaufbahnen um den Mars im Juni und August 1976. Die Kapseln bestanden aus einem Orbiter, der Muttersonde, die jeweils im Orbit verblieb, und der Tochter, einem Lander. Die Orbiter dienten nach der erfolgreichen Landung der Töchter auch als Relaisstationen für den Funkverkehr mit der Erde.

Missionsziele der Vikingoperation waren einmal die weitere Erkundung der Beschaffenheit des Planeten, wie die Zusammensetzung der Atmosphäre, Druck, Temperatur, Wassergehalt und Winde, aber vorrangig die Suche nach Spuren lebender Organismen. Dazu wurden drei biochemische Experimente entwickelt, die nach dem Aufsetzen der Lander zum Einsatz kamen. Außerdem sollten die Landemodule seismische Messungen durchführen, Eisenverbindungen erkunden und jede Menge Fotos nach Hause schicken.

Der Aufbau der Viking-Kombination sah folgendermaßen aus: Die Hauptkomponente des Orbiters war ein achteckiger Ring von ca. 2 m Durchmesser und einem halben Meter Höhe. Innerhalb dieses Ringes oder Busses war der Lander befestigt, außen die Mess- und Kommunikationsinstrumente, oberhalb des Landers Treibstoff und Triebwerke. Die Energieversorgung wurde durch Sonnenpaneele sichergestellt. Die Landekapsel war von zwei Schutzhüllen umgeben: ein biologischer Schild, um Kontamination durch von der Erde mitgeführte Mikroben zu verhindern, und ein aerodynamischer Schild, um die Kapsel vor mechanischer Zerstörung bei der Landung zu bewahren.

Es wurden drei Experimente zum Nachweis von lebenden Organismen durchgeführt. Dazu gehörte das Pyrolytic Release Experiment zum Nachweis von Fotosynthese. Dafür wurden Bodenproben entnommen, die mit radioaktivem CO_2 angereichert wurden. Im Falle von Fotosynthese würde die radioaktive Markierung in der resultierenden Biomasse nachweisbar sein. Das Labeled-Release-Experiment sollte den umgekehrten Vorgang, nämlich den Nachweis von CO_2, das durch atmende Organismen entsteht, nachweisen. Und das Gas-Exchange-Experiment war

Abb. 12.2 Viking-1-Lander (NASA-Modell). (© NASA)

im Wesentlichen ein Gaschromatograf, der Veränderungen in einem Gasgemisch, das einer Marsbodenprobe ausgesetzt war, registrieren sollte.

Der Lander von Viking-1 (Abb. 12.2) setzte am 20. Juli 1976 auf die Marsoberfläche auf und schickte Fotos nach Hause sowie Daten über die Zusammensetzung der Atmosphäre. Eine erste Analyse des Marsbodens ergab eine Zusammensetzung aus Eisen, Kalzium, Titan, Silizium und Aluminium. Der Lander von Viking-2 berührte den Marsboden am 3. September 1976.

Die Ergebnisse der biologischen Experimente waren jedoch nicht eindeutig. Obwohl erste Interpretationen auf das Vorhandensein lebender Organismen hindeuteten, gab es später andere Interpretationen für die beobachteten organischen Umwandlungen. Auch heute noch gibt es keine einhellige Meinung unter den beteiligten Wissenschaftlern, ob die Vikingsonden Leben auf dem Mars entdeckt haben oder nicht. Zum einen ergaben Vergleichsexperimente in

Wüstengegenden auf der Erde ähnlich zweideutige Messergebnisse, zum anderen wurden im Jahre 2012 mathematische Modelle auf die mehr als dreißig Jahre alten Daten angewandt, die den Schluss auf Verursachung durch lebende Organismen nahelegen würden.

12.4 Mars Global Surveyor

Am 7. November 1996 startete die NASA ein weiteres Marsvehikel – dieses Mal ohne Lander, um vermittels hochauflösender Fotografien aus einem Orbit die Marsoberfläche zu kartieren, die Topografie des Planeten zu erkunden sowie Klima, Magnet- und Gravitationsfeld zu messen. Die Sonde erreichte den Planeten am 11. September 1997 und nach einigen Manövern den Zielorbit im März 1999. Sie blieb in Operation bis zum 2. November 2006, als die Kommunikation mit ihr aufgrund eines fehlerhaften Steuerungssignals des Kontrollzentrums in Pasadena abriss. Damit arbeitete die Sonde noch, als bereits die Nachfolgemissionen Opportunity und Mars Odyssee den roten Planeten erreichten.

Zu den wichtigsten Ergebnissen nach Auswertung der Fotoaufnahmen mit einer Auflösung von weniger als 2 m zählt die Erkenntnis, dass der Mars aufgrund der vorgefundenen Oberflächenstrukturen einst flüssiges Wasser besessen haben musste. Deutlich sind Böden von ehemaligen Seen und Flussläufen zu erkennen. Zum ersten Mal gab es auch Aufnahmen vom Nordpol und seiner Eiskappe (Abb. 12.3). Außerdem wurde festgestellt, dass der Mars kein globales Magnetfeld besitzt, sondern verteilte lokale Magnetfelder.

Abb. 12.3 MGS-Aufnahme der Nordpolkappe des Mars. (© NASA/JPL/Malin Space Science Systems; https://www.msss.com/mars_images/moc/may_2000/n_pole/)

12.5 Mars Pathfinder

Das erste Fahrzeug, das auf den Mars gebracht wurde, war ein Rover, der von der Sonde Mars Pathfinder (engl. für „Pfadfinder") abgesetzt wurde. Die Pathfinder-Konfiguration bestand aus drei Komponenten: einem Antriebsteil für die Reise zum Planeten, einem Lander und dem Roboterfahrzeug, genannt Sojourner (engl. für „Besucher"). Die Kombination startete am 4. Dezember 1996, und der Lander setzte im Ares Vallis am 4. Juli

Abb. 12.4 Sojourner untersucht den „Yogi" getauften Felsen. (© NASA – https://mars.jpl.nasa.gov/spotlight/pathfinder-image01.html)

1997 auf dem Mars auf. Die Instrumente, die mitgeführt wurden, dienten der Analyse von Steinen und Marsboden (Alpha-Proton-Röntgenspektrometer) sowie der Atmosphäre. Außerdem waren noch drei Kameras an Bord.

Die runden Kiesel, die gefunden wurden, deuten auf vergangene Wasserläufe hin. Staub in der Luft hat magnetische Eigenschaften. Am frühen Morgen waren Eiswolken zu sehen. Der Rover arbeitete drei Monate lang und damit dreimal so lange wie geplant. Er legte während dieser Zeit eine Gesamtstrecke von ca. 100 m zurück (Abb. 12.4). Bevor seine Batterien wegen der nächtlichen Kälte einfroren, schickte er ein letztes Signal am 27. September 1997. Zehn Jahre später wurde er vom Mars-Reconnaissance-Orbiter (s. u.) wieder entdeckt und fotografiert.

12.6 2001 Mars Odyssee

Es folgten drei gescheiterte Missionen: Mars-Climate-Orbiter ging verloren, nachdem sein Orbit zu tief in die Marsatmosphäre eintauchte; Mars-Polar-Lander-Sonden stürzten ab, und die Kommunikation ging verloren, und bei Deep Space 2 brach der Funkkontakt unmittelbar nach Eintritt in die Atmosphäre ab.

Es folgte 2001 Mars Odyssee am 7 April 2001 mithilfe einer Boeing Delta II 7925 Trägerrakete. Die 725 kg schwere Sonde umkreist den Mars seit dem 24. Oktober 2001, erforscht den Planeten und dient als Relaisstation für Folgemissionen. Hauptziel der Mission war die Erstellung einer Karte, die die Verteilung von chemischen Elementen und Mineralien dokumentiert. Dieses Ziel wurde bereits 2004 erreicht. Dazu hatte die Sonde drei Hauptinstrumente an Bord: Themis (Bildgebung der thermischen Strahlung), ein Gammastrahlenspektrometer und ein weiteres Experiment, um radioaktive Strahlung zu messen.

Ein weiteres wichtiges Ergebnis war der Fund von Wassereis in der Südpolregion, das sich teilweise unter einer Schicht von Trockeneis (gefrorenes CO_2) verbirgt.

12.7 Spirit und Opportunity

Im Jahre 2003 schickte die NASA zwei baugleiche Sonden, Spirit (engl. für „Geist“) und Opportunity (engl. für „Gelegenheit“), mit Fahrzeugen (Rover) auf den Weg zum Mars. Technisch gesehen wurde diese Mission zu einem großartigen Erfolg. Spirit erreichte sein Reiseziel, den Gusev-Krater, am 4. Januar 2004, Opportunity die Meridiani-Ebene am 25. Januar. Beide konnten ihre Rover zum Einsatz bringen. Ihre ursprüngliche Lebensdauer war auf 90 Tage festgelegt, die sie weit übertrafen. Spirit kommunizierte bis zum 22. März 2010, erwachte danach nicht mehr aus seinem Winterschlaf, Opportunity bis Juni 2018, als der Rover in einen Sandsturm geriet, der die Energieversorgung durch Solarpaneele blockierte.

Beide Sonden waren ausgerüstet, den Marsboden nach geologischen Eigenschaften zu untersuchen, die auf frühere

Wasservorkommen und Bedingungen für ehemaliges Leben auf dem Planeten Rückschlüsse zuließen. Spirit legte während der gesamten Einsatzzeit 7730 m zurück, Opportunity weit über 40 km. Beide Sonden untersuchten und passierten eine Reihe unterschiedlichster geologischer Formationen: Felsbrocken, Sandebenen und Krater. Die Untersuchungen bestätigten die These, dass in früheren Zeiten Teile des Mars von fließendem Wasser bedeckt gewesen waren. Darauf deutete zum Beispiel der Fund des Minerals Hämatit hin. Die Analyse von bestimmten Gesteinen ergab das reichhaltige Vorhandensein von Magnesium und Eisen-Kohlenstoff-Verbindungen, was auf ehemals warmes, feuchtes Wetter hinweist. An anderen Stellen wurden Überreste von heißen Quellen und vulkanischer Aktivität gefunden. Gipsvorkommen deuten auf fließendes Wasser in unterirdischen Rissen hin, ebenso Lehmvorkommen.

Erstmalig wurden die technischen Erfolge – Landungen in schwierigem Terrain und Überwinden von Bodenhindernissen – als Meilensteine für eine spätere Landung von Menschen auf dem Planeten hervorgehoben.

12.8 Mars-Reconnaissance-Orbiter

Mittlerweile gab es vier erklärte Ziele für die weitere Erkundung des roten Planeten: festzustellen, ob es jemals auf dem Mars Leben gegeben hat, das Klima des Planeten zu erforschen, die Geologie des Planeten zu erforschen und eine Mission mit Menschen vorzubereiten. Somit wurde eine weitere Sonde konstruiert, das Puzzle weiter zu vervollständigen. Der Mars-Reconnaissance-Orbiter (MRO, *reconnaissance* ist dabei engl. für „Aufklärung"), seit den Vikingsonden das schwerste Gerät mit über zwei Tonnen Gewicht. Wie der Name schon sagt, war eine Landung nicht vorgesehen. Die konkreten Missionsziele waren: Charakterisierung des gegenwärtigen Marsklimas über Jahreszeiten und Jahre hinweg, Landformationen zu finden, die Rückschlüsse auf Wasser zulassen, Gegenden zu finden, an denen möglicherweise hydrothermale Aktivitäten stattfinden, Landplätze für zukünftige Missionen auszumachen, Relaisarbeiten zur Unterstützung von parallelen Missionen zu leisten. Für diese Zwecke befanden sich folgende Instrumente an Bord: eine hochauflösende Kamera, die Objekte von der Größe eines Tisches ausmachen konnte, eine Weitwinkelkamera für ausgesuchte Gegenden und Plätze, eine Wetterkamera zur Identifizierung von Wolken und Sandstürmen, ein Spektrometer an der Grenze zwischen sichtbarem Licht und Infrarot, ein Radiometer zur Messung von Temperaturgradienten in der Atmosphäre und Wasserdampfkonzentrationen und ein RADAR, um Wasser unter der Marsoberfläche zu entdecken.

MRO brach am 12. August 2005 auf und erreichte sein Ziel am 10. März 2006. Damit befanden sich gleichzeitig vier Orbiter im Umlauf um den Mars, nämlich neben MRO noch Mars Odyssee, Mars Express (s. u.) und Mars Global Surveyor. Die Mission wurde über das ursprüngliche Zeitfenster bis November 2008 dreimal verlängert und besteht heute (2025) noch fort. Zu den sensationellen Aufnahmen gehören auch die Bilder vom Abstieg der Curiosity-Sonde am Fallschirm am 6. August 2012 sowie die Entdeckung des gescheiterten Beagle 2 (s. u.), der anscheinend doch weich gelandet war, obwohl die Kommunikation verloren ging, an seiner bis dahin unbekannten Landestelle.

12.9 Phoenix

Im Gegensatz zu Spirit und Opportunity war der nächste Marslander, Phoenix (nach einem Vogel aus der griechischen Mythologie), eine stationäre Sonde. Sie startete am 4. August 2007 und landete am 25. Mai 2008 in der nördlichen Polarregion des Mars. Ziel der Mission war der Nachweis von Wassereis und wiederum vergangenen und gegenwärtigen Lebensbedingungen. Dazu war die Sonde mit einem Roboterarm ausgestattet, der bis zu einem halben Meter in den Boden des Planeten eindringen konnte. Ein On-Bord-Laboratorium, bestehend aus mehreren kleinen Öfen, konnte von dem Roboterarm bestückt werden. Die Proben wurden darin erhitzt und die frei werdenden Gase analysiert. Tatsächlich gelang es, auf diese Weise Wasserdampf zu erzeugen. Neben der Existenz von Wasser wurden auch Perchlorate und Calciumkarbonat gefunden.

Die Mission endete am 25. Mai 2010, nachdem kein Kontakt mehr zu Phoenix hergestellt werden konnte. Fotos vom Mars-Reconnaissance-Orbiter zeigten, dass die Solarpaneele, die zur Energieversorgung dienten, durch eine Eisschicht zerstört worden waren.

12.10 Mars Science Laboratory

Die Erforschung der Biosphäre des Mars trat in eine neue Phase mit dem Projekt „Mars Science Laboratory“ (engl. für „Mars Wissenschaftslabor“). Hierzu wurde wiederum ein unabhängiges Fahrzeug eingesetzt, das alle bisherigen Dimension sprengte: Der Rover „Curiosity (engl. für „Neugierde“)“ (Abb. 12.5) besitzt die Maße eines Kleinwagens und ist heute noch aktiv. Seine Energieversorgung wird durch eine Radionuklidbatterie sichergestellt.

Start der Mission war der 26. November 2011, die Landung auf dem roten Planeten erfolgte am 6. August 2012. Auch bei diesem Unternehmen ging es primär darum, festzustellen, ob es jemals auf dem Mars Leben gegeben hatte oder Leben dort auch heute noch möglich ist. Dazu wurde eine Reihe wissenschaftlicher Untersuchungen mit zehn verschiedenen Instrumenten angestellt, u. a. die Suche nach

Abb. 12.5 Curiosity. (© NASA/JPL-Caltech/Malin Space Science Systems; Derivative work including grading, distortion correction, minor local adjustments and rendering from tiff-file: Julian Herzog – https://photojournal.jpl.nasa.gov/catalog/PIA16239)

kohlenstoffhaltigen Verbindungen und Elementen, die in organischen Verbindungen vorkommen, sowie Hinterlassenschaften ehemaliger organischer Prozesse. Außerdem waren von Interesse die Entwicklung der Atmosphäre über einen Zeitraum von 4 Mrd. Jahren und die Strahlungsbelastung. Wichtig für spätere Missionen waren daneben technische Erkenntnisse über Präzisionslandung und Arbeitsweise des Rovers.

Bis heute hat Curiosity eine Strecke von mehr als 21 km zurückgelegt und einen Höhenunterschied von 368 m überwunden. Es wurden 22 Proben aus Gesteinsbrocken herausgebohrt, ganz zu schweigen von der überwältigenden Anzahl und Qualität der Fotoaufnahmen.

Die Wissenschaftler der NASA sind nach Auswertung der bisherigen Analysedaten zu dem Ergebnis gekommen, dass der Mars in der Vergangenheit sehr wohl geeignet war, mikrobiologisches Leben zu ermöglichen – zumindest in bestimmten Regionen, in denen früher Flussläufe existierten, in denen sich lehmartige Rückstände befinden.

12.11 Maven

MAVEN ist ein Akronym für Mars Atmosphere and Volatile Evolution. Diese Raumsonde wurde am 18. November 2013 mittels einer Atlas-V-Rakete auf den Weg gebracht und erreichte den Mars am 22. September 2014. Sie arbeitet heute noch von einem stabilen elliptischen Orbit um den roten Planeten aus. Dazwischen wurde sie mehrfach auf eine niedrigere Umlaufbahn zwischen 125–150 km Höhe abgesenkt, um die oberen Schichten der Marsatmosphäre untersuchen zu können. Ziel der Mission ist es, die Mechanismen zu verstehen, die für den Verlust flüchtiger Elemente aus der Marsatmosphäre verantwortlich sind. Dadurch will man Aufschluss über die vergangene Entwicklung des Planeten, seiner Atmosphäre und dem Schicksal von Wasser erhalten. Dazu ist die Sonde mit acht Sensoren ausgestattet: zwei Spektrometer, zwei Analysegeräte für den Sonnenwind, Detektoren für geladene Teilchen und ein Magnetometer.

Bisherige Ergebnisse deuten an, dass der Verlust eines Teils der Marsatmosphäre durch den Sonnenwind verursacht worden ist.

12.12 Mars Express und Beagle 2

Obwohl es keinen Wettlauf zum Mars gegeben hat, der mit dem zum Mond vergleichbar wäre, versuchten auch andere Weltraumorganisationen, auf dem roten Planeten Fuß zu fassen – darunter auch die ESA. Die ESA hatte noch keine Erfahrung mit Marssonden, versuchte aber in ihrer ersten derartigen Missionen gleich eine Landung von einer Muttersonde aus.

Mars Express wurde von einer Sojus-FG/Fregat- Rakete am 2. Juni 2003 von Baikonur aus ins All gehoben und erreichte den Planeten am 25. Dezember desselben Jahres. Die Ziele der Mission wurden auf zwei Ebenen festgelegt: Aufgaben des Orbiters und Einsatz des Landers, Beagle 2 (nach dem Namen des Forschungsschiffes von Charles Darwin). Der Orbiter, der nach wie vor im Einsatz ist, führte eine vollständige Kartografierung durch und erstellte eine Karte der wichtigsten Mineralien. Weiterhin wird eine Wetterkarte produziert, die auch die klimatischen Bewegungen im Laufe eines Marsjahres festhält. Weitere Messungen betreffen die Atmosphäre und deren Interaktion mit dem Sonnenwind. Dazu hat sie entsprechend hochauflösende Kameras und Spektrometer an Bord. Die High Resolution Stereo Camera (HRSC) wurde in Deutschland entwickelt und ermöglicht die Erstellung farbiger 3-D-Aufnahmen und Animationen der Mars-Oberfläche. Der Orbiter hat seine Aufgabe hervorragend erfüllt. Zu den Ergebnissen gehören: die Entdeckung von hydrierten Mineralien, Spuren von Methan in der Atmosphäre, Identifizierung von relativ jungen Landformationen, die durch

Gletscher hervorgerufen wurden. Außerdem bestätigte Mars Express das Vorhandensein von Wassereis auf den Polkappen, das ja bereits von der amerikanischen Sonde Mars Odyssee entdeckt worden war. Gegenwärtig dient Mars Express auch als Relaisstation für andere Marsmissionen, ähnlich wie einige der NASA-Orbiter.

Der Lander sollte die Geologie und die mineralogische und chemische Zusammensetzung des Landeplatzes erforschen und nach Spuren von Leben suchen. Beagle 2 wurde jedoch ein Fehlschlag. Er koppelte von der Mutter am 19. Dezember ab und landete in der Nacht vom 24. auf den 25. Dezember, wobei der Funkkontakt verloren ging. Erst am 29. Juni 2014 konnte der Mars-Reconnaissance-Orbiter brauchbare Fotos von Beagle 2 und seinem Landeplatz schießen. Die Aufnahmen legten nahe, dass der Lander hart auf die Marsoberfläche aufgeschlagen ist. Erst MRO konnte zeigen, dass Beagle 2 weich gelandet ist, aber seine Solarpaneele nicht korrekt entfalten konnte, weshalb der Lander stumm blieb.

Mars Express erreichte den Mars 2004 und sollte eine Betriebsdauer von drei Jahren haben. Inzwischen (2025) wurde dies um 18 Jahre übertroffen und die Sonde ist weiter erfolgreich in Betrieb. Es ist vorgesehen, sie bis 2027 noch weiter zu verlängern, um die kommende japanische Mars-Mission MMX (s. Kap. 14) zu unterstützen.

12.13 Mars Orbiter

Neben der Sowjetunion, der NASA und der ESA gab es weitere Raumfahrtorganisationen, die sich für den Planeten Mars interessierten. Das bisher einzige andere Land, das eine erfolgreiche Marsmission durchführte – und das im ersten Versuch –, war Indien, repräsentiert durch seine Indian Space Research Organisation (ISRO). Das Raumschiff, das am 5. November 2013 durch eine indische

Trägerrakete vom Typ PSLV-C25 auf den Weg gebracht wurde, hieß ganz einfach „Mars Orbiter" – und das war auch seine Mission. Primäres Ziel war es, überhaupt eine interplanetare Mission mit einer funktionierenden Sonde durchzuführen und erfolgreich mit ihr durch die Tiefe des Weltraums – auch über Funklöcher hinweg – zu kommunizieren und sie dann planmäßig in einen Marsorbit abzusetzen, auf dem sie heute noch kreist. Diesen Orbit erreichte das Raumschiff am 24. September 2014 – etwa zeitlich wie die NASA-Mission MAVEN.

Daneben gab es die üblichen Instrumente für die Sammlung von Daten, wie andere Sonden sie auch an Bord hatten: Methan-Sensoren, Fotoausrüstung zur Wetterbeobachtung, ein Wärmespektrometer zur Messung von Infrarotstrahlung, ein Detektor für das Vorhandensein von Edelgasen in der Atmosphäre und schließlich ein Messinstrument, um das Verhältnis von Wasserstoff zu Deuterium im Lyman-Wellenlängenbereich zu bestimmen.

Sowohl die raumfahrttechnischen als auch die wissenschaftlichen Ergebnisse, die zum weiteren Verständnis über Gegenwart und Vergangenheit unseres Nachbarplaneten beitrugen, sind als voller Erfolg dieses indischen Experiments zu werten.

12.14 ExoMars

ExoMars ist ein Gemeinschaftsprojekt der ESA mit Roskosmos, das im Rahmen des Auroraprogramms ursprünglich eine bemannte Marsmission vorsah (s. u.). Dieses (mittlerweile unbemannte) Projekt wurde inzwischen in zwei Phasen unterteilt: ExoMars 2016 und ExoMars 2022. Beide Teilprojekte haben als Missionsziel, Bedingungen zu erforschen, die auf möglicherweise vergangenes Leben auf dem Mars hinweisen. ExoMars 2016 besteht aus zwei Komponenten: dem Trace Gas Orbiter (TGO), der nach Spuren von Methan und andern Gasen suchen soll, die auf organischen Ursprung zurückzuführen sind. Eine zweite Komponente – Schiaparelli – ist ein Demonstrationsmodul, mit dem Eintritt und Abstieg in die Marsatmosphäre sowie Landung erprobt werden sollte. Das TGO soll für die 2022er-Mission als Relay-Station dienen. Für die letztere Mission ist das Absetzen eines Roboterfahrzeugs auf der Marsoberfläche geplant.

TGO (ExoMars 2016) startete am 14. März 2016 mithilfe einer Proton-Trägerrakete von Baikonur in Kasachstan aus und erreichte den Planeten am 19. Oktober 2016. Erste Ergebnisse konnten das Vorhandensein von Methan in der Marsatmosphäre, wie von dem amerikanischen Marslaboratorium Curiosity lokal gemessen, bisher global nicht bestätigen. Die Landung von Schiaparelli misslang aufgrund eines technischen Problems mit dem Bordcomputer und einem Messgerät, und die Sonde stürzte aus 4 km Höhe ungebremst ab.

Im Rahmen von ExoMars wurde der ExoMars Rover entwickelt, der 2019 in Rosalind Franklin umbenannt wurde. Ursprünglich als Mission ExoMars 2020 sollte Rosalind Franklin in Zusammenarbeit der ESA mit Russland mit dem russischen Lander Kazachok 2022 zum Mars starten. Aufgrund des Einmarsches Russlands in die Ukraine im Februar 2022 wurde der Start von ExoMars 2022 abgesagt. ESA untersucht derzeit Möglichkeiten zur Weiterführung der Rover-Mission ohne russische Beteiligung. Er soll mit einem von NASA noch zu entwickelnden Lander um 2028 starten.

12.15 Al-Amal

Am 19. Juli 2020 startete die Marssonde Al-Amal (arab. Hoffnung, engl. Hope) der Vereinigten Arabischen Emirate mit einer japanischen HII-A Trägerrakete. Im Februar 2021 erreichte sie einen Marsorbit und erforscht mit verschiedenen Instrumenten die Atmosphäre und das Klima des roten Planeten. Dazu bestehen mehrere Kooperationen mit US-Forschungszentren. Die Mission hatte in 2023 ihre Primärmission erfolgreich abgeschlossen und wurde danach verlängert.

12.16 Tianwen-1

Tianwen-1 (Himmelsfrage-1) ist eine Marssonde im Rahmen des chinesischen Marserforschungsprogramms. Sie besteht – wie die amerikanischen Kombinationen – aus einem Orbiter und einem Lander, wobei der Lander ebenfalls als Rover ausgebildet ist. Ziel der Mission ist in erster Linie, die eingesetzte Technologie einschließlich Anflug, Landung und Steuerung des Rovers zu erproben, insbesondere aber, wenn diese erfolgreich sein sollte, den Mars selbst hinsichtlich seiner Geologie, Mineralogie inklusive Verteilung von Wassereis, der Ionosphäre sowie des Magnetfeldes zu untersuchen. Dazu ist die Sonde mit Spezialkameras, einem Bodenradar, einem Hyperspektraldetektor, einem Magnetometer und einem Teilchendetektor für Ionen und neutrale Partikel ausgestattet.

Am 23. Juli 2020 wurde die 5 t schwere Sonde durch eine Langer Marsch 5 Trägerrakete auf die Bahn geschickt und erreichte ihre Marsumlaufbahn am 10. Februar 2021. Am 14. Mai 2021 landete der 240 kg schwere Rover Zhurong in der Tiefebene Utopia Planitia. Der Rover bezieht seine Energieversorgung über Solarpaneele und mitgeführte Akkumulatoren. Er arbeitete über die ursprünglich vorgesehene Lebendauer von 90 Tagen hinaus und hat 1,9 km zurückgelegt. Am 18. Mai 2022 ist er wegen abfallender Stromerzeugung durch Staubablagerungen auf den Solarpaneelen bis zum Dezember 2022 zur Überwinterung in einen Schlafmodus versetzt worden und hat sich seitdem nicht mehr weiter bewegt. Anscheinend ist der Rover nicht mehr aktiv.

12.17 Mars 2020

Im Jahre 2020 startete die NASA eine weitere Robotermission im Rahmen ihres Mars Exploration Programms zum Mars unter dem Titel Mars2020. Ihre beiden Hauptkomponenten sind ein Rover mit Namen Perseverance und als absolutes Novum der Helikopter Ingenuity. Wichtigste Aufgabe dieser Mission ist die Suche nach Spuren von ehemaligem Leben auf dem Planeten, sowie die Sammlung von Gesteinsbrocken und Regolith, die zukünftig auf die Erde zurück gebracht werden sollen. Als Starttag war der 30. Juli 2020 vorgesehen mit einer Landung im Jezero-Krater am 18. Februar 2021.

Planung und Zielsetzung

Bei Mars2020 handelt es sich also um eine astrobiologische Mission, in der Hoffnung Spuren ehemaligen mikrobischen Leben zu finden. Außerdem soll der Weg für die Erforschung des roten Planeten durch Menschen vorbereitet werden. Der Rover Perseverance (Abb. 12.6) soll Marsgestein sammeln und teilweise selbst untersuchen. Das Gestein kann Aufschluss geben über mögliche biologische Signaturen, aber auch über die geologische Vergangenheit. Zur Vorbereitung einer astronautischen Mission wird Perseverance die klimatischen Bedingungen erforschen. Tests, die die Umwandlung von CO_2 in O_2 unter Marsbedingungen zur Aufgabe haben, sowie die Analyse der Ergebnisse, sind ebenfalls vorgesehen.

Neben Perseverance kommt eine weitere innovative Komponente zum Einsatz: ein Helikopter – der erste auf einem Himmelskörper außerhalb der Erde: Ingenuity (Abb. 12.7). Diese Technologie soll den ersten Flugantrieb auf dem Mars testen. Bei der Landung war Ingenuity unterhalb von Perseverance befestigt. Nach Abschluss einer Testphase ging das Gerät in die Demonstrationsphase über.

Abb. 12.6 Perseverance. https://mars.nasa.gov/resources/25790/perseverances-selfie-with-ingenuity/

Abb. 12.7 Ingenuity. https://mars.nasa.gov/mars2020/multimedia/raw-images/SI1_0046_0671022109_238ECM_N0031416SRLC07021_000085J

Die Mission und ihre Ziele wurden erstmalig am 4. Dezember 2012 angekündigt. Danach erfolgte die Ausschreibung für die wissenschaftlichen Instrumente. Ein erster grober Zeitplan wurde von der NASA im Juli 2014 vorgelegt.

Technologie

Die Raumsonde wurde mit einer Atlas V 541 Trägerrakete ins All gebracht. Aus den Erfahrungen mit dem vorhergehenden Mars Science Laboratory wurden nicht nur technologische Verbesserungen des Rovers sondern auch der Landungsstufe vorgenommen.

Obwohl die Erforschungsroute von Perseverance im Groben von NASA-Ingenieuren vorgegeben wird, verfügt der Rover über ein System, das ihm autonomes Fahren im Nahbereich ermöglicht: AutoNav. Während der Rover sich bewegt, nehmen schnelle Kameras die unmittelbare Umgebung auf und ein dafür vorgesehener Computer verarbeitet diese Bilder in Echtzeit. Daraus ergeben sich z. B. Kurskorrekturen, wenn das System etwa ein Hindernis entdeckt hat, das vom Rover nicht überwunden werden kann.

Zur weiteren Ausstattung gehören insbesondere SHERLOC und WATSON: SHERLOC steht für „Scanning Habitable Environments with Raman and Luminescence for Organics & Chemicals“ und WATSON für „Wide Angle Topographic Sensor for Operations and eNgineering“. Beide Instrumente arbeiten als Tandem zusammen. SHERLOC befindet sich am vorderen Ende des Roboterarms von Perseverance und untersucht Marsgestein nach Spuren bis hin zur Größe eines Sandkorns, während WATSON Nahaufnahmen von der Struktur des Gesteins macht. Auf diese Weise werden Gesteinsoberflächen begutachtet und das Vorhandensein von bestimmten Mineralen und organischen Molekülen aufgenommen.

SHERLOC

SHERLOC wurde im NASA Jet Propulsion Laboratory in Südkalifornien hergestellt. Bei vielversprechenden Gesteinen soll Perseverance einen halben Zoll große Stichproben aufnehmen, sie in Metallröhren versiegeln und auf der Marsoberfläche deponieren, sodass sie von zukünftigen Missionen mit zur Erde zurück genommen werden können. SHERLOC arbeitet in Kombination mit sechs weiteren Instrumenten an Bord von Perseverance. Im Akronym von SHERLOC kommt auch das Wort „Raman" vor. Raman bezieht sich auf die nach dem Wissenschaftler C. V. Raman benannte unelastische Streuung von Licht an Molekülen. Mit Hilfe des Raman-Effekts lassen sich unterschiedliche Moleküle identifizieren. Dazu wird ein ultravioletter Laser eingesetzt, um auf diese Weise organische Verbindungen ausfindig zu machen.

WATSON

Wenn SHERLOCs Laser nun einen interessanten Stein entdeckt hat, geht WATSON an die Arbeit. In Zusammenarbeit mit SHERLOC kann das Team von Wissenschaftlern, das Perseverance steuert, mit Hilfe von WATSON SHERLOCs Entdeckungen kartieren und verschiedene Schichten von Mineralien enthüllen, wie sie gebildet wurden und sich überlappen. Diese Mineralabbildungen können dann mit Daten anderer Instrumente kombiniert werden – unter anderem mit Daten von PIXL (Planetary Instrument for X-ray Lithochemistry), ebenfalls am Arm von Perseverance – um festzustellen, ob ein Gestein Spuren von fossilem mikrobiologischen Leben enthält.

Lift-off und Flugbahn

Am 30. Juli 2020 hob die Atlas V Trägerrakete mit ihrer Nutzlast von Startrampe 41 in Cape Canaveral in Florida ab. Das Startfenster wurde so gewählt, dass wegen des langsamer umlaufenden Mars ein Kompromiss gefunden werden musste zwischen Flugzeit und Antriebsenergie. Die Reisegeschwindigkeit der Sonde betrug vor dem Landemanöver etwa 79.820 km/h. Die Gesamtweglänge bis zur Landung hatte 470 Mio. km betragen.

Landung auf dem Mars

Die Landung des Rovers im Jezero-Krater erfolgte am 18. Februar 2021. Es handelte sich dabei um ein vollautomatisches Manöver, da die Signallaufzeit zwischen Erde und Mars zu der Zeit etwa 11 min betrug und deshalb eine manuelle Steuerung nicht möglich war. Der gesamte Landevorgang war ein einmaliges Zusammenwirken von insgesamt fünf Raumsonden, die gleichzeitig um bzw. auf dem Mars positioniert waren: der Mars Reconnaissance Orbiter überflog die Landestelle und diente als erste Relaisstation zur Erde; der ExoMars Trace Gas Orbiter der ESA übernahm einige Stunden später diese Rolle; die Sonde Maven dokumentierte die Landung mit ihren Instrumenten und die ESA-Mission Mars Express überwachte die Wetterbedingungen.

Wichtige Missionsetappen

Unmittelbar nach der Landung

Erste Fotoaufnahmen der Marslandschaft vor und hinter dem Rover.

21. Februar 2021

Erste 360° Panorama-Aufnahmen im Jezero-Krater mit der hoch auflösenden Kamera Mastcam-Z. Das Panorama-Bild wird aus 142 Einzelbildern zusammengesetzt. Dabei können Details bis zu einer Größe von 3–5 cm in der unmittelbaren Nähe des Rovers und zwischen 2–3 m an fernen Gebirgsformationen erkannt werden.

22. Februar 2021

Perseverance machte erste Tonaufnahmen auf dem Mars. Dabei wurde die vorherrschende Stille von gelegentlichen Windböen unterbrochen. Spätere Aufnahmen zeichneten die Rotorgeräusche von Ingenuity und die Fahrgeräusche von Perseverance auf.

19. April 2021

Nach einem Pre-Flight-Test am 9. April und einem darauf folgenden Software-Update fand am 21. April der erste Testflug statt. Ingenuity erhob sich bis zu 3 m vom Boden, flog eine Schleife und landete wieder: der erste kontrollierte Flug dieser Art außerhalb der Erde in der dünnen Marsatmosphäre. Er dauerte 39,1 s. Danach fanden weitere Flüge zunächst in etwas größerer Höhe und geringfügig weiterer Entfernung statt. Nach dem vierten Flug und einer Gesamtflugzeit von 6 min sowie einer aggregierten Strecke von 499 m begann die Phase der Betriebsdemonstration oder „the operations demonstration phase". Bis zum 21. Flug hatte Ingenuity 4,64 km in insgesamt 38 min zurückgelegt. Dabei war der Helikopter bis in die geologisch interessante Séitah-Gegend vorgedrungen. Aufgabe war es unter anderem, Fotoaufnahmen zu machen, die für die weitere Wanderung von Perseverance nützlich sein könnten. Für die weiteren Flüge wurde ein weiterer Software-Update vorgenommen. Dadurch wurden zum einen vergangene Navigationsfehler korrigiert, die maximale Höhe, Geschwindigkeit und Reichweite wurden angepasst, außerdem die Möglichkeit, die Geschwindigkeit während des Fluges zu ändern.

20. April 2021

Zum ersten Mal wurde aus Kohlenstoffdioxid der Marsatmosphäre Sauerstoff hergestellt. Dazu kam das Instrument MOXIE (Mars Oxygen In-Situ Resource Utilization Experiment) zum Einsatz. Technische Grundlage ist dabei die CO_2-Festoxid-Elektrolyse $2\ CO_2 \rightarrow 2CO + O_2$ bei einem Druck von mindesten 34.663 Pa, wobei sich der Sauerstoff an der Anode der Elektrolysezellen sammelt. Innerhalb einer Stunde wurden dabei 5,4 g Sauerstoff erzeugt.

6. September 2021

Eine erste Gesteinsprobe mit der Bezeichnung „Montdenier“ wurde am 6. September 2021 genommen. Dabei bewährte sich das Zusammenwirken verschiedener Instrument von Perseverance: der 2 m lange Roboterarm vorne am Rover, eine Entstaubungsvorrichtung, die beiden bereits erwähnten SHERLOC und WATSON, sowie PIXL. PIXL ist ein Instrument für Röntgen-Lithochemie und besteht im Wesentlichen aus einem Röntgenspektrometer. Es kann winzige Mengen chemischer Elemente identifizieren, so klein wie ein Körnchen Salz, und das auch fotografieren. Der Ablauf während der Aufnahme einer Gesteinsprobe ist wie folgt: nachdem ein möglicher Kandidat für eine Probe identifiziert ist, schleift der Roboterarm die Oberfläche an, um sie von Staub und Ablagerungen zu befreien, dann wird der Staub mit dem Gebläse weggepustet, danach treten SHERLOC, PIXL und WATSON in Aktion. Die Probe wird anschließend in einem Rohr versiegelt. Sie soll in einer späteren Mission zur Erde zur Untersuchung in dafür geeigneten Laboratorien gebracht werden. Zwei Tage später, am 8. September, wurde die zweite Probe „Montagnac“ genommen.

19. Januar 2024

72. und letzter Flug von Ingenuity.

Juni 2025

Der Rover ist weiter in Betrieb, hat bislang rund 35 km auf dem Mars zurückgelegt und 28 Proben genommen.

12.18 Bemannter Marsflug

Bisher sind einige Reiseprojekte mit Menschen zum Mars bekannt. Die ESA plante eine bemannte Marsmission – eventuell unter Beteiligung von Russland – bis zum Jahre 2033. Das Aurora-Programm, das in der ursprünglich ambitionierten Form nicht mehr existiert, beinhaltete eine kombinierte Mond- und anschließende Marslandung, vorbereitet durch diverse Robotersonden. Übrig geblieben davon ist das Projekt ExoMars (s. o.).

Bei der NASA haben sich zwischen 2010 und heute (2025) reihenweise Konzepte und Grobplanungen für eine Landung von Menschen auf dem roten Planeten abgelöst. Gründe dafür lagen im finanziellen und politischen Bereich. Einzig verbliebene Variable ist zurzeit ein nebulöses Zeitfenster für eine Umrundung des Planeten Anfang der 2030er-Jahre. Russland will eventuell Menschen zwischen 2040 und 2060 dorthin schicken, China ebenfalls zwischen 2040 und 2060.

Daneben machten zwei private Unternehmen für eine bemannte Marsmission von sich reden: Mars One, ein niederländisches Unternehmen, und das Marsprojekt von Space-X. Die Ambition von Mars One war es, bis zum Jahre 2022 Menschen zum Mars zu schicken – allerdings ohne Rückkehroption. Die freiwilligen Kandidaten würden auf dem Mars sterben. Mars One scheint mittlerweile insolvent zu sein, nachdem sich trotz allem mehrere Tausend Kandidaten für diese Mission gemeldet hatten. Space-X plant eine abgestufte Marsmission, bei der nach früherer Planung im Jahre 2022 zunächst unbemannte Versorgungseinheiten die Landung von Menschen im Jahre 2024 vorbereiten sollen. Langzeitziel ist die Besiedlung unseres Nachbarplaneten. Space-X entwickelt derzeit (2025) ihre große Trägerrakete Starship, die für die Marsmissionen benötigt wird. Eine Marsmission mit Besatzung wird aktuell für die frühen 2030er-Jahre angestrebt.

Bevor es dazu kommen kann, ist eine Reihe von Herausforderungen zu bewältigen. Da ist als Erstes die lange Reisedauer zu berücksichtigen. Nur alle zwei Jahre öffnet sich ein Zeitfenster für eine günstige Flugdauer. Sie beträgt etwa sieben Monate (eine Richtung); hinzu kommt die Zeit des Aufenthalts, sodass wir von mehr als 500 Tagen für eine solche Mission ausgehen müssen. Technisch und biologisch gesehen scheint das Problem lösbar, da es mittlerweile genügend Erfahrung mit Langzeitaufenthalten in Raumstationen gibt.

Während dieser gesamten Reisedauer werden enorme Anforderungen an die technische Zuverlässigkeit aller Systeme gestellt. Bei ernsthaften Störfällen auf der ISS ist es unter Umständen möglich, die gesamte Mannschaft zu retten, indem sie die Station verlässt und zur Erde zurückkehrt. Das ist bei einer Marsmission nicht möglich. Die einzige Möglichkeit, hier vorzubeugen, besteht in Redundanz – und das nicht nur für einzelne Komponenten, sondern für den gesamten Lebensbereich der Reisefähre, was wiederum zu einer Quasiverdoppelung der Nutzlast führt.

Die Stromversorgung während der eigentlichen Reise kann im Wesentlichen durch Solarpaneele sichergestellt werden. Diese Methode versagt jedoch während eines Aufenthaltes auf dem Mars selbst. Während der Marsnacht liefern diese Elemente keinen Strom, Elektrizität ist jedoch erforderlich für die Heizung der Aufenthaltsmodule, wenn es bis zu −80 °C und kälter wird. Eine Lösung könnten ein kompakter Kernreaktor oder Pu-238-Batterien liefern, was die Nutzlast wiederum erhöhen würde.

Für den Mars müssen angepasste Raumanzüge entwickelt werden. Der Mars hat eine Schwerebeschleunigung von 0,39 g (Vergleich Mond: 0,16 g). Die Raumanzüge für die Außeneinsätze der ISS sind erheblich zu schwer für eine Person, die während der langen Reise auch noch signifikant an Muskelmasse verloren hat. Außerdem müssen diese Anzüge eine hohe Bewegungsfähigkeit besitzen.

Was die Landegenauigkeit zum vorgesehenen Zielort betrifft, muss sie mit einer Präzision von etwa 100 m erfolgen. Das ist zumindest dann gefordert, wenn mehrere Vorausflüge mit Versorgungsausrüstung notwendig sind. Die meisten Szenarien sehen so etwas vor. Das bedeutet, dass z. B. Energieversorgungsstation und Wohnmodul, die vorher abgesetzt werden, von den Astronauten zu Fuß erreichbar sein müssen, da man sie nicht von Hand transportieren kann.

Durch die vielen weichen Landungen auf dem Mars hat man gute Erfahrungen mit Hitzeschutzschilden beim Eintritt in die Atmosphäre und den nachfolgenden Abbremsmanövern gesammelt. Allerdings haben Berechnungen ergeben, dass für ein Landemodul mit Menschen und den zugehörigen Lebenserhaltungssystemen an Bord Schutzschilde von einer Größe erforderlich wären, die nicht an einem Stück transportiert werden könnten, sodass sie im Marsorbit zusammengebaut werden müssten.

Weitere Herausforderungen betreffen die Nahrungsversorgung, insbesondere die Versorgung mit Trinkwasser für den gesamten Reisezeitraum und die andauernde Strahlenbelastung. Messungen des Mars Science Laboratory (s. o.) haben ergeben, dass Mars-Astronauten bei einer einzigen Reise einer Strahlenbelastung ausgesetzt wären, die der lebenslangen Belastung eines Menschen auf der Erde entspricht oder – anders ausgedrückt – einer kumulierten Dosis, die bei einer Ganzkörper-CT alle fünf Tage entsteht.

Zum Schluss stellt sich noch das Problem der psychologischen Auswirkungen eines solchen Langzeitfluges. Sicherlich gibt es jede Menge Erkenntnisse aus Aufenthalten auf Raumstationen auch unter Stresssituationen. Mittlerweile hat es Simulationsexperimente in Moskau im Jahre 2011 (520 Tage), in Hawaii (HI-SEAS) im Jahre 2015 (unterschiedliche Zeiträume) und das CHAPEA-Projekt der NASA gegeben, um die Auswirkungen eines langen Marsflugs auf eine Gruppe von Menschen zu testen.

Diese analogen Missionen dienten der Evaluierung von Auswirkungen bestimmter Stressfaktoren auf den Menschen:

- begrenzte Ressourcen
- Isolation
- Ausrüstungsversagen und
- ungewöhnliche Belastungen.

CHAPEA gliedert sich in drei Phasen:

1) Analoge Mission 1: 25. Juni 25 2023 bis 6. Juli 2024
2) Analoge Mission 2: Beginn 2025
3) Analoge Mission 3: Beginn 2026

Diese Simulationen verlangten von der Besatzung, unterschiedliche Aufgaben zu bewältigen, wie z. B.:

- simulierte Mars-Außeneinsätze
- Roboter-Bedienung
- Gesundheitspflege
- Leibesübungen
- Getreideanbau.

Die Tests fielen insgesamt positiv aus. Die Aussagefähigkeit ist allerdings limitiert, da es keinen echten Point of no Return gegeben hat. In den Köpfen der Probanden gab es ja immer noch die Gewissheit, dass der rettende Schritt zur Erde nur wenige Meter und eine Türöffnung weit entfernt war.

13

Der Blick in die Ferne

Zusammenfassung Im 11. Kapitel haben wir Raumsonden und Missionen erlebt, die sich entweder nahe an ihrem Ziel vorbeiflogen, in einen Orbit einschwenkten oder auch dort landeten und teils wieder zur Erde zurückkehrten. Mit heutiger Technologie lässt sich so nur unser Sonnensystem erkunden. Alles was sich weiter entfernt befindet, wie die nächsten Sterne, unsere Galaxis die Milchstraße und das ganze Universum, können nur aus Erdnähe mit Teleskopen und anderen Instrumenten beobachtet werden. Dies geschieht seit Mitte der 1960er-Jahre in allen Spektralbereichen, für verschiedene Himmelsobjekte und mit verschiedenen Methoden. Nach diesen Kriterien sollen die zahlreichen Missionen hier nicht aufgeteilt werden, da es oft Überschneidungen gibt, denn manche Missionen verfolgen verschiedene Forschungsziele parallel. Deswegen werden hier nur einige der wichtigsten Weltraum-Missionen in chronologischer Reihenfolge betrachtet, die uns einen „Blick in die Ferne" ermöglichen.

W. Osterhage, C. Gritzner, *Die Geschichte der Raumfahrt*,
https://doi.org/10.1007/978-3-662-72501-6_13

13.1 PROTON

Die Sowjetunion startete am 16. Juli 1965 ihren Forschungssatelliten PROTON-1, den ersten einer Serie von vier. Er hatte eine Masse von 12,2 t und gelangte auf eine elliptische Bahn von 190 km bis 627 km Höhe. Die Trägerrakete wurde später nach dem Satelliten PROTON genannt und ist noch heute (2022) im Einsatz. Ziel von PROTON-1 war die Untersuchung der kosmischen Strahlung, solarer Teilchenstrahlung sowie galaktischer Elektronen- und Gammastrahlung. Die anderen drei Satelliten starteten am 2. November 1965 (PROTON-2), am 6. Juli 1966 (PROTON-3) und am 16. November 1968 (PROTON-4) und wurden in ähnlichen Bahnen abgesetzt. Sie waren teils erweitere Nachfolgemodelle, welche die Messungen weiterführten und verbesserten.

13.2 OAO

Von NASA wurde eine Reihe von vier Satelliten mit unterschiedlichen Teleskopen entwickelt, genannt Orbiting Astronomical Observatory (OAO). OAO-1 wurde am 8. April 1966 gestartet, aber wegen technischer Probleme schon nach drei Tagen beendet. Der über 2 t schwere OAO-2 (oder auch OAO A2) folgte am 7. Dezember 1968 mit einer Atlas-Centaur und wurde Stargazer genannt. Diese Mission in einem etwa 750 km hohen fast kreisförmigen Erdorbit war ein großer Erfolg, es gelangen bemerkenswerte Aufnahmen mit insgesamt 11 verschiedenen Ultraviolett (UV)-Teleskopen. So konnte man nachweisen, dass Kometen von einer Wolke aus Wasserstoff umgeben sind. Auch wurde die UV-Strahlung nach Novae Explosionen analysiert.

Die dritte Mission OAO-B (Goddard) im Dezember 1970 war wieder ein Fehlschlag, weil sich die Nutzlastverkleidung der Atlas-Centaur-Trägerrakete nicht öffnete. Danach kam am 21. August 1972 OAO-3 (Copernicus) in eine rund 720 km hohe Erdumlaufbahn. Der Satellite verfügte über ein sehr genaues Pointing-System, zur Ausrichtung der Teleskope auf die Zielobjekte, wie Pulsare. An Bord befanden drei Röntgen-Teleskope, die mit UK entwickeltet wurden, und ein UV-Teleskop. Die wissenschaftliche Ausbeute war sehr hoch und die Mission war über 9 Jahre in Betrieb. Die mit OAO gemachten Erfahrungen flossen auch in die Entwicklung von Hubble ein.

13.3 Hubble

Eines der berühmtesten Geräte, welches jemals im All positioniert und dessen wissenschaftlicher Nutzen unmittelbar einsichtig ist, ist das Hubble Space Telescope (HST), benannt nach dem Astronomen Edwin Hubble, der die Expansion des Weltraums entdeckte und berechnete.

Es wurde am 24. April 1990 vom Space Shuttle Discovery in seinen Erdorbit auf zunächst etwa 600 km Höhe gebracht. Die Ernüchterung kam jedoch bald: Der Hauptspiegel des Teleskops hatte einen fehlerhaften Schliff – um 2 µm zu flach – und die Bilder, die das Instrument zur Erde sandte, waren unscharf. Die spektakuläre Lösung des Problems erfolgte erst am 2. Dezember 1993, als die Besatzung der Raumfähre Endeavour das Teleskop einfing und eine Korrekturoptik einbaute. Nach dem Wiederaussetzen funktionierte das Gerät einwandfrei. Insgesamt fanden fünf Wartungsmissionen mit dem Space Shuttle statt, der aber seit 2011 außer Betrieb ist.

Das Hubble-Teleskop ist 13,2 m lang, hat einen Durchmesser von 4,2 m und wiegt etwa 10 t. Es bewegt sich nun auf einem niedrigeren Orbit in 340 m Höhe und benötigt für eine Erdumkreisung 95 min. Seine Energie bezieht das Teleskop über Solarpaneele. Um sich auf einen bestimmten Himmelskörper auszurichten, werden nicht die üblichen

Steuerungstriebwerke eingesetzt, sondern eine Kombination aus vier Schwungrädern, von denen jedes 45 kg wiegt. Deren Drehachsen weisen in unterschiedliche Richtungen. Drehzahlen bis zu 3000 U/min können erreicht werden. Durch Änderung der Drehzahlen kann der Drehimpuls zwischen den Rädern und dem Teleskop-Körper geändert werden, sodass Letzterer über entsprechende Softwaresteuerung in die gewünschte Lage gebracht werden kann (3. Newtonsches Gesetz). Die Ausrichtgenauigkeit beträgt dabei 0,005 Bogensekunden. Die Auflösung der verschiedenen Kameras liegt zwischen 0,025 und 0,04 Bogensekunden/Pixel.

Die Ergebnisse der Mission bis heute sind beeindruckend (Abb. 13.1): mehr als 1,3 Mio. Beobachtungen, die in mehr als 15.000 wissenschaftlichen Veröffentlichungen resultierten. Jedes Jahr werden mehr als 10 TB an Daten generiert; pro Woche werden 150 GB an Rohdaten zur Erde heruntergeladen.

Abb. 13.1 Mehrere kollidierende Galaxien, aufgenommen vom Hubble-Weltraumteleskop, NASA

13.4 ROSAT

Am 1. Juni 1990 startete ROSAT (ROentgen-SATellit) mit einer Delta-II von Cape Canaveral in All. ROSAT ist ein deutsch – US-amerikanisch – britisches Projekt. Der Satellit und die Teleskop-Optik wurden in Deutschland gebaut. Das Max-Planck-Institut für extraterrestrische Physik (MPE) in Garching hatte das Projekt vorgeschlagen und führte die wissenschaftliche Projektleitung durch. Das MPE stellte zwei Röntgendetektoren her, ein weiterer kam aus UK und ein UV-Teleskop aus den USA.

ROSAT hat eine Masse von 2426 kg, wovon 785 kg auf die Zerodur-Spiegel des Röntgenteleskops entfielen. Die Außenmaße beim Start waren 2,38 × 2,13 × 4,50 m. In der Erdumlaufbahn wurden dann die Solarpaneele entfaltet, der Teleskop-Verschluss geöffnet und die Antenne ausgeklappt.

ROSAT führte im ersten halben Jahr zum ersten Mal mit einem abbildenden Röntgenteleskop eine Durchmusterung des gesamten Himmels durch. Es wurden ca. 80.000 kosmische Röntgen-Quellen und 6000 Quellen im extremen Ultraviolett-Bereich (EUV) registriert. Danach wurden einzelne Röntgenquellen detailliert beobachtet. Man konnte mit ROSAT fast alle bekannten Arten astrophysikalischer Objekte beobachten. An extra-galaktischen Röntgenquellen waren es insbesondere die aktiven galaktischen Kerne, außerdem Galaxien und Galaxienhaufen. In unserer Milchstraße wurden normale Sterne, Röntgen-Doppelsterne, Neutronensterne und Supernova-Überreste studiert. In der Phase der detaillierten Beobachtungen einzelner Quellen wurde ROSAT als öffentliches Observatorium betrieben und von mehr als 4000 Wissenschaftlern aus 24 Ländern genutzt. Der Betrieb der Mission wurde durch das German Space Operations Center (GSOC) des DLR durchgeführt.

Anfangs war geplant, dass ROSAT durch die NASA mit einem der Space Shuttles in den Erdorbit gebracht wird. Der Satellit hätte nach Ende seiner Mission von einem Shuttle wieder eingefangen und zur Erde zurückgebracht werden sollen. Nach der Challenger-Explosion am 28. Januar 1986 entfiel dies aber aus Sicherheitsgründen. Die NASA bot an, ROSAT mit einer konventionellen Trägerrakete zu starten. ROSAT, der damals bereits im Bau war, wurde dann für einen solchen Start umgerüstet.

Die ROSAT-Mission war für eine Dauer von 18 Monaten konzipiert worden, wurde aber aufgrund des großen wissenschaftlichen Erfolgs und der technischen Machbarkeit solange wie möglich verlängert. Nachdem wegen technischer Probleme keine wissenschaftliche Verwendung des Satelliten mehr möglich war, wurde er am 12. Februar 1999 endgültig abgeschaltet. Er blieb noch weiter im Orbit und verglühte am 23. Oktober 2011 über dem indischen Ozean beim ungesteuerten Wiedereintritt in die Erdatmosphäre. Mit über acht Jahren Lebensdauer und zahlreichen exzellenten wissenschaftlichen Beobachtungen hatte ROSAT alle Erwartungen weit übertroffen.

13.5 XMM-Newton

Das ESA-Röntgen-Teleskop XMM-Newton (engl. für X-ray Multi-Mirror, und nach dem Forscher Isaac Newton benannt) wurde am 10. Dezember 1999 mit einer Ariane-5G-Trägerrakete vom Weltraumbahnhof Kourou aus gestartet. Der Satellit ist 3800 kg schwer und hat eine Höhe von 10 m und eine Spannweite der Solarpaneele von 16 m. Er umkreist die Erde auf einer stark elliptischen Bahn zwischen 7000 km und 114.000 km Höhe.

XMM-Newton hat drei baugleiche Wolter-Röntgen-Teleskope mit je 70 cm Durchmesser und 7,5 m Brennweite und drei verschiedene Typen von Instrumenten an Bord. Mit diesen wurde die Korona von Sternen röntgenspektroskopisch untersucht, ferner die heißen Gase in Galaxienhaufen. Zudem gelangen Aufnahme im harten Röntgenlicht, mit der die Entwicklung aktiver galaktischer Kerne im frühen Universum untersuchen wurde. Des weiteren konnte man durch die Messungen die Rotationsgeschwindigkeiten Schwarzer Löcher bestimmen. XMM-Newton ist derzeit (2025) noch aktiv und könnte aus technischer Sicht noch bis 2032 betrieben werden.

13.6 WMAP

WMAP steht für Wilkinson Microwave Anisotropy Probe. Diese NASA-Sonde war konzipiert worden in Zusammenarbeit mit der Princeton University, um Unregelmäßigkeiten der kosmischen Hintergrundstrahlung zu messen. Sie wurde am 30. Juni 2001 ins All gebracht. Dort erreichte sie den Lagrange-Punkt L2 am 1. Oktober 2001. Von diesem Orbit aus arbeitete sie bis zum 20. August 2010. Einen Monat später wurde sie auf eine Parkbahn um die Sonne gebracht.

Das Hauptinstrument an Bord der Sonde, die sich ständig in 129 s um die eigene Achse dreht, sind zwei Antennen, die Rücken an Rücken konstruiert sind und Frequenzen im Bereich 22 bis 90 GHz registrieren. Die Ergebnisse dieser erfolgreichen Mission lassen sich wie folgt zusammenfassen: Es wurde eine komplette Karte der kosmischen Hintergrundstrahlung erstellt (Abb. 13.2). Aus den gemessenen Daten konnte das Alter des Universums auf 13,77 Mrd. Jahre mit einer möglichen Abweichung von 0,5 % ermittelt werden. Die Daten bestätigten auch, dass der Weltraum ein nahezu flacher Euklidischer Raum mit 0,4 % Abweichung ist. Baryonische Materie macht ledig-

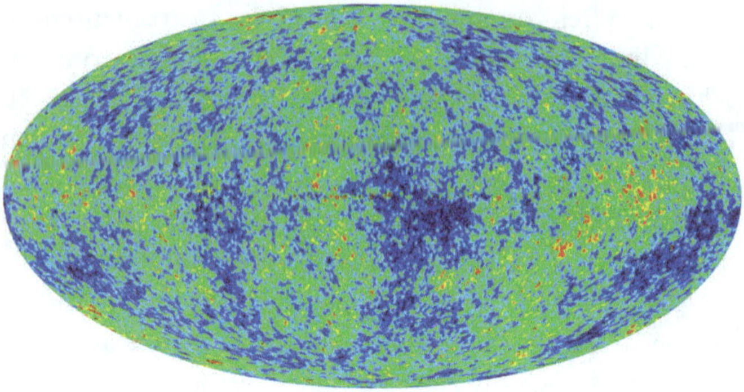

Abb. 13.2 Temperaturschwankungen der kosmischen Hintergrundstrahlung, gemessen durch WMAP. Rot entspricht höheren Temperaturen, blau niedrigeren Temperaturen, NASA

lich 4,6 % des Universums aus, dunkle Materie dagegen 24 %. Dunkle Energie, die man für die Expansionsrate des Universums verantwortlich macht, beträgt 71,4 %. Die Messwerte unterstützen zudem die These, dass das Universum in seiner sehr frühen Phase eine inflationäre Expansion erfahren hat.

13.7 Integral

Am 17. Oktober 2002 wurde das ESA-Gammastrahlen-Observatorium INTEGRAL (International Gamma-Ray Astrophysics Laboratory) mit einer russischen Proton-K-Trägerrakete gestartet. INTEGRAL erreichte eine stark elliptische Bahn mit 3300 km und 159.000 km Höhe, ähnlich wie bei XXM-Newton. Dadurch ist das Teleskop die meiste Zeit außerhalb der irdischen Strahlungsgürtel und kann bei einer Umlaufzeit von 48 h seine Ziele für eine längere Zeit beobachten. Integral ist mit 4100 kg noch schwerer als XMM-Newton und hat eine Länge von 5 m und eine Breite von 3,7 m.

Zu den wichtigsten Aufgaben der Mission gehört die Erforschung der energiereichsten Objekte im Universum: Schwarze Löcher, Neutronensterne, Supernovae und Gammablitze (Gamma Ray Bursts). Die Mission war sehr erfolgreich und wurde mehrfach verlängert. Die wissenschaftlichen Daten wurden in einer sehr großen Anzahl Veröffentlichungen genutzt. Die Mission INTEGRAL wurde im Februar 2025 beendet, der Satellit wird 2029 in der Erdatmosphäre verglühen.

13.8 Spitzer

NASAs Great Observatories Program umfasst vier Teleskope, die im Weltraum basiert sind: Hubble, das Compton Gamma-Ray Observatory (CGRO), das Chandra X-Ray Observatory (CXO) und Spitzer, benannt nach dem Astrophysiker Lyman Spitzer. Das Spitzer-Teleskop wurde entwickelt, um Beobachtungen im Infrarotbereich zu machen. Es wurde am 25. August 2003 von Cape Canaveral gestartet und auf eine heliozentrische Umlaufbahn gebracht, die der der Erde in einem gewissen Abstand zur Vermeidung störender Wärmestrahlung folgt.

Der Wellenlängenbereich, in dem Spitzer arbeitete, liegt zwischen 3,9 und 180 µm. Diese Strahlung kann kosmischen Staub durchdringen und damit Objekte untersuchen, die im sichtbaren Spektrum verborgen bleiben. Die dazu erforderliche Apparatur besteht aus zwei Berylliumspiegeln. Die Detektoren wurden auf −271 °C mithilfe eines Helium-Kryostaten heruntergekühlt, während die Bordelektronik nahe Raumtemperatur funktionieren musste. Im Jahre 2009 war das Kühlmittel aufgebraucht, sodass die Hauptmission als beendet erklärt wurde. Bei der erhöhten Temperatur (−242 °C) operiert das Teleskop noch weiter im sog. Warmbereich.

Primäre Beobachtungsobjekte sind ferne Galaxien, insbesondere Zwerggalaxien, um einen Einblick in frühe Phasen der Entwicklung unseres Universums zu erhalten. Dazu gehören die Entdeckung von Clusterbildung früher Sterne, Infrarotaufnahmen vom Zentrum unserer Milchstraße, das bisher durch interstellaren Staub verborgen war und Temperaturkarten diverser Galaxien. Besonders interessant sind Entdeckungen organischer Verbindungen im freien Weltall als auch in der Atmosphäre von Exoplaneten, Wasser außerhalb des Sonnensystems sowie freie Fullerene. Fullerene sind hohle, geschlossene Moleküle aus Kohlenstoffatomen.

13.9 Kepler

Seit Menschen begonnen haben, ihre Fernrohre zunächst auf die Planeten in unserem Sonnensystem und dann auf Objekte weiter draußen zu richten, schwelte immer auch die Frage im Hintergrund: Gibt es auf anderen Himmelskörpern vielleicht ebenfalls Lebewesen? Oder noch spezifischer: Gibt es vielleicht gar menschenähnliche Lebewesen irgendwo im All? Statistiken sprechen für hohe Wahrscheinlichkeiten, wenn man die bloße Anzahl von Sternen und Galaxien als Rechenbasis nimmt. Übrig bleiben allerdings noch die Aspekte der Feinabstimmung für „lebensfähige" Stern-Planeten-Konstellationen, die Leben erst ermöglicht. Die erste Frage, die allerdings bis vor einigen Jahren noch unbeantwortet war, lautete: Haben andere Sterne überhaupt Planeten, oder ist unsere Sonne als einziger Stern damit ausgestattet? Die Suche nach Exoplaneten begann. Und schließlich wurden tatsächlich drei Exoplaneten mit terrestrischen Fernrohren entdeckt. Damit wurde es Zeit, ein weltraumbasiertes Instrument außerhalb des Erdorbits für die weitere Suche nach diesen Himmelskörpern zu platzieren.

Das Weltraumteleskop Kepler, benannt nach dem Astronomen Johannes Kepler, wurde von der NASA konstruiert (Abb. 13.3) und am 7. März 2009 ins All gebracht. Aufgabe war, einen festen Ausschnitt des Sternbildes Schwan, in dem sich etwa 190.000 Sterne befinden, zu beobachten. Die Suche galt Planeten, die zwischen zweimal der Größe und ein halbes Mal der Größe unserer Erde besitzen und sich in einer bewohnbaren Zone um ihren Mutterstern befinden. Kepler folgte einer Umlaufbahn um die Sonne, die derjenigen der Erde hinterherhinkt und sich so im Laufe der Zeit immer weiter von ihr entfernt.

Die Entdeckung von Exoplaneten beruht im Wesentlichen auf der Abdunkelung des Zentralgestirns beim Durchgang vor dem Bild des Planeten. Wenn eine solche Abdunkelung noch zwei weitere Male und das mit gleicher Frequenz geschieht, gilt, dass ein Exoplanet dieses Sterns entdeckt worden ist. Aufgrund der Keplerschen Gesetze und der Helligkeitsänderung können dann die Umlaufbahn und die Größe des Planeten bestimmt werden. Dessen Temperatur ergibt sich aus der Leuchtkraft seiner Sonne. Das dafür konstruierte Teleskop ist dazu mit einem Fotometer ausgestattet.

Die Gesamtanalyse über die gesamte Missionsdauer, ursprünglich nur drei Jahre, sollte Aufschluss über den Anteil erdähnlicher oder größerer Planeten in der bewohnbaren Zone über eine Vielzahl unterschiedlicher Sterne geben sowie deren Größenverteilung und Orbitformen. Außerdem wollte man feststellen, wie viele Planeten es in Mehrsternensystemen gab. Bei kurzperiodischen Riesenplaneten sollten die Art und Größe von Umlaufbahnen, die Albedo der Planeten, Größe, Masse und Dichte ermittelt werden.

Die Bekanntgabe der ersten fünf von Kepler entdeckten Exoplaneten erfolgte im Januar 2010. Anfang 2025 finden sich im NASA-Exoplanetenarchiv mehr als 5900 Exoplaneten, von denen 4374 von Kepler selbst entdeckt wor-

Abb. 13.3 Kepler wird mit einem Kran zur Montage auf die dritte Stufe der Delta II 7925 gehoben, NASA

den sind. Die Steuerung der Ausrichtung des Teleskops erfolgte über Schwungräder, von denen im Juli 2012 zuerst eines und dann im Mai 2013 ein weiteres ausfiel. Nachdem die Mission zunächst für beendet erklärt worden war, arbeitete Kepler jedoch ab November 2013 unter der Missionsbezeichnung K2 weiter, nachdem es in eine Position gebracht worden war, die lediglich Beobachtungen entlang der Ekliptik ermöglicht. Auf diese Weise sind mehr als 700 weitere Exoplaneten entdeckt worden. Schließlich endete die Kepler-Mission im November 2018.

Hintergrundinformation
Eine der häufigsten Fragen, die im Zusammenhang mit Entdeckungen der Raumfahrt, insbesondere über das Vorhandensein von fernen Planeten, anderen Sonnensystemen und deren materieller Zusammensetzung gestellt werden, ist die Frage: Ist dort Leben möglich? Impliziert ist dabei im Hintergrund: Gibt es dort menschenähnliches Leben? Oder noch weiterführend: Und wenn ja, können wir mit denen da draußen in Kontakt treten?

Rein statistisch gesehen müsste es bei der Anzahl Galaxien und Sterne eine gewaltige Menge an bewohnbaren Planeten und damit auch intelligentes Leben im All geben. Neben der Weltraumfahrt läuft parallel eine Anzahl von terrestrischen Programmen, bei denen auf die Erde eintreffende Signale aus dem Weltraum in einem breiten Spektrum gescannt und nach möglichen systematischen Signaturen, die auf intelligente Absender schließen ließen, analysiert werden, so im Projekt SETI (Search for Extraterrestrial Intelligence), aber seit Jahrzehnten ohne Ergebnis.

Warum meldet sich niemand bei der prognostizierten Häufigkeit? Statistische Aussagen genügen nicht. Um stabile Lebensformen, wie wir sie kennen, zu ermöglichen, müssen ganz bestimmte Bedingungen für einen Planeten erfüllt sein, die sog. Feinabstimmung: der richtige Sonnenabstand, die Zusammensetzung der Atmosphäre, die Austarierung zwischen Wasser und Land (Wasser allein genügt nicht), das Vorhandensein eines Mondes mit der richtigen Größe und Bahn und viele andere Dinge mehr. Das reduziert die Wahrscheinlichkeiten erheblich. Ein anderer Grund für das Ausbleiben von Signalen fremder Intelligenz liegt auf der Hand. Sollten die Außerirdischen tatsächlich dieselben technischen Kommunikationsmittel besitzen wie wir, was die Wahrscheinlichkeitsrechnung noch weiter reduziert, so müssten sich z. B. Bewohner in 100 Lichtjahren Entfernung vor 100 Jahren auf dem exakten Stand der Technik befunden haben wie wir heute, damit wir deren Signale empfangen könnten. Unsere Rückmeldung würde allerdings dort ankommen, wenn deren Entwicklung bereits wieder 100 Jahre weiter fortgeschritten ist. Oder: Es mag ja sein, dass außerirdische Intelligenzen bereits versucht haben, mit uns Kontakt aufzunehmen, aber ihre Signale waren angekommen, als gerade der 2. Punische Krieg im Mittelmeer tobte. Die Enttäuschung dürfte groß sein, wenn wir da draußen tatsächlich Leben entdecken würden – allerdings nur einige resistente Moosarten.

Die Frage, die sich in diesem Zusammenhang überhaupt stellt, ist: Ist das Weltall intelligent? Wenn man sie so versteht, als würde sie lauten: Gibt es molekulare Strukturen, die Materie im Weltraum intelligent machen, z. B. nach KI-Kriterien, dann lautet die Antwort: ja. Der Mensch – und auch Tiere – sind Träger von Intelligenz, im Kosmos entstanden.

13.10 Planck

Am 14. Mai 2009 wurden zwei weitere Observatorien der ESA mittels einer Ariane-5-ECA-Trägerrakete ins All befördert: Planck und Herschel. Startplatz war das Centre

Spatial Guyanais in Kourou in Französisch-Guyana. Zu den Zielsetzungen der Mission Planck gehörte die Bestimmung der wesentlichen Komponenten des Universums mit hoher Präzision, z. B. die Anteile von dunkler Materie und dunkler Energie. Die Ergebnisse der Messungen von Planck (nach Max Planck, dem Begründer der Quantentheorie) sollten auch Aufschluss geben über die Relevanz der Inflationstheorie bei der Entstehung des Universums. Dazu gehörte auch die Suche nach ursprünglichen Gravitationswellen und nach Inhomogenitäten im Raum. Die wichtigste Aufgabe bestand jedoch in der Aufnahme der kosmischen Hintergrundstrahlung (cosmic microwave background (CMB)), die Aufschluss über den Zustand des Universums 380.000 Jahre nach dem Urknall gibt (Abb. 13.4).

Die Instrumente an Bord von Planck waren in der Lage, Temperaturunterschiede von wenigen Millionstel Grad zu messen. Die Sonde war dazu ausgestattet mit zwei Instrumenten, die in unterschiedlichen Frequenzbereichen arbeiteten: HFI (High Frequency Instrument) zwischen 100

Abb. 13.4 Planck vor seiner Aufnahme des Cosmic microwave background (CMB), ESA and the Planck Collaboration – D. Ducros

und 857 GHz und LFI (Low Frequency Instrument) zwischen 30 und 70 GHz. Das Teleskop bewegte sich auf einer Bahn um den Lagrange-Punkt L in einem durchschnittlichen Abstand von 400.000 km.

Mithilfe von Planck gelang eine vollständige Kartierung der kosmischen Hintergrundstrahlung, die ab März 2013 zusammen mit anderen Ergebnissen publiziert wurde. Als neuer Wert für das Alter des Universums ergab sich 13,82 Mrd. Jahre. Die Anteile dunkler Materie und dunkler Energie wurden auf 26,8 % bzw. 68,3 % ermittelt. Außerdem ergaben die Daten der Sonde eine geringe Asymmetrie in der Materieverteilung. Ein weiteres Ergebnis war die Kartierung des galaktischen Magnetfeldes. Nachdem das Kühlmittel für die Detektoren weitestgehend aufgebraucht worden war, wurde Planck am 14. August 2013 auf eine Umlaufbahn gebracht, von der aus es in den nächsten 300 Jahren nicht von der Erde eingefangen werden kann. Die Sonde wurde am 23. Oktober 2013 abgeschaltet.

13.11 Herschel

Herschel startete 2009 zusammen mit Planck ins All. Der Start mit einer ARIANE-5-ECA-Trägerrakete fand am 14. Mai 2009 statt. Hauptaufgabe des Weltraumteleskops Herschel (nach dem Astronomen William Herschel benannt) und der Schwestersonde Planck war die Beobachtung des Weltraums im bislang kaum erforschten Mikrowellen- und Submillimeter-Bereich bei extrem niedrigen Temperaturen.

Während Planck des gesamten Himmel in einem angrenzenden Wellenlängenbereich mehrfach aufnahm, beobachtete Herschel ausgewählte Objekte des Himmels in höherer Auflösung, so z. B. Galaxien, Sternentstehungsgebiete, aber auch Planeten in unserem Sonnensystem. Somit konnte dadurch eine enorme Menge wissenschaftlich

Abb. 13.5 Herschel bei Tests im European Space Research and Technology Centre, ESTEC, ESA

bedeutsamer Daten in bislang ungekannter Qualität gewonnen werden. Beide Missionen waren so konzipiert, dass sie sich perfekt ergänzten und unterschieden sich daher auch in ihrem Aufbau und Aussehen. Das 7,50 m hohe und 3,4 t schwere Infrarot-Teleskop Herschel wurde in eine Umlaufbahn um den Lagrange-Punkt L2 gebracht (Abb. 13.5).

Um die sehr kalten Temperaturen der kosmischen Hintergrundstrahlung (rund 2,73 K oder -270,42 Grad Celsius) messen zu können, mussten die Sensoren der Teleskope noch kälter sein. Durch die überall vorhandene Hintergrundstrahlung wird es an keinem Ort kälter, als dieser Wert. Somit stellten diese beiden Sonden und einige irdische Forschungslabore die kältesten Stellen im Universum dar. Dies wurde bei Planck und Herschel durch eine mehrstufige Kühlung mit flüssigem Helium erreicht, wobei in der letzten Stufe das Helium verdampfte und in den Weltraum entwich. Daher war die Lebensdauer von Herschel durch den Vorrat an 2300 L flüssigem Helium auf etwa 4 Jahre begrenzt. Schließlich ging am 29. April 2013 die ESA-Mission Herschel planmäßig zu ende. Genau wie Planck wurde auch Herschel in einer Umlaufbahn um die Sonne geparkt, um den Lagrange-Punkt 2 für nachfolgende Missionen frei zu geben.

13.12 Gaia

Am 19. Dezember 2013 wurde ein weiteres Weltraumteleskop ins All gebracht – dieses Mal mit einer russischen Sojus-ST-Trägerrakete vom Centre Spatial Guyanais: die Weltraumsonde Gaia (Gottheit der personifizierten Erde; hier auch Akronym für „**G**lobales **A**strometrisches **I**nterferometer für die **A**strophysik"). Sie wurde am Langrange-Punkt L2 in Position gebracht. Missionsziel war die Kartierung der Milchstraße, die Bestimmung der Umlaufbahnen von Asteroiden in unserem Planetensystem sowie die Aufnahme von Quasaren – alles im optischen Bereich. Man erhoffte sich damit Aufschlüsse über Entstehung und Sterben von Sternen und Sternhaufen und damit über den Ursprung unserer Galaxie (Abb. 13.6).

Abb. 13.6 Gaia vor dem Sternenhimmel, künstlerische Darstellung, ESA

Ausgestattet ist Gaia mit zwei rechteckigen Spiegelteleskopen, die 106 Detektoren mit einer Auflösung von 4500 × 1966 Pixel versorgen. Ein Jahr nach dem Start nahm die Sonde ihre wissenschaftliche Arbeit auf. Mittlerweile liegen Ergebnisse vor, von denen das wichtigste ein hochpräziser Katalog von 1,7 Mrd. Sternen, deren Helligkeit, Farbe, Position und Bewegungen nach 22 Monaten Kartierung ist. Dabei wurden jeweils Parallaxe und Radialgeschwindigkeit im Katalog festgehalten. Mithilfe dieser Daten lassen sich jetzt scheinbare Positionsänderungen, die durch die Erdbewegung um die Sonne hervorgerufen werden, von den tatsächlichen Bewegungen unterscheiden.

Ein weiteres Ergebnis sind die Positionen von 14.000 Asteroiden in unserem Sonnensystem, sowie die Bestimmung der Position von einer halben Million Quasare. Aufnahmen von etwa 4 Mio. Sternen in einer Entfernung von bis zu 5 Lichtjahren von der Sonne haben zu einer Aktualisierung des Hertzsprung-Russel-Diagramms geführt, mit dessen Hilfe die Verteilung von Sternen in ihren unterschiedlichen Entwicklungsphasen aufgezeigt werden kann. Die Messdaten von Gaia werden gesammelt und aufbereitet – dabei werden Bahnstörungen und Bewegungen der Sonde, auch z. B. durch Mikrometeoriteneinschlägen heraus gerechnet. Danach erfolgt die Veröffentlichung der Daten in einer Datenbank. Der letzte Gaia Data Release 3 (Gaia DR3) fand im Juni 2022 statt und umfasst Informationen von über 1,8 Mrd. Himmelsobjekten. Der Zugriff auf die Daten durch interessierte Wissenschaftler ist enorm und es werden enorm viele Veröffentlichungen geschrieben. Weitere Daten-Kataloge sollen bis 2030 folgen. Als der Vorrat an Treibstoff zuende ging wurde die Mission Gaia am 15. Januar 2025 beendet und die Sonde aus dem L2-Orbit in einen Sonnenorbit gelenkt.

13.13 eROSITA

eROSITA (extended ROentgen Survey with an Imaging Telescope Array) ist ein satellitengebundenes Röntgenteleskop aus Deutschland, das sich an Bord des russisch-deutschen Weltraumobservatoriums Spektr-RG (kurz für Spektrum-Röntgen-Gamma) befindet. eROSITA wurde vom Max-Planck-Institut für extraterrestrische Physik (MPE) in Zusammenarbeit mit anderen Instituten entwickelt. Mit an Bord befindet sich das russisches Hochenergie-Röntgenteleskop ART-XC.

Der Satellit wurde am 13. Juli 2019 mit einer Proton-M-Trägerrakete von Baikonur aus in einen Halo-Orbit um den Lagrange-Punkt L2 des Erde-Sonne-Systems gebracht. Das Ziel ist die achtmalige Durchmusterung des gesamten Himmels, wovon bis Anfang 2022 vier Durchmusterungen abgeschlossen werden konnten. Nach dem Überfall Russlands auf die Ukraine wurde eROSITA am 26. Februar 2022 durch das MPE in den Safe-Mode versetzt, was den wissenschaftlichen Betrieb gestoppt hat, aber das Instrument weiter mit Energie versorgt. Ob und wann es zu einer Wiederaufnahme des Betriebs kommen wird, ist derzeit (Anfang 2025) noch unklar. Mit den anfangs aufgenommenen Daten werden wissenschaftliche Untersuchungen durchgeführt und veröffentlicht.

13.14 Cheops

Nach den erfolgreichen Ergebnissen mit dem Teleskop Kepler bei der Suche nach Exoplaneten entschied sich die ESA für ein internationales Kooperationsprojekt, an dem 11 Nationen beteiligt sind, bestimmte Exoplaneten, die bereits bekannt sind, näher zu untersuchen. Das Projekt trägt das Acronym Cheops für „Characterizing Extroplanet Satellite“. Auf der Liste stehen einige Hundert Exoplaneten.

Wichtigster Kooperationspartner war die Schweiz. Die Mission startete am 18. Dezember 2019 vom europäischen Weltraumbahnhof in Kourou in Französisch-Guyana mithilfe einer Sojus-Trägerrakete. Die Sonde wurde in einen Orbit in 700 km Entfernung von der Erde platziert.

Cheops schickte das erste Bild eines Zielsternes am 29. Januar 2020 zur Erde. Es handelte sich um den Stern mit der Bezeichnung HD 70.843 – rund 150 Lichtjahre von uns entfernt. Nachdem sich das Teleskop somit als voll funktionsfähig erwiesen hatte, begannen die Wissenschaftler im Mission Operations Centre in Torrejón de Ardoz, Spanien, und dem Science Operations Centre an der Universität von Genf eine Serie von Instrumententests, bevor die eigentliche Mission starten konnte. Man erhofft sich, präzise Daten über die Masse eines Exoplaneten zu erhalten, indem man die Veränderung der Lichtstärke des Muttersterns misst, wenn der Planet an ihm vorüberzieht. Aus den Messungen will man die Dichte und genaue Größe des Planeten ermitteln, um Rückschlüsse auf seine Zusammensetzung zu erhalten. Insbesondere soll eine Zuordnung erfolgen, ob der Planet zu den jupiterähnlichen oder den erdähnlichen Planeten gehört. Man erhofft sich außerdem, Details über die Zusammensetzung der Atmosphäre oder das Vorhandensein von Wolken für einige bestimmte Exoplaneten zu erhalten. Inzwischen liegen zahlreiche Ergebnisse, wie die Entdeckung eines Rings um einen Exoplaneten oder metallhaltige Wolken. Ein Betrieb von Cheops bis 2032 erscheint möglich.

13.15 James Webb Space Telescope

Das James Webb Space Telescope (JWST bzw. WEBB) der NASA ist das bislang größte Weltraumteleskop und wurde am 25. Dezember 2021 mit einer Ariane 5 von Kourou aus gestartet. JWST beinhaltet auch wesentliche Beiträge von ESA, so lieferte man das Instrument NIRSpec (Near Infrared Spectrograph) und war an der Entwicklung des Instruments MIRI (Mid Infrared Instrument) wesentlich beteiligt. Auch Deutschland war in die Entwicklung dieser beiden Instrumente umfassend eingebunden. Zudem wurde der Start durch ESA finanziert und durchgeführt.

Da JWST ein sehr komplexes Weltraum-Teleskop ist, mit ausklappbaren Spiegelelementen und einem Hitzeschild aus vielen zu positionierenden Folien, hat sich die Entwicklung um viele Jahre verzögert, aber schließlich doch zum Erfolg geführt. Nach dem Start begann man mit der Inbetriebnahme, d. h. es wurden alle Elemente und Nutzlasten getestet sowie die Kühlung und Kalibration der Instrumente vorgenommen (Abb. 13.7). Dieser Vorgang dauerte bis etwa Juni 2022 und im Juli wurden erste Bilder der Öffentlichkeit vorgestellt.

Der wissenschaftliche Betrieb läuft nun und JWST soll nach den ersten leuchtenden Objekten und Galaxien suchen, die nach dem Urknall entstanden sind, das Verständ-

Abb. 13.7 Ingenieure inspizieren das JWST nach dem Entfaltungstest, NASA/Chris Gunn

nis der Strukturbildungsprozesse im Universum verbessern, die Entstehungsprozesse von Sternen und Planetensystemen erforschen und Planetensysteme und ihre Eignung für Leben untersuchen und vieles mehr.

Im Gegensatz zu Hubble, das in optischen Wellenlängenbereich beobachtet, sind die Instrumente von JWST hauptsächlich auf die Detektion von Infrarot-Strahlung ausgelegt. Die Wärmestrahlung ist für das menschliche Auge unsichtbar, weshalb die Aufnahmen künstlich eingefärbt werden. Der große Vorteil ist, dass Infrarot-Strahlung auch Staubwolken durchdringen kann, sodass nun Bereiche des Weltraums beobachtet werden können, die für Hubble unsichtbar waren. Da Hubble noch aktiv ist, ergänzen sich die Aufnahmen beider Teleskope perfekt. Zudem werden auch Aufnahmen von Teleskopen auf der Erde in die wissenschaftlichen Analysen aufgenommen.

Die ersten Aufnahmen von JWST sind äußerst vielversprechend und man hofft auf eine lange Betriebsdauer. Diese war auf mindestens 5 Jahre ausgelegt worden, mit der Hoffnung auf 10 Jahre, solange der Treibstoff für die Lageregelung reicht. Erfreulicherweise hat die Ariane 5 Trägerrakete JWST so exakt auf seine Bahn um den Lagrange-Punkt L2 gebracht, dass JWST deutlich weniger Treibstoff zur Positionierung benötigt hat, als vorgesehen – eine Betriebsdauer von bis zu 20 Jahren erscheint nun möglich. Der wissenschaftliche Betrieb von JWST läuft sehr gut, auch mit einem hohen europäischen Anteil an der wissenschaftlichen Messzeit, und die neuesten Aufnahmen und Ergebnisse werden regelmäßig veröffentlicht.

13.16 Euclid

Das Weltraumteleskop Euclid der ESA wurde am 1. Juli 2023 gestartet. Euclid ist ein Teleskop im Sonnen-Erd-Orbit (L2) mit Kameras im sichtbaren und Infrarotbereich.

Die Daten sollen auch Erkenntnisse zur vermuteten Dunklen Energie und Dunklen Materie liefern. Dazu erfolgt die Kartierung von Regionen, die bis zu 10 Mrd. Lichtjahre entfernt sind und mehr als 2 Mrd. Galaxien umfassen. Im Vergleich mit dem James Webb Space Telescope kann Euclid in gleicher Zeit 100-mal mehr Himmelsfläche aufnehmen, während JWST durch seine höhere Auflösung noch weiter entfernte Objekte beobachten kann.

Somit ergänzen sich beide Teleskope hervorragend. Inzwischen wurden erste Euclid-Aufnahmen der Öffentlichkeit vorgestellt, sowie ein online verfügbares Bildrelief der Milchstraße, welche die unglaubliche Detailtiefe des Teleskops belegen. Die Primärmission von Euclid soll bis 2030 andauern (Abb. 13.8).

Abb. 13.8 Eine der ersten Aufnahmen von Euclid, 1000 Galaxien im Perseus Cluster, ESA/Euclid/Euclid Consortium/NASA, image processing by J.-C. Cuillandre (CEA Paris-Saclay), G. Anselmi

14

Blick nach vorn

Zusammenfassung „Geschichte der Raumfahrt“: So heißt dieses Buch, und an dieser Stelle könnte einfach Schluss sein. In Wissenschaft und Technik ist das aber nie der Fall. Die „Geschichte“ geht weiter.

„Geschichte der Raumfahrt“: So heißt dieses Buch, und an dieser Stelle könnte einfach Schluss sein. In Wissenschaft und Technik ist das aber nie der Fall. Die „Geschichte“ geht weiter. Aber irgendwann ist Drucklegung, und alles, was danach kommt, kann nicht mehr berücksichtigt werden. Ein Schlussstrich an dieser Stelle bedeutet also einen Stichtag, ab dem nur noch einige wichtige Zukunftsprojekte vorgestellt werden können. In unserem Falle also ein fiktiver Tag etwa Anfang 2025. Es handelt sich hier, wie auch bei den historischen Missionen, nur um eine Auswahl an zukünftigen Missionen – eine annähernd vollständige Übersicht würde den Rahmen dieses Buches bei weitem sprengen.

W. Osterhage, C. Gritzner, *Die Geschichte der Raumfahrt*,
https://doi.org/10.1007/978-3-662-72501-6_14

14.1 Breakthrough Starshot

In Kap. 4 wurde bereits eine Idee für ein Zukunftsprojekt erwähnt, bei dem eine völlig neue Antriebstechnik zum Tragen kommen soll: Breakthrough Starshot. Wie bereits erläutert, geht es um den Versuch, ein Miniraumschiff zu unserem nächsten Sternsystem Alpha Centauri zu schicken. Bei diesem Kleinstraumschiff handelt es sich um einen elektronischen Chip, der auf ein Fünftel der Lichtgeschwindigkeit beschleunigt werden soll. Mit der vorgesehen Antriebstechnik würde der Chip, auf dem sich eine miniaturisierte Kamera und ein Sender befinden, das Nachbarsonnensystem Alpha Centauri in etwa 20 Jahren erreichen und Bilder vom Planeten Proxima b zur Erde senden.

Die erste Herausforderung, die dabei zu bewältigen ist, betrifft den in Kap. 4 beschriebenen Photonenantrieb, bestehend aus den Laserkomponenten und dem Lichtsegel. Hinzu kommt die Miniaturisierung von Sender, Kamera und Stromversorgung. Alle anderen Schwierigkeiten, die zu bewältigen sind, finden sich auf der Reise selbst: Navigation, Überwindung von interstellarem Staub und kosmischer Strahlung. Um erfolgreich zu sein, ist Präzisionsausrichtung auf den Planeten und später auf die Erde zur Bildübertragung erforderlich. Auch ist die Datenübertragung über eine solch riesige Entfernung fraglich, da die Sendeenergie winzig und die Entfernung enorm ist. Hierfür liegen keine Erfahrungswerte vor, und Testmöglichkeiten sind auf den erdnahen Bereich beschränkt.

Da die Gefahr besteht, dass ein einzelner Starshot-Chip eine interstellare Reise durch die Widrigkeiten von Staub und Strahlung nicht überstehen könnte, würde das Projekt die Entsendung von vielen (etwa 1000) solcher Miniraumschiffe vorsehen. Eine konkrete Umsetzung ist derzeit (Anfang 2025) noch nicht absehbar.

14.2 Projekte in Deutschland

Die Deutsche Raumfahrtagentur im DLR (Deutsches Zentrum für Luft- und Raumfahrt e. V.) plant – meist in Kooperation mit anderen Raumfahrtorganisationen – in den nächsten Jahren, eine ganze Reihe von Satelliten in Umlaufbahnen zu bringen. Dazu gehört zum Beispiel in der Erdbeobachtung die Sonde MERLIN (Methane Remote Sensing LIDAR Mission, wobei LIDAR wiederum steht für „Light Detecting and Ranging“) – ein Gemeinschaftsprojekt mit Frankreich. Ziel dieser Mission ist das Aufspüren und die Überwachung des Treibhausgases Methan in der Erdatmosphäre und die Bestimmung von dessen Einfluss auf das Erdklima (Start: 2027).

Die europäische Organisation EUMETSAT ist ein Zusammenschluss europäischer Staaten zu meteorologischen Aufgaben. Deutschland ist darin durch den Deutschen Wetterdienst (DWD) vertreten. Neben den Meteosat-Satelliten zur Wetterbeobachtung, inzwischen in der dritten Generation (Meteosat Third Generation – MTG), betreibt EUMETSAT die beiden MetOp-Satelliten im Rahmen der EUMETSAT Polar System (EPS). METimage ist ein Instrument welches an Bord der Satelliten des EUMETSAT Polar System – Second Generation (EPS-SG) ab dem Jahr 2025 eingesetzt werden soll. METimage ist ein multispektrales, abbildendes Radiometer und soll Informationen über Wolkenbildung und -bedeckung sowie Wasser- und Landoberflächentemperaturen liefern (Start: 13. August 2025).

14.3 Projekte der NASA

Hier einige wichtige Zukunftsmissionen ohne detaillierte Beschreibungen, durch die aktuelle US-Politik sind aber viele der Vorschläge von Kürzungen bedroht:

Europa Lander liegt noch weiter in der Zukunft und befindet sich noch in der Konzeptphase. Ähnlich den auf dem Mars gelandeten Laboratorien und Rovern soll auf dem Jupiter-Mond Europa ein Modul abgesetzt werden, das Proben aus der vereisten Oberfläche entnehmen und auf organisches Material untersuchen soll (Start: 2026–2030).

Titan ist ein Mond des Planeten Saturn. Er soll im Jahre 2034 von dem Lander **Dragonfly** besucht werden, nachdem dieser in 2026 von der Erde aus auf seine Reise geschickt worden sein wird. Dragonfly soll Bodenproben entnehmen und auf organische Bestandteile untersuchen. Da Titan über eine dichte Atmosphäre verfügt, kann Dragonfly wie eine Drohne manövrieren und Proben an weit auseinanderliegenden Stellen aufnehmen. Erste Erfahrungen mit einen Rotor-Fluggerät konnte die NASA mit Ingenuity auf dem Mars sammeln. So sollen Einblicke in eine Tieftemperatur-Umwelt gelingen, wo Wassereis hart wie Gestein ist, flüssiges Methan vom Himmel regnet und sich in Flüssen durch das Wassereis seinen Weg zu Seen sucht, wo es sich sammelt, um wieder zu verdunsten.

Bei **WFIRST** handelt es sich um ein weiteres Infrarotteleskop – dieses Mal auf der Suche nach Exoplaneten. Er wurde inzwischen zu Ehren einer amerikanischen Astronomin in **Nancy Grace Roman Space Telescope** umbenannt. Es sollen zwei Instrumente eingesetzt werden: zum einen – wie der Name schon andeutet – ein Wide Field InfraRed Survey Telescope. Das Gesichtsfeld dieses Teleskops ist 100-mal größer als das von Hubble. Die andere Komponente nennt sich Coronagraf und soll in der Lage sein, Bilder von erdähnlichen Exoplaneten aufzunehmen (Start: Mai 2027).

Auch der Mond soll wieder von Menschen besucht werden. Das Programm **Artemis** sieht vor, dass ab 2027 ein Mann und eine Frau auf dem Mond landen werden. Die geplante Technologie für dieses Unternehmen unterscheidet sich grundsätzlich vom Apollo-Programm. Die Trägerrakete SLS soll Nutzlasten bis zu 26 t ins All bringen. Während die Mission Artemis-1 ein unbemannter Testflug ist, soll Artemis-2 eine Mondumrundung mit vier Menschen durchführen. Die Reise zum Mond erfolgt mit der Mission Artemis-3 in dem Raumschiff Orion mit einer vierköpfigen Besatzung, von der zwei mit einem Landesystem die Mondoberfläche erreichen sollen. In der Nähe des Mondes wartet dann ab 2027 eine Raumstation (Lunar Gateway), die zusammen mit Kanada, Europa und Japan erreichtet wird, von der aus Astronauten mit einer Mondfähre den Mond besuchen und dort eine Basisstation errichten sollen. Später soll das Gateway auch als Ausgangspunkt für Flüge zum Mars genutzt werden. In der Phase bis 2028 sind insgesamt 6 Flüge, davon 5 bemannt, vorgesehen. Allerdings wurde das Gateway wie auch die Artemis-Flüge ab Nr. 4 von der Trump-Regierung zur Streichung vorgeschlagen. Es bleibt abzuwarten, wie sich die angekündigten Änderungen auf das US-Raumfahrtprogramm auswirken werden.

Das **Habitable Worlds Observatory** (HWO) ist ein Vorschlag für ein Weltraumteleskop der nächsten Generation. HWO soll sowohl optische, als auch Infrarot- und Uvtraviolett-Strahlung detektieren. Es soll unter den Exoplaneten nach erdähnlichen Planeten in habitablen Zonen suchen, die möglicherweise Biosignaturen und Wasser aufweisen. Weitere Aufgaben sind u. a. die Beobachtungen von Galaxien. Es ist als Nachfolger des Hubble Space Telescope, des James Webb Space Telescope und des Nancy Grace Roman Space Telescope vorgesehen. Sein Spiegeldurchmesser soll zwischen 6 m und 8 m liegen. Der Start könnte in den 2040er-Jahren erfolgen.

14.4 Projekte der ESA

Neben Kooperationsprojekten mit anderen Weltraumorganisationen plant die ESA in den nächsten Jahren eine Reihe von Erdbeobachtungssatelliten, die alle mehr oder weniger im Zusammenhang mit Datenerhebungen zur Erforschung des Klimawandels stehen. Dazu gehören **Biomass** zur Erhebung der Biomasse von allen Wäldern, **Earth-Care** zur Bestimmung von Wolkendichte, Aerosolen und Reflexion der Sonneneinstrahlung und **Flex,** um die Fluoreszenz der Vegetation zu kartieren. Parallel dazu läuft das **Copernicus**-Programm. Dabei handelt es sich um eine Dienstleistung für die Bereitstellung von Geoinformationen unterschiedlichster Art, die von den sog. Sentinel-Satelliten geliefert werden. Sie dienen der Land- und Meeresüberwachung, dem Katastrophenmanagement, Sicherheitsaspekten und der Überwachung der Erdatmosphäre. Mittlerweile sind vier Sentinel-Satelliten im Umlauf. Sentinel-5 und -6 sind für Mitte bis Ende 2020 geplant. Die Daten des Copernicus-Programms stehen grundsätzlich allen Bürgern frei zur Verfügung.

Im Bereich Weltraumwetter bereitet die ESA die Sonnenmission **Vigil** vor. Sie soll im L5-Punkt auf der Erdbahn die Sonne umkreisen und mit zahlreichen Instrumenten beobachten. So sollen rechtzeitig Vorhersagen über die Aktivität der Sonne und deren Auswirkungen auf die Erde gemacht werden können. Der Start mit einer Ariane 6 soll 2031 erfolgen, mit einer Missionsdauer von fünf Jahren.

Neben der Erdbeobachtung plant die ESA aber auch Missionen, die der Erforschung des Weltraums selbst dienen. Im Jahre 2026 will die ESA eine Sonde im Rahmen ihres Cosmic-Vision-Programms zur Entdeckung von Exoplaneten mit erdähnlichen Eigenschaften innerhalb der sog. bewohnbaren Zone um deren Mutterplaneten herum in den Weltraum platzieren (Abb. 14.1). Das Gerät trägt den Namen **PLATO** (PLAnetrary Transits and Oscillations of stars). Das fotometrische Monitoring findet im sichtbaren Bereich statt. Die Detektionsmethode beruht auf dem Transit eines Planeten vor seinem Stern. Dazu ist die Sonde mit 26 Kameras versehen. Bis zu 1 Mio. Sterne sollen be-

Abb. 14.1 PLATO soll erdähnliche Exoplaneten suchen, ESA/ATG medialab

obachtet werden. Beobachtungsposten ist der Lagrange-Punkt 2. Der Start ist geplant für Ende 2026.

Die ESA-Mission **LISA** (L3 = large mission no. 3, JUICE war L1) zur Messung von Gravitationswellen ist bereits in der Entwicklung – NASA ist auch daran beteiligt. LISA baut auf den Erfahrungen der vorangegangenen Testmission LISA-Pathfinder auf, welche die grundlegenden Technologien zwischen 2015 und 2017 im All erfolgreich getestet hatte. LISA wird aus drei Satelliten bestehen, die auf der Erdbahn die Sonne umkreisen sollen, dabei aber einen Abstand von 50 Mio. km zur Erde halten werden. Die individuellen Bahnen sind so gewählt, dass die Satelliten dauerhaft in einer stabilen Formation fliegen und je mit zwei Lasersystemen kontinuierlich mit den anderen beiden Satelliten in Kontakt stehen. Alle Satelliten sind dabei 2,5 Mio. km von einander entfernt, was 8,3 Lichtsekunden entspricht. Wandert nun eine Gravitationswelle mit Lichtgeschwindigkeit durch diese Formation, so werden die Positionen der Satelliten minimal zeitversetzt um einen winzigen Betrag verschoben. Diese minimale Abstandsänderung sollen die Lasersysteme messen. Daraus kann dann bestimmt werden, wie stark die Gravitationswelle war und woher sie kam. So kann man auf den Ursprung schließen und versuchen auch in anderen Wellenlängen nach dem Event zu suchen, also einer Verschmelzung von Schwarzen Löchern oder Neutronensternen. Zudem sollen viele weitere Untersuchungen innerhalb und außerhalb der Milchstraße durchgeführt werden. LISA wird wegen der sehr großen Anstände der Laser viel genauere Messungen, auch in anderen Frequenzbereichen, machen können, als dies auf der Erde möglich ist, wo die Weglängen der Laser derzeit maximal 4 km betragen. Der Start ist für 2035 vorgesehen, die Betriebsdauer soll vier Jahre betragen, mit einer Verlängerungsoption für zusätzliche sechs Jahre (Abb. 14.2).

In der Voruntersuchung befindet sich das Roentgenteleskop **New Athena**. Eigentlich war es unter dem Namen ATHENA (Advanced Telescope for High Energy Astrophysics)

Abb. 14.2 LISA fliegt in Dreiecksformation um die Sonne und soll Gravitationswellen messen, University of Florida/Simon Barke

seit 2014 als L2-Mission studiert worden, aber man hatte frühzeitig festgestellt, dass die Kosten den Planungsrahmen zu weit übersteigen würden. Daher wurde ATHENA 2022 gestoppt und man begann unter dem Namen New Athena nach Lösungen zu suchen, um die Kosten deutlich zu senken. So werden in einigen Bereichen technische Vereinfachungen und damit Abstriche an der Leistungsfähigkeit analysiert, sodass aber trotzdem noch hervorragende wissenschaftliche Ergebnisse zu erzielen sind. Nach Ende dieser Phase in 2027 wird vom Science Programme Committee (SPC), dem Gremium der Vertreter der ESA-Mitgliedsstaaten, über eine Annahme der Mission entschieden. Sollte die Annahme erfolgen, so würde New Athena in die Entwicklungsphase eintreten und könnte 2037 in den L2-Punkt gestartet werden.

Als **L4**-Mission wurde eine Mission zum Saturn-Eismond Enceladus vorgeschlagen, wo sie landen soll. Zwei Ariane-64 Trägerraketen sollen die die Raumsonde und eine Transferstufe ins All bringen, wo sie andocken und dann zum Saturn fliegen. Im Saturn-System sollen auch andere Monde im Vorbeiflug besucht werden, bis die Sonde in einen Orbit um Enceladus eintritt. Von dort soll ein Lander am Südpol abgesetzt werden, wo Wolken von Eispartikeln ausströmen, die aus dem Inneren des Mondes stammen und auch organische Stoffe enthalten. Es wird vermutet, dass sich unter dem Einpanzer ein Ozean aus flüssigen Wasser befindet, in welchem vielleicht primitives Leben entstanden sein kann. Ob und wie genau dieser Missionsvorschlag umgesetzt werden kann, wird nun in den nächsten Jahren in Vorstudien untersucht. Bei einer Auswahl könnte Anfang der 2040er-Jahre der Start erfolgen. Die Ankunft im Saturn-System wäre etwa um das Jahr 2050, mit einer Betriebsdauer dort von Monaten bis einigen Jahren.

14.5 Weitere Zukunftsprojekte anderer Raumfahrtorganisationen

Indiens Weltraumorganisation ISRO plant auch bemannte Weltraummissionen im erdnahen Orbit. Die Raumkapsel heißt **Gaganyaa** und soll drei Astronauten befördern. Sie soll mit einer Trägerrakete GSLV Mark III ins All gebracht werden (Start: 2027).

Russland hat 2022 den Aufbau einer eigenen Raumstation verkündet und plant Mondmissionen.

Die chinesische Weltraumagentur CNSA hat die Montage einer dritten Raumstation **Tiangong 3** begonnen und bereits Besatzungen dorthin gebracht. Danach sollen auch Menschen zum Mond geschickt werden und der Aufbau einer bemannten Station auf der Mondoberfläche soll folgen.

Unter der Abkürzung **MMX** (Martian Moons eXploration) bereitet die japanische Weltraumagentur JAXA die Reise einer Sonde zu den Marsmonden Phobos und Deimos vor. Der Start mit einer japanischen H3-Trägerrakete soll 2026 stattfinden. Ehrgeiziges Ziel ist 2027 die Entnahme einer Bodenprobe von Phobos, die zur Erde zurückgebracht werden soll. Zudem soll der Rover **IDEFIX** abgesetzt werden, der von Deutschland und Frankreich entwickelt wird. Die schon seit 2003 laufende ESA-Mission Mars Express wird übrigens MMX dann im Betrieb unterstützen. Verschiedene weitere JAXA-Missionen sind in Planung und Vorbereitung.

Appendix

(Tab. A.1, A.2, A.3 und A.4)

W. Osterhage, C. Gritzner, *Die Geschichte der Raumfahrt*,
https://doi.org/10.1007/978-3-662-72501-6

Tab. A.1 Charakteristika der Planten unseres Sonnensystems

	Abstand zur Sonne (Mio. km)	Durchmesser (km)	Masse (ca. kg)	Umlaufzeit um die Sonne (d)	Geschwindigkeit (km/h)
Merkur	58	ca. 4879	$3{,}30 \times 10^{23}$	88	ca. 172.332
Venus	108	ca. 12.103	$4{,}87 \times 10^{24}$	225	ca. 126.072
Erde	150	ca. 12.734	$5{,}97 \times 10^{24}$	365	ca. 107.208
Mars	228	ca. 6.772	$6{,}42 \times 10^{23}$	687	ca. 86.868
Jupiter	778	ca. 138.346	$1{,}90 \times 10^{27}$	4329	ca. 47.052
Saturn	1433	ca. 114.632	$5{,}69 \times 10^{26}$	10.751	ca. 34.884
Uranus	2872	ca. 50.532	$8{,}68 \times 10^{25}$	30.664	ca. 24.516
Neptun	4495	ca. 49.105	$1{,}02 \times 10^{26}$	60.148	ca. 19.548

Tab. A.2 Trägerraketen: Nutzlastkapazität (Low Earth Orbit (LEO)). (https://de.wikipedia.org/wiki/Trägerrakete)

Land	bis 2 t	2 bis 8 t	8 bis 15 t	15 bis 25 t	über 25 t
Brasilien	VLS-1	–	–	–	–
VR China	KT-1, Kuaizhou	CZ-2 C, CZ-2D, CZ-4 A/B	CZ-2E, CZ-2 F	–	–
Europa	Vega	–	–	Ariane 5	–
Indien	PSLV	GSLV	–	–	–
Iran	Safir	–	–	–	–
Israel	Shavit	–	–	–	–
Japan	Epsilon	–	H-2 A	H-2B	–
Nordkorea	Unha-3	–	–	–	–
Russland/ Ukraine	Angara 1.1, Kosmos-3M, Rockot, Strela, Start, Shtil, Wolna	Dnepr, Zyklon, Angara 1.2, Sojus-U/ FG, Sojus-2	Zenit-2, Angara A3	Proton, Angara A5	Angara A7P, Angara A7V
Südkorea	KSLV-I	–	–	–	–
USA	Pegasus, Minotaur I, Minotaur IV, Falcon 1, Taurus	Delta II, Antares	Atlas V, Delta IV, Falcon 9	Atlas V, Atlas V Heavy, Delta IV Heavy	Falcon Heavy

Tab. A.3 Trägerraketen: Nutzlastkapazität (*Geostationary Transfer Orbit* (GTO)). (https://de.wikipedia.org/wiki/Trägerrakete)

Land	bis 1 t	1 bis 2 t	2 bis 4 t	4 bis 8 t	über 8 t
VR China	–	CZ-2 C, CZ-3, CZ-4 A/B	CZ-2E, CZ-3 A, CZ-3 C	CZ-3B	–
Europa	–	–	–	Ariane 5ESV	Ariane 5ECA
Indien	PSLV	GSLV	–	–	–
Japan	–	–	–	H-2 A, H-2B	–
Russland/Ukraine	–	Molnija-M	Sojus-Fregat, Angara A3, Zenit-3SLB	Zenit-3SL, Proton/Block-DM, Proton/Briz-M, Angara A5	–
USA	Taurus	Delta II		Atlas V, Delta IV, Falcon 9	Atlas V, Atlas V Heavy, Delta IV Heavy, Falcon Heavy

Tab. A.4 ISS-Module. (https://de.wikipedia.org/wiki/Liste_der_ISS-Module)

Modul	Beschreibung	Flug	Startdatum	Länge (m)	Ø (m)	Masse (kg)
Sarja – Functional Cargo Block (FGB)	Russisches Fracht- und Kontrollmodul	1 A/R – Proton-K	20. November 1998	12,60	4,10	19.323
Unity – Node 1 und Pressurized Mating Adapter (PMA-1 und PMA-2)	Verbindungsknoten und Koppelungsadapter	2 A – STS-88	4. Dezember 1998	5,49	4,57	11.612
Swesda	Wohnmodul und Servicemodul	1R – Proton-K	12. Juli 2000	13,10	4,15	19.050
Z1 – Integrated Truss Zenit 1 und PMA-3	Gitterstruktur und Koppelungsadapter	3 A – STS-92	11. Oktober 2000	4,90	4,20	8755
P6 – Integrated Truss Portside 6	Gitterstruktur, Solarmodul und Radiator	4 A – STS-97	30. November 2000	73,20	10,70	15.900
Destiny	Labormodul der USA	5 A – STS-98	7. Februar 2001	8,53	4,27	14.515
External Stowage Platform 1 (ESP-1)	Stauplattform für Ersatzteile	5 A.1 – STS-102	8. März 2001	–	–	–
Canadarm2	Kanadischer Robotergreifarm	6 A – STS-100	19. April 2001	17,60	0,35	4899
Quest – Joint Airlock	Luftschleuse	7 A – STS-104	12. Juli 2001	5,50	4,00	6064
Pirs – Docking Compartment 1	Andockmodul und Luftschleuse	4R – Sojus-U	14. September 2001	4,05	2,55	3676
S0 – Integrated Truss Starboard 0	Gitterstruktur	8 A – STS-110	8. April 2002	13,40	4,60	13.970
S1–- Integrated Truss Starboard 1	Gitterstruktur	9 A – STS-112	7. Oktober 2002	13,70	3,90	12.598
P1 – Integrated Truss Portside 1	Gitterstruktur	11 A – STS-113	23. November 2002	13,70	3,90	12.598
External Stowage Platform 2 (ESP-2)	Stauplattform für Ersatzteile	LF1 – STS-114	26. Juli 2005	3,65	4,90	2676 (leer)

(Fortsetzung)

Tab. A.4 (Fortsetzung)

Modul	Beschreibung	Flug	Startdatum	Länge (m)	Ø (m)	Masse (kg)
P3/P4 –-Integrated Truss Portside 3/4	Gitterstruktur, Solarmodul und Radiator	12 A – STS-115	9. September 2006	13,81	4,88	15.823
P5 – Integrated Truss Portside 5	Gitterstruktur	12 A.1 – STS-116	10. Dezember 2006	13,70	3,90	12.598
S3/S4 – Integrated Truss Starboard 3/4	Gitterstruktur, Solarmodul und Radiator	13 A – STS-117	8. Juni 2007	13,66	4,96	16.183
S5 – Integrated Truss Starboard 5 und ESP-3	Gitterstruktur	13 A.1 – STS-118	8. August 2007	13,70	3,90	12.598
Harmony – Node 2	Verbindungsknoten	10 A – STS-120	23. Oktober 2007	6,71	4,48	14.300
Columbus-Raumlabor	Europäisches Labormodul	1E – STS-122	7. Februar 2008	6,87	4,49	19.300
Kibō – Experiment Logistics Module (ELM) und Canada Hand	Teil des japanischen Labormoduls und zweiarmiger, kanadischer Roboter	1 J/A – STS-123	11. März 2008	3,90	4,40	4200
Kibō – Pressurized Module (PM)	Teil des japanischen Labormoduls	1 J – STS-124	31. Mai 2008	11,20	4,40	15.900
S6 – Integrated Truss Starboard 6	Gitterstruktur, Solarmodul und Radiator	15 A – STS-119	15. März 2009	73,20	10,70	14.088
Kibō – Exposed Facility (EF)	Äußerer Teil des japanischen Labormoduls	2 J/A – STS-127	15. Juli 2009	–	–	–
Poisk – Mini-Research Module 2	Russisches Dockingmodul	5R – Sojus-U	10. November 2009	4,60	2,30	3700
ExPRESS Logistics Carrier (ELC) 1, 2	Externe Logistikplattformen	ULF3 – STS-129	16. November 2009	–	–	–
Tranquility – Node 3	Verbindungsknoten der USA (gefertigt in Europa)	20 A – STS-130	8. Februar 2010	6,70	4,48	15.500

Cupola	Aussichtsmodul der USA (gefertigt in Europa)	20 A – STS-130	8. Februar 2010	1,50	2,95	1880
Rasswet – Mini-Research Module 1	Russisches Fracht- und Kopplungsmodul	ULF4 – STS-132	14. Mai 2010	6,00	2,35	5075
ExPRESS Logistics Carrier (ELC) 4	Externe Logistikplattform	ULF5 – STS-133	24. Februar 2011	–	–	–
PMM Leonardo	Permanentes Logistikmodul	ULF5 – STS-133	24. Februar 2011	6,40	4,50	Rund 4000 (leer)
Alpha-Magnet-Spektrometer – ExPRESS Logistics Carrier (ELC) 3 und Enhanced ISS Boom Assembly	Weltraumforschungsmodul, externe Logistikplattform und Auslegersystem	ULF6 – STS-134	16. Mai 2011	–	–	–
Bigelow Expandable Activity Module	Versuchsmodul der Firma Bigelow Aerospace	CRS-8 – Falcon 9	8. April 2016	4,00	3,20	1360
International Docking Adapter 2 (IDA-2)	Raumschiff-Kopplungsadapter	CRS-9 – Falcon 9	18. Juli 2016	–	–	467
NICER	Röntgenteleskop zur Erfassung von Spektraldaten von Neutronensternen	CRS-11 – Falcon 9	3. Juni 2017	–	–	372
International Docking Adapter 3 (IDA-3)	Raumschiff-Kopplungsadapter	CRS-18 – Falcon 9	25. Juli 2019	–	–	ca. 500
Nauka – Multipurpose Laboratory Module (MLM) und European Robotic Arm (ERA)	Russisches Fracht- und Labormodul und europäischer Roboterarm	3R – Proton-M	2021 (geplant)	13,00	4,10	20.257
Pritschal (UM)	Kugelförmiges Verbindungsmodul	Sojus-2.1b				4000
OKA-T	Freifliegendes Labor für Mikrogravitationsforschung	52KS – Sojus-2.1b				8000
NEM-1	Wissenschafts- und Energiemodul	Proton-M	2022 (geplant)	25,30	4,10	21.000

Stichwortverzeichnis

W. Osterhage, C. Gritzner, *Die Geschichte der Raumfahrt*,
https://doi.org/10.1007/978-3-662-72501-6

Stichwortverzeichnis

W. Osterhage, C. Gritzner, *Die Geschichte der Raumfahrt*,
https://doi.org/10.1007/978-3-662-72501-6

GPSR Compliance
The European Union's (EU) General Product Safety Regulation (GPSR) is a set of rules that requires consumer products to be safe and our obligations to ensure this.

If you have any concerns about our products, you can contact us on

ProductSafety@springernature.com

In case Publisher is established outside the EU, the EU authorized representative is:

Springer Nature Customer Service Center GmbH
Europaplatz 3
69115 Heidelberg, Germany

www.ingramcontent.com/pod-product-compliance
Lightning Source LLC
LaVergne TN
LVHW050841051026
849532LV00006BA/2060
9783662725009